中国通信学会普及与教育工作委员会推荐教材

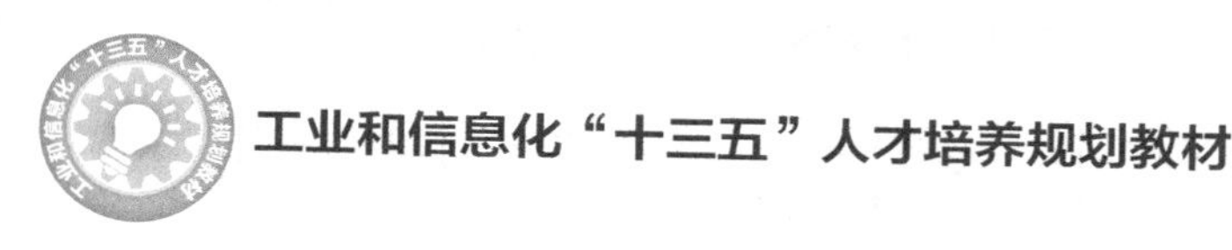

工业和信息化“十三五”人才培养规划教材

LTE无线网络优化项目教程

明艳 王月海 主编
沈瑞华 李昭强 李华刚 副主编
孙青华 主审

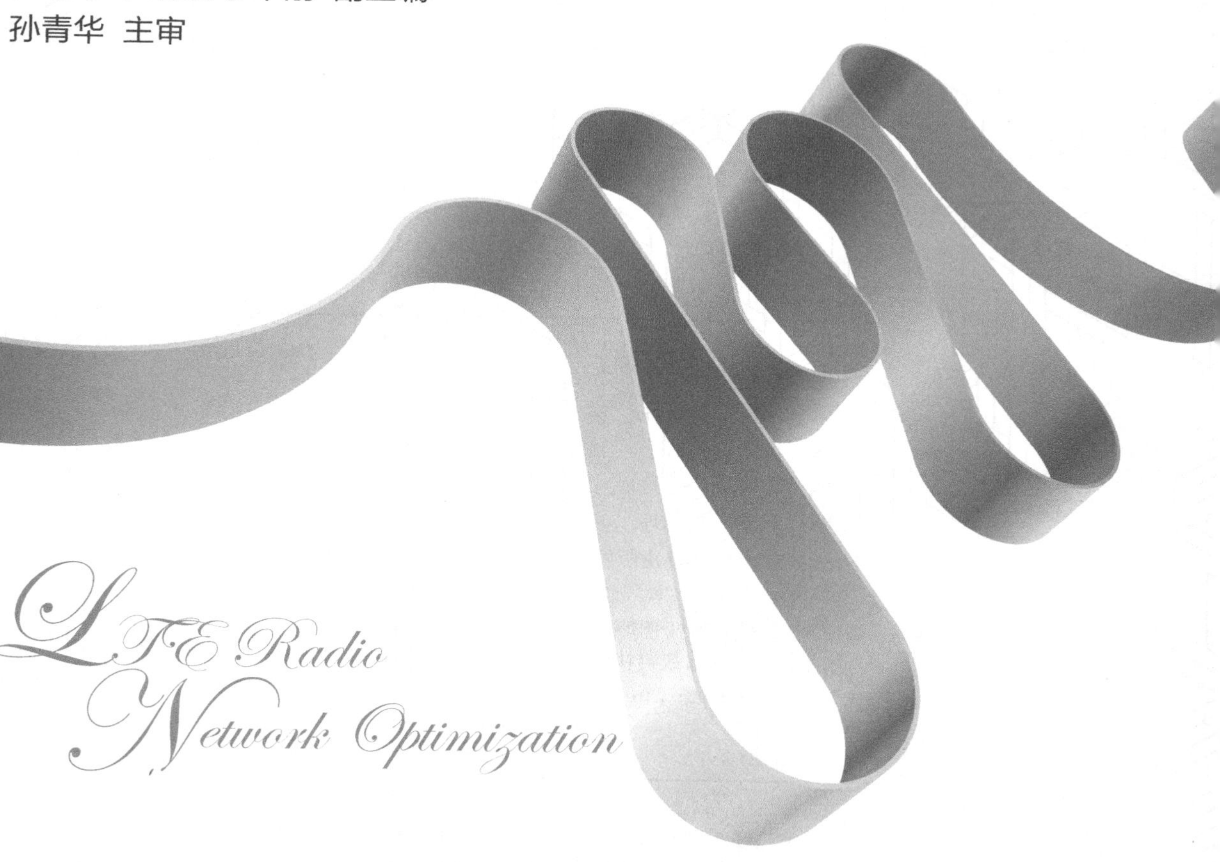

LTE Radio Network Optimization

人 民 邮 电 出 版 社
北 京

图书在版编目（CIP）数据

LTE无线网络优化项目教程 / 明艳，王月海主编. -- 北京 : 人民邮电出版社，2016.9（2024.1重印）
工业和信息化“十三五”人才培养规划教材
ISBN 978-7-115-42583-6

Ⅰ. ①L… Ⅱ. ①明… ②王… Ⅲ. ①无线电通信－移动网－最佳化－高等学校－教材 Ⅳ. ①TN929.5

中国版本图书馆CIP数据核字(2016)第132231号

内 容 提 要

本书从一线优化工程师的视角，对LTE优化进行全面讲解，其中包括岗位篇、认知篇、优化基础篇和优化提高篇。每个篇章包含不同的项目，分别介绍LTE优化必备的知识和技能。

在岗位篇中介绍LTE优化中岗位设置和职责，以及人才需求分析；认知篇主要介绍LTE的网络基础知识、关键技术和主要过程，为实际优化工作提供知识储备；优化基础篇介绍LTE优化思想、优化流程、常规优化手段及优化工具的使用等，使读者可以快速入门LTE优化；优化提高篇主要介绍路测问题分析、任务统计分析和用户感知体系介绍，提升读者优化技能。在所有的项目中均有实战技巧的分享，这将有助于读者避开优化时常犯的错误。

本书适合作为通信及相关专业的教材，也可作为网络优化工作人员的参考用书。

◆ 主　　编　明　艳　王月海
副 主 编　沈瑞华　李昭强　李华刚
主　　审　孙青华
责任编辑　刘盛平
执行编辑　左仲海
责任印制　焦志炜

◆ 人民邮电出版社出版发行　　北京市丰台区成寿寺路11号
邮编　100164　　电子邮件　315@ptpress.com.cn
网址　http://www.ptpress.com.cn
北京七彩京通数码快印有限公司印刷

◆ 开本：787×1092　1/16
印张：13.25　　2016年9月第1版
字数：331千字　　2024年1月北京第15次印刷

定价：35.00元

读者服务热线：(010)81055256　印装质量热线：(010)81055316
反盗版热线：(010)81055315

前　言

近几年移动通信发展非常迅速，移动通信宽带化的普及改变了人们的生活、工作和学习方式；第三代移动通信网络出现标志着数据时代的到来，然而这并不能满足人们生活、工作和学习的需求。为了追求更高速率、更可靠的移动通信技术，在 2008 年，3GPP 发布了 LTE R8 的版本，这标志着移动通信迈向 4G 时代。

LTE 提供了更快的数据传输速率、更高的频谱利用率及更低的运营成本；它成为继 GSM、WCDMA 之后的标志性技术规范，是未来 5～10 年通信领域的主流技术。虽然 LTE 在国内外已经进行了大规模的建设、优化，但是无线网络优化是一项复杂、长期、艰巨的工作。LTE 优化与 2G、3G 网络优化类似，都需要进行覆盖优化、干扰排查、参数优化、专项优化等工作，但在优化方法、优化参数方面仍有别于 2G、3G 优化。本书以一线工程师的视角，结合经典案例，从基本原理到优化实践系统地介绍 LTE 优化知识，使读者可以快速入门，掌握 LTE 优化技能。

本书在章节编排上分为岗位篇、认知篇、优化基础篇和优化提高篇。岗位篇包含项目 1，主要讲述 LTE 优化中岗位设置和职责，了解优化工程师要具备的基本素质。认知篇包含项目 2，主要对 LTE 特点、发展历程、关键技术和主要通信过程进行介绍，让读者能全面清晰地了解 LTE 技术，为优化工作提供良好的知识储备。优化基础篇包含项目 3、项目 4 和项目 5 三个章节；项目 3 对 LTE 优化知识进行介绍，包括优化思想、优化流程、项目组织、优化手段；重点对 LTE 路测工具进行介绍，详细地介绍工具的功能和使用方法。项目 4 介绍单站优化方法，全面地介绍如何进行单站测试、基站勘查和单站优化分析。项目 5 细致地介绍簇优化和全网优化相关知识。优化提高篇包含项目 6、项目 7 和项目 8 三个章节；项目 6 对 LTE 路测事件分析进行详细的介绍，对异常事件的分析流程和常规分析方法进行了梳理，使读者可以快速地掌握路测的分析技能。项目 7 为话务统计分析知识，LTE 话务分析与路测事件分析有相同也有区别，通过项目 7 的介绍可对 LTE 话务统计分析有整体认识并掌握相应的分析方法。项目 8 为优化知识的拓展，现在运营商越来越注重用户体验的优化，本书的最后对用户体验优化进行了介绍。

本书为优化入门教材，LTE 理论知识的介绍以够用为原则，重点是对优化流程、优化方法和优化手段进行介绍，使初学者可以快速掌握优化技术。无线网络优化是一个循环往复、不断提高的过程，优化的指导思想是在保证充分利用现有网络资源的基础上，采取种种优化措施，解决网络存在的局部缺陷，最终达到无线覆盖全面无缝隙、网络稳定可靠、性能良好、用户感知水平较高的效果。

编者

2016 年 3 月

目 录

岗 位 篇

认 知 篇

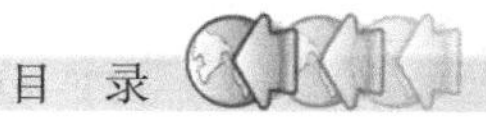

优化基础篇

优化提高篇

岗位篇

LTE 无线网络优化岗位及工作任务分析

【项目内容】

分析 LTE 无线网络优化的市场前景；分析无线网络优化的重要性介绍无线网络优化的岗位设置及职责。

【知识目标】

懂得无线网络优化岗位类型并深知每个岗位的职责；知晓运营商、设备厂商与网优公司的关系。

任务 1　网络优化岗位需求分析

2013 年 12 月 4 日，工信部向中国移动、中国联通、中国电信三家国内运营商发布了 TD-LTE 的牌照。三家运营商在获得 TD-LTE 牌照时反应不一，中国移动立即对 TD-LTE 项目进行大规模投资，全面进入网络建设高峰期；中国联通和中国电信仍以 3G 为主，中国联通全面升级 DC-HSPA，使其速率达到 42Mbit/s，以此来抗衡中国移动，同时少量地进行 TD-LTE 基站建设；中国电信则在网络覆盖和质量上深入优化 3G 网络，并以试验网的名号进行 TD-LTE 和 FDD-LTE 基站建设。

在此后一年多的时间内，中国联通和中国电信断断续续地获得 56 个城市的 FDD-LTE 试验网牌照。直到 2015 年 2 月 27 日工信部正式向中国联通和中国电信发放了 FDD-LTE 的牌照，关于 LTE 牌照的猜测和争论就此结束。

截止到 2015 年 3 月，中国移动建设 TD-LTE 基站 70 万个，TD-LTE 用户达到 1 亿；中国联通和中国电信 LTE 基站约 20 万个，在获得 FDD-LTE 牌照后，中国联通和中国电信则进入大规模投资和新建 FDD-LTE 阶段。

在国外运营商中，LTE 的建设和商用均早于国内，目前全球超过 400 张 LTE 网络商用，涉及约 140 个国家。在这么多 LTE 网中，没有一张网的质量是一成不变的，它随着网络建设、无线环境的变化、新功能的升级而改变；这些变化往往对现有网络产生较大影响，如果

不及时地进行网络优化、调整，网络的质量将大幅下降，为保证网络的质量或者提升网络的性能，需要不断地对网络进行优化。

【知识链接 1】 LTE 网络优化必要性

全球移动通信已经全面进入 LTE 时代，无线网络的特性之一就是多变；它受无线环境、小区业务量的变化而变化，这直接影响着网络质量。无线网络优化就是指充分利用已有技术手段（如软件平台、工具仪表等）对无线网络进行有针对性的数据采集和分析，并采取必要的措施对网络配置、参数、数据、天馈等进行调整，以实现无线网络资源配置的最优化，改善无线网络运行质量，提高用户感受度，使无线网络达到最佳运行状态。

（1）近年来城市地貌不断变化，市政拆迁、高楼涌现、高架桥的兴起等都直接改变了无线信号的传播，随之而来的是信号盲区、重叠覆盖导致的干扰、话务分布的变化，并可能导致某些小区容量不足等。这就需要及时进行优化调整，解决网络问题。

（2）基站拆迁、基站建设等工程都会影响无线环境，基站拆除将导致弱覆盖，而这几年城市发展较快，基站拆迁比例较大，影响较为严重；新建基站将导致重叠覆盖，同样影响网络质量和容量；这些都需要及时优化。

（3）软件版本的升级和新功能的开启都会对网络造成一定的影响，需要对参数进行调整优化和验证以达到相应的效果。

（4）随着用户变化和话务量的增长，需要对网络容量进行评估，提前进行网络调整，以适应市场的发展。

（5）目前运营商都是多制式的网络，受市场和用户行为的限制，2G/3G/4G“同台”的局面将在一定时期内存在，而它们之间的互操作将是一个非常复杂的过程，为了提高用户的体验，需要在总的驻留原则下进行非常细致的优化。如高层优化、进出入楼宇优化、高速高铁优化等场景都需要经过反复优化才能达到最佳效果。

（6）边界优化难度大。各城市之间和同城市之间不同厂家设备的覆盖边界往往在策略、功能实现、算法、参数意义方面都有着差别；这些差别加大了优化难度，需要局间、多厂家间进行反复协商和配合才能顺利完成优化工作。

【知识链接 2】 LTE 网络优化人才需求分析

随着社会的发展和科技的不断进步，移动通信越来越重要，它深深地影响并改变着我们的生活；移动通信网的优化已经历 10 多年的发展，从之前高尖精的人才才能涉猎的领域逐步演变为普通工程师也可从事的行业。随着优化工具的越来越先进，优化从业者的起点也不断降低；但要成为优秀的工程师，仍要通过不断的学习和经验的积累。

LTE 已经大量商用，但精通 LTE 的网络人才仍处于短缺状态，在未来 3～4 年，LTE 优化人员将成为网络优化行业的主体。网络是运营商赚钱的工具，而网络运行的设备则由设备厂商供应，运营商与设备商就是供求的关系；涉及无线网络优化的还有无线网络优化公司，无线网络优化公司提供的只是服务，即从运营商或者设备厂商那里承接项目，从事优化工作。

（1）通信设备厂商：华为、中兴等中国企业不仅在国内 LTE 项目中占据重要地位，在 LTE 的全球份额中也占有重要一席；同时像爱立信、贝尔、诺西等老牌厂商也不断发力 LTE 领域。通信设备厂家自然成为优化工程师就职的主要选择。

（2）网络优化公司：网络优化公司主要从运营商或者通信生产厂家承接优化项目，国内从事无线网优化的公司可以说多如牛毛，而这些公司一般人才流动大，项目较不稳定，需要经常出差。但受限于运营成本，同时出于对员工的人文关怀，现在优化人员越来越本地化，即让员工在自己最想工作的城市工作。

（3）运营商和铁塔公司：在国内的运营商就三家，中国移动，中国电信和中国联通，每年这三家运营商都会根据自身的情况进行一些校园招聘和社会招聘，但由于优化岗位相对饱和，招聘优化工程师的相对较少。但是国家为了节省资源，减少电信行业内相关基础设施的重复建设，提高行业投资效率，提高电信设施共享水平成立了铁塔公司，目前各运营商的网络建设和部分维护已经交付铁塔公司，后期运营可能会有更多的工作由铁塔公司接管，铁塔公司将是无线网络优化从业者非常好的选择。

任务 2　网络优化岗位分类及工作任务分析

【知识链接】 LTE 网络优化岗位分类及职责

LTE 无线网络优化岗位分为系统分析工程师、DT 工程师、CQT 工程师和投诉处理工程师，各岗位并非独立，而是相互联系的，需要相互配合才能把优化工作有序高效地完成。

1．系统分析工程师的职责

（1）基础数据管理：保证基站数据的完整性、准确性和更新的及时性，为网络优化工作提供数据保障。

（2）参数管理：保证无线参数数据的完整性、准确性和更新的及时性，为网络优化工作提供数据保障。

（3）指标监控：通过对网络指标的日常监控和告警信息的检查管理，分析无线网络的变化趋势，及时发现网络中存在的问题，为网络优化工作提供指导依据。

（4）问题小区处理：对故障、性能下降、问题指标小区等进行分析和处理，解决网络问题，消除网络隐患，提升网络质量。通过干扰排查，降低网内外干扰对网络质量带来的负面影响。

（5）日常 MR 数据分析：通过分析 MR 数据对移动网络的运行状态有一个全面的了解，快速有效定位网络问题，并给其他优化工作提供手段和依据。

（6）数据业务及无线质量性能检查：通过日常优化工作中对网络的数据业务功能和性能定期核查，及时分析出数据业务功能使用及各项性能、参数和资源配置情况，确保用户使用数据业务时功能和业务性能均正常。

（7）无线资源调整：根据日常投诉、指标和告警监控、日常 DT、CQT 测试、MR 数据的分析结果，并结合现网的无线资源现状对产生超忙和超闲小区的资源配置进行合理的优化调整，以解决因话务和信令信道拥塞、话务负荷高、半速率使用比例过高而导致的话音质量恶化、上下行链路失衡、小区间、双频网间话务失衡等严重影响用户感知的网络问题。

（8）移动网网络设备软件版本和补丁的入网测试验证：对移动网网络设备软件版本和补丁的功能、性能进行测试验证，以测试其功能、性能和兼容性是否满足相关考核标准。

（9）日常网络优化报告：通过对日常优化工作和网络问题进行总结，积累网络优化工作

经验，提高网络优化人员的问题分析和处理能力。

（10）其他临时任务：除日常网优工作外还需完成各项临时任务，以便及时响应集团公司和省公司的各项紧急调度工作、更好地配合其他部门完成需求统计和相关工作流程，响应市场需求，为经营一线提供支撑保障。

2. DT&CQT 工程师的职责

（1）通过定期开展 DT、CQT 测试，发现影响网络质量和用户感知的网络问题，有针对性地进行数据收集、测试分析及效果验证，客观评估网络质量，为优化工作提供现场数据。

（2）室内分布系统和直放站优化：及时处理室内分布系统中的硬件故障、弱覆盖、干扰、容量受限等问题，以改善室内分布系统的覆盖性能、接入性能、室内外切换性能，以便提高网络质量和用户感知。

（3）移动网网络设备软件版本和补丁的入网测试验证：对移动网网络设备软件版本和补丁的功能、性能进行测试验证，以测试其功能、性能和兼容性是否满足相关考核标准。

（4）日常网络优化报告：通过对日常优化工作和网络问题进行总结，积累网络优化工作经验，提高网络优化人员的问题分析和处理能力。

（5）天馈线系统调整：通过对天馈线系统进行优化调整来逐步改善无线网络环境，降低网内干扰，提升网络服务质量和用户满意度。

（6）其他临时任务：除日常网优工作外还需完成各项临时任务，以便及时响应集团公司和省公司的各项紧急调度工作，更好地配合其他部门完成需求统计和相关工作流程，响应市场需求，为经营一线提供支撑保障。

3. 投诉处理工程师的职责

（1）通过用户投诉及时发现影响网络质量和用户感知的网络问题，掌握投诉热点问题和区域，有针对性地解决问题，改善网络质量，提升用户感知。

（2）了解较多终端的能力，熟悉终端的设置和影响；了解主流终端应用，会对应用进行简单的操作、设置。

（3）具有良好的人际交往能力，善于与用户沟通，了解用户的诉求。

（4）具有较强的责任心，本着对网络和用户负责的态度来解决实际问题。

【实战技巧】

无线网络优化是网络建成后对工程参数、无线参数、容量配置等根据网络缺陷或者风险点进行调整和优化，使网络性能发挥到最大的一项工作。在所有的无线网络优化岗位中，最基本也最重要的要求就是安全，在这里所提的安全包括三个方面：一是网络安全，网络优化过程不能使网络产生故障、阻塞等；所有的操作都需要慎重，预估其后果，尽可能地避开或者减小风险。如重要参数修改、基站配置变更、eNB 重启等操作一定要按照流程操作；基站割接、核心网割接等一定要在通信最闲时。二是人身安全，所有的优化工作者需要注意自身人身安全，特别是外场工作人员，遇到上塔工作时一定要在安全范围内工作，提醒塔工使用安全带，防止工具掉落；DT 测试时注意行车安全，提醒司机遵守交规；约束自己，遵纪守法，严禁滋事。三是设备安全，测试仪器仪表都属于贵重物品，需要注意其安全，一旦出现丢失将可能影响项目正常操作，同时给自身带来诸多麻烦和财产损失，严重时会影响到自身前途。

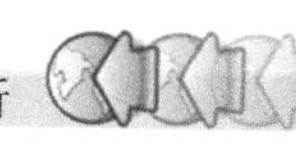

无限网络优化工作者需要具备良好的沟通能力，在面对同事、客户时善于聆听他们的意见，能准确表达自己的观点；特别是在处理客户投诉时，更需要良好的沟通技能，使用户感知到我们对问题的重视和积极解决问题的态度。同时优化工作者需要具备良好的报告撰写能力，在优化过程中会形成许多报告，需要及时、全面、整洁地完成相应地报告；能够熟练地使用办公软件将会使你的工作变得更为轻松。

随着技术的发展和优化工具智能化，无线网络优化工作越来越轻松，在一定程度上弱化了网优经验，但经验的积累仍然很重要，丰富的经验可以使你快速准确地判断网络问题，提升优化效率。

认知篇

项目 2 LTE 网络和 LTE 关键技术的认知

【项目内容】

对 LTE 的发展进程、特性进行介绍，从整体上讲解 LTE 是怎么来的，是什么及未来发展的方向；在了解 LTE 背景下对 LTE 关键技术进行介绍，以便深入地理解 LTE 的技术知识。

【知识目标】

了解 LTE 标准化进程、发展现状及发展方向。
熟知 LTE 的网络架构、不同制式 LTE 的帧结构和 LTE 的信道及映射。
理解 LTE 的调制技术、多天线技术、调度机制以及中调度机制和功率分配。
掌握 LTE 中的不同状态、系统消息类型和功能、同步和小区搜索以及接入过程等。

任务 1　认知 LTE

【知识链接】 LTE 初步认识

从 20 世纪 70 年代开始，现代通信技术进入到一个飞速发展阶段；从第一代的模拟技术到 OFDM 的大数据时代，移动通信先后经历 1G 到 4G 的发展历程，如图 2-1 所示。受不同时期技术的限制，每个时代通信的容量和质量都不一样；简单地说 1G 是小容量语音时代，2G 是语音+文本时代，3G 是语音+图片+小视频时代，4G 才真正进入大数据时代。而在近代通信行业发展的过程中，“宽带接入移动化”和“移动通信宽带化”相互竞争与融合，正是这种竞争与融合的关系大幅推动了近代通信的进步，演绎出 802.16m 和 LTE 的行业标准。

2004 年 IEEE 开始 802.16 系列标准（WiMAX）制定，其理论速率达到 75Mbit/s。这一标准的提出极大地刺激了 3GPP 组织，3GPP 意欲打造新的通信标准，并要在较长时间处于国际领先水平。2008 年 12 月 R8 版本发布，即 LTE 正式面世。

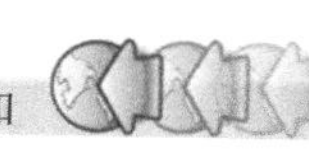

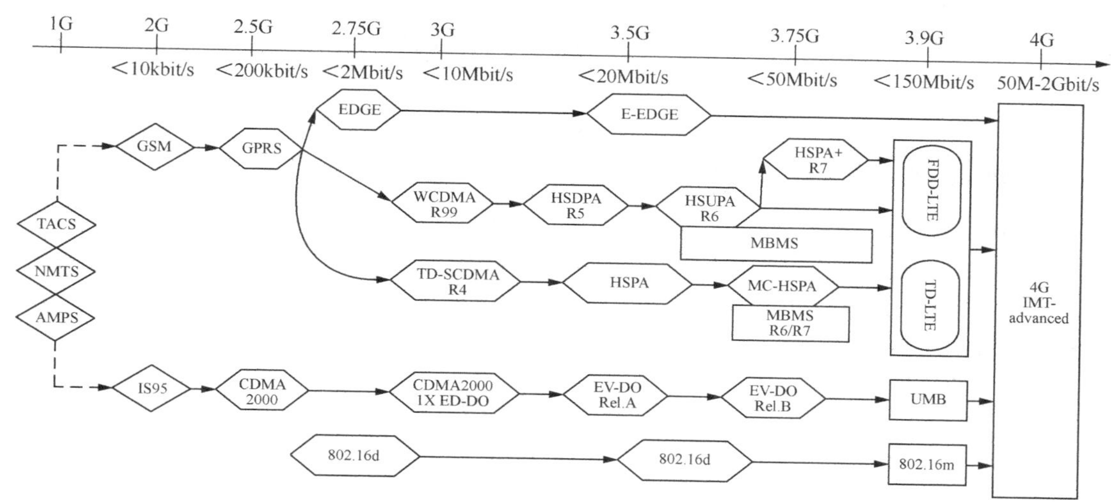

图 2-1　移动通信技术发展历程

长期演进（Long Term Evolution，LTE）是根据 3G 演进而来的，采用 OFDM、MIMO 和多天线等关键技术，在 3G 的基础上增强了空口接入技术。根据 3G 的不同标准产生两个不同的演进版本，即 WCDMA→FDD-LTE 和 TD-SCDMA→TD-LTE。FDD-LTE 主要由欧洲发起，并在全球快速形成产业链，应用范围较广。TD-LTE 主要由我国发起，在亚洲和非洲应用较广。为了保证全球 LTE 技术相互融合，FDD-LTE 和 TD-LTE 的关键技术、帧结构、系统构架等极为相似。

LTE 采用扁平化系统设计，简化了网络结构，优化了信令过程；从而 LTE 在设计之初便具有以下特性。

（1）高速率：在 20MHz 带宽时，下行速率达到 100Mbit/s，上行速率达到 50Mbit/s；随着技术的更新和发展，LTE 的上下行速率将会进一步提升。

（2）高效率：LTE 下行频谱效率为 5bit/s/Hz，是 HSDPA 的 3～4 倍；上行频谱效率 2.5bit/s/Hz，是 HSUPA 的 2～3 倍。

（3）高容量：配置在 5MHz 带宽情况下，LTE 可支持 200 个激活用户；配置在 20MHz 带宽情况下，LTE 可支持 400 个激活用户。

（4）低时延：无线接入网 UE 到 eNodeB 之间用户面的连接时延小区 5ms，控制面的连接小区 100ms。

（5）低成本：采用扁平化结构，减少网元种类；即相对于 3G 系统结构，减少了 RNC，减少了投入。LTE 基站可与 3G、2G 共址建设，并支持多制式间互操作，可灵活组网，减少建站成本。LTE 系统具备自组织网络（Self Organization Network，SON）功能，即自规划（Self-Planning）、自配置（Self-Configuration）、自优化（Self-Optimization）、自维护（Self-Maintenance）的能力；减少运营成本。

（6）灵活带宽：LTE 支持 6 种带宽配置，即支持 1.4MHz、3 MHz、5MHz、10MHz、15MHz、20MHz 不同的带宽。

（7）增强移动性：0～15 千米/小时为最优的性能，15～120 千米/小时是较高的性能，120～350 千米/小时可支持实时业务。

任务 2　了解 LTE 的发展

【知识链接 1】 LTE 网络的标准化进展

第三代合作伙伴项目（3GPP）的组织成立于 1999 年 1 月，是欧洲的 ETSI、日本的 ARIB、日本的 TTC、韩国的 TTA、美国的 ATIS 和中国的 CCSA 六个标准化组织。它是制定 LTE/LTE Advanced、3G UTRA、2G GSM 系统标准的开发机构，由 4 个技术规范组（TSG）组成，如图 2-2 所示。

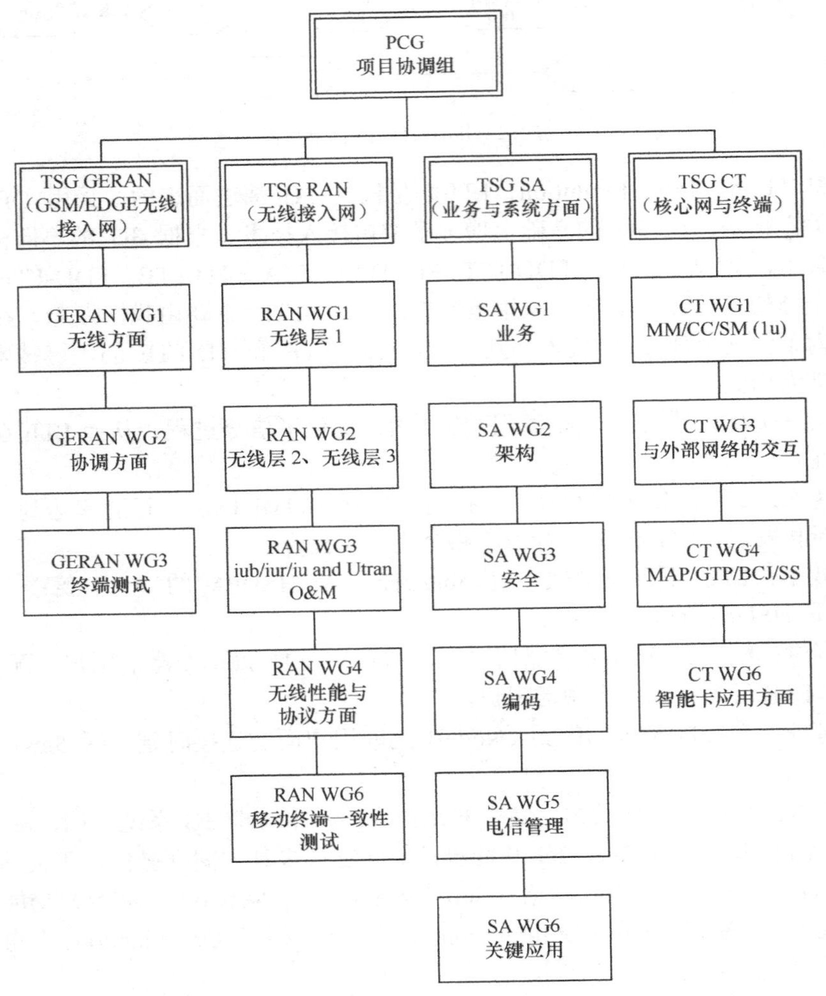

图 2-2　3GPP 组织机构

3GPP 组织由项目协调组（Project Cooperation Group，PCG）负责 3GPP 总的管理、时间计划、工作分配等；而技术规范组（Technology Standards Group，TSG）负责技术方面的工作。

目前，3GPP 包括四个 TSG，分别负责核心网和终端（Core Network and Terminal，TSG CT）、系统和业务方面（Service and System Aspects，TSG SA）、无线接入网（Radio Access Network，TSG RAN）以及 GSM EDGE 无线接入网（GSM EDGE Radio Access Network，TSG GERAN）方面的工作。其中，每一个 TSG 又进一步可以分为多个不同的工作组（Work Group，WG），每个 WG 分别承担具体的任务。

2004 年 3GPP 举办了一个研讨会，开启了继 3G 技术的长期演进（LTE）工作。会议决定在 2004 年 12 月在 TSG RAN 创建一个研究项目，负责 LTE 相关工作。该项目的前 6 个月是需要讨论阶段，而在 2005 年 6 月获得批准，进入标准研究阶段，在标准研究阶段确定采用 OFDM 技术等一些关键性技术。2006 年中进入标准制定阶段，但直到 2007 年 12 月才获得 ITU 批准。LTE 标准不同版本发布的时间如图 2-3 所示。

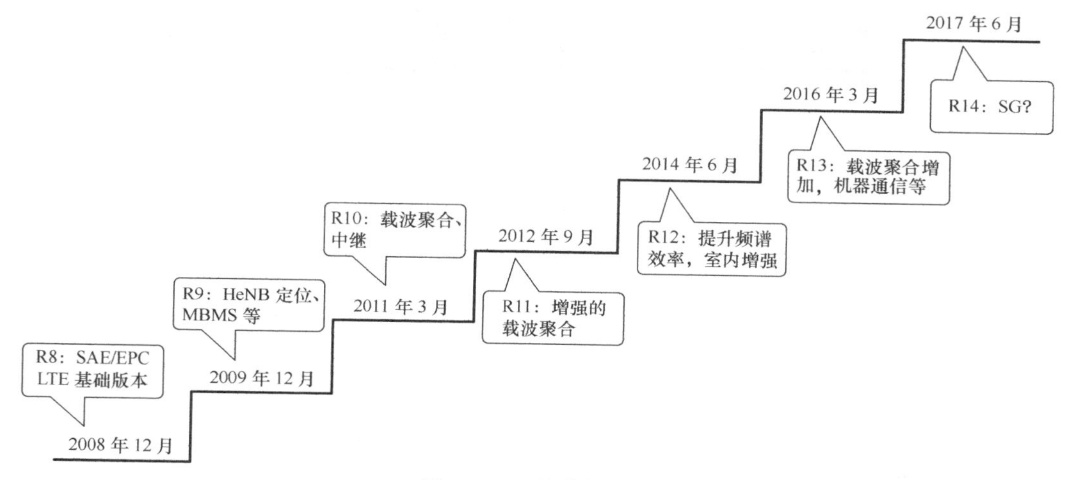

图 2-3　LTE 标准化进程

【知识链接 2】 LTE 网络的发展现状

从全球 LTE 市场发展情况来看，LTE 已经如火如荼，根据全球移动供应商联盟（the Global mobile Suppliers Association，GSA）信息，截至 2015 年 6 月，全球共有 142 个国家和地区 422 个 LTE 网络正式商用，在过去的一年内全球有 106 个 LTE 网商用，而在全球共有 181 个国家和地区 638 个运营商承诺发展 LTE 网络（包括已商用的 422 个 LTE 网络）。

根据 GSA 统计报告，截至 2015 年 3 月，全球 LTE 用户已经超过 6 亿，仅在 2015 年第一季度全球 LTE 新增用户 1.237 亿，如图 2-4 所示，而此时 3G 用户增长为 0.78 亿，LTE 新增用户超过 3G 增长用户数的 58%。与此同时，GSM 用户下降 1 亿。

从 2011 年 2 月起，LTE 终端发展非常迅速，截至 2015 年 6 月，支持 LTE 的终端达到 3253 种，如图 2-5 所示，仅在 2014 年就产生了 1275 种新型终端。在 2646 类终端中，智能手机达到 1395 种，占比为 53%；其次 LTE 无线路由器种类为 612 种，占比 23%。其他应用包括数据卡、调制解调器、智能平板、笔记本电脑、相机等。

在国内，三家运营商都已经取得了 LTE 的牌照，中国移动的 LTE TDD 网络经过 2 年多的发展已经趋于成熟，市场用户超过 1 亿。中国联通和中国电信同样发力 LTE，进行大规模的 LTE 网络建设和工程优化，这种竞争会将国内 LTE 网络引向成熟，给用户带来更多的实惠。

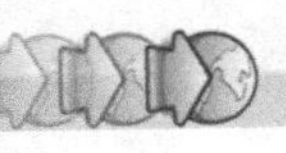

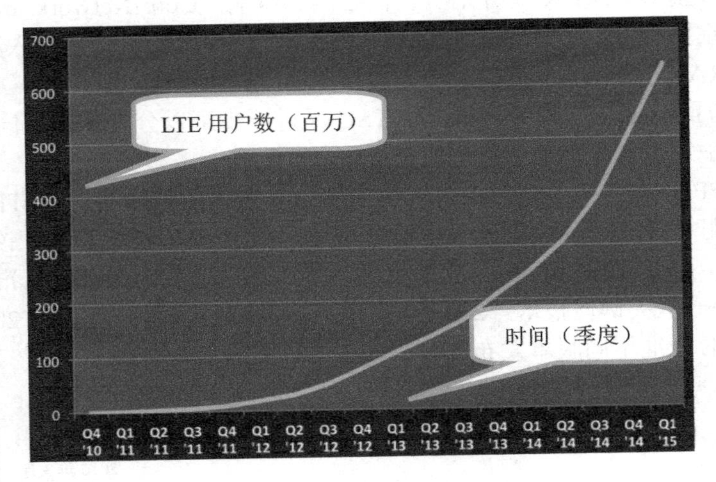

图 2-4　全球用户发展情况

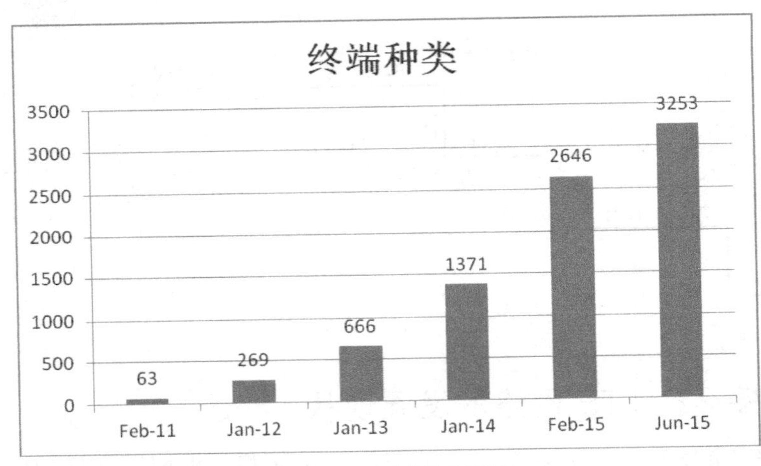

图 2-5　全球终端发展情况

【知识链接 3】 LTE 的发展前景

1. LTE 全球发展强劲

2013 年，全球多家运营商开始布局和商用 LTE 网络，LTE 进入发展的快车道。在通信发达的美国、日本、韩国以及部分欧洲国家，LTE 基本都达到全覆盖。LTE 在全球发展呈现两种情况，一是投资建设、商用运营，如中国；二是深度优化，提升覆盖和容量，如美国。

美国通信运营商较多，其中处于 LTE 主导地位有四家，分别是 Verizon 无线、AT&T、Sprint 和 T-Mobile。2010 年开始，Verizon 无线开始部署 LTE 网络，是目前美国 LTE 网络规模最大、覆盖区域最广的运营商。迫于 Verizon 无线的压力，AT&T、Sprint 也于 2012 年开始部署 LTE 网络，其网络规模仅逊于 Verizon 无线，占据着重要地位。2013 年 T-Mobile 开始 LTE 的商用部署，但其重点发展 HSPA+业务。目前美国 LTE 网发展已经非常成熟，主要的四家运营公司先后升级 LTE 为 LTE Advanced，从业务类型、商场营销等方面开展全面竞争。

LTE 在中国的发展晚于美、日、韩等通信技术先进国家，2013 年底工信部发放了 TD-LTE 的牌照，但在当时仅中国移动开展了大规模建设、优化，以及后期商用；中国联通和中国电信仅仅以试验网之名进行验证性投资和建设。业界普遍认为 2014 年工信部将进行 LTE 多牌照的发布，LTE 将在国内掀起通信技术革新的新高潮。然而由于种种原因，LTE 牌照发布一波三折，直到 2015 年 2 月 27 日中国联通和中国电信获得 FDD-LTE 牌照。也就是说，中国电信和中国联通对 LTE 的大规模投资和建设比中国移动整整晚了一年多，LTE 在国内发展呈现出一家引领，两家追随的格局，国内 LTE 的竞争在 2015 年才真正开始，出现蓬勃生机。

除此之外，韩国、日本、新加坡、中国香港均为早期发展 LTE 的国家和地区，LTE 网发展水平和情况与美国类似，均进入深度优化和升为 LTE Advanced 的阶段；而在全球其他区域 LTE 发展水平不一，有正在建设的、有试商用的、有商用发展阶段的。正是这种不平衡的发展才展现出全球 LTE 的蓬勃生机。

2. LTE Advanced 引领未来

基于 LTE 增强的 LTE Advanced 已经在 3GPP 的 R10 版本正式发布，后续的版本 R11、R12 已经对 LTE Advanced 进一步完善和增强。从标准准备和制订来看，R12 并非 LTE Advanced 的终结版本，R13 的准备工作正在紧张进行中。3GPP 每一个版本都在无线接入技术上引入更多的能力和进一步增强系统性能，同时扩大业务范围，应用在更广的领域。

（1）更高效、更节能

自从移动通信技术产生以来，能耗一直是一个令运营商、设备厂商和手机厂商头痛的问题；能耗往往与覆盖效果、通信质量密切相关，甚至在很多情况下需要以更高的能耗换取最佳的通信质量。在移动通信网络建设得越来越复杂，网络节点越来越多的情况下，降低能耗成为一个非常重要的问题。首先，能源价格对于运营商而言是一项非常高的支出，作为运营商想要不断的压缩运营成本，就需要各通信节点以更低的能耗运行。其次，手机厂商为了给手机更多的电路空间和更大程度的增加待机时长，只能要求电池体积越来越小、容量越来越大、手机能耗越来越低。最后，通信设备厂商为了适应运营商对能耗的要求，不断提高自身的产品竞争力，就会不断地对产品进行改进，采用更高密度的集成设备，降低设备的能耗。

在 2G 时代，通信设备已经具有功率控制技术；在 3G 时代功率成为一种无线资源；这些都是在保证通信质量的前提下降低能耗的手段。在 LTE 网中，同样有功率控制技术，在以后的演进版本中此项技术更会增强，以达到空载时用非常低的能耗运行。

（2）物物通信得以实现

物联网已经是一项非常热门的技术，简单地说就是通过特定的接入手段（红外、蓝牙等）将所有的物品都接入到互联网中进行分析和管理的技术。LTE 在设计之初就付出巨大的精力来研究和实现物物通信，LTE 的宽带化、低时延为物物通信提供了传输支撑；LTE 产业化已经非常发达，各类芯片被广泛应用，只需要对物物（相应产品，如交通监控器、车载终端、水电表等）进行相应的改造就可实现 LTE 的接入并将采集相应的数据进行传输，或者接受相应的指令进行相应的动作。预计未来在交通、安防、电网等行业会较早实现；在其他行业，如医疗、矿山开采、农业生产等领域也会陆续应用。

（3）安全性更好

首先，LTE 是全 IP 化的网络，随着智能终端和移动应用的增多，网络承载的负荷不断变大，严重威胁着网络的安全，随时有可能超过网络所能承载的负荷导致全网崩溃。其次，随着越来越多基于 IP 通信网络节点的接入，登录 LTE 网中的所有终端、网络节点都暴露在互联网中，更容易受到来自互联网的攻击。这就要求 LTE 网络要有强有力的安全机制，一方面能保障通信网络的正常运营，另一方面保障整张 LTE 网络不受攻击。目前来看，LTE 采用了 EPS 方案，对终端和网络中节点进行比较有效的保护，但互联网中的安全就像一个大盾牌，总会有矛攻破它的时候，随着信息技术的发展，需要把更优秀的安全机制引入到 LTE 网中。

（4）更智能

由于 LTE 网络规模越来越大，多种制式并存，在规划、优化、维护方面需要更大的投入。应运营商降低成本的要求，LTE 网络需要具有很好的自维护能力、自优化能力，因此在 LTE-advanced 中引入了自组织网络（Self-Organized Network，SON）概念，SON 具有自规划、自配置、自优化和自修复四大功能，其主要目的是减少运营成本，增强操作效率，增强网络性能和稳定性。虽然 SON 功能在 3GPP 中已经做了相应的规范，但在实际应用中仍未达到预期效果。未来的 LTE 网络将在现有 SON 各项功能的基础上加强，根据 LTE 网的实际情况协调其他网络对 LTE 进行强有力的支撑；快速分析网络性能，动态地进行参数调整；快速判断故障，实现自我修复。

任务 3　认知 LTE 网络

【知识链接 1】 LTE 无线频率划分

LTE 可使用的频段较为宽泛，配置非常灵活；它的这一特性使得 LTE 支持全球主流的 2G/3G 频段，同时也支持新增频段。全球频段划分如表 2-1 所示。

表 2-1　　3GPP LTE 频谱划分

频段号	上行频段（MHz）	下行频段（MHz）	双工方式	信道带宽	频带（MHz）
1	1920～1980	2110～2170	FDD	5, 10, 15, 20	2100
2	1850～1910	1930～1990	FDD	1.4,3,5,10, 15, 20	1900
3	1710～1785	1805～1880	FDD	1.4, 3, 5, 10, 15, 20	1800
4	1710～1755	2110～2155	FDD	1.4, 3, 5, 10, 15, 20	1700
5	824～849	869～894	FDD	1.4, 3, 5, 10	850
6	830～840	875～885	FDD	5, 10	850
7	2500～2570	2620～2690	FDD	5, 10, 15, 20	2600
8	880～915	925～960	FDD	1.4, 3, 5, 10	900
9	1749.9～1784.9	1844.9～1879.9	FDD	5, 10, 15, 20	1800
10	1710 ～1770	2110～2170	FDD	5, 10, 15, 20	1700
11	1427.9～1447.9	1475.9～1495.9	FDD	5, 10	1500
12	699～716	729～746	FDD	1.4, 3, 5, 10	700
13	777～787	746～756	FDD	5, 10	700
14	788～798	758～768	FDD	5, 10	700
15	1900～1920	2600～2620	FDD	5, 10	
16	2010～2025	2585～2600	FDD	5, 10, 15	
17	704～716	734～746	FDD	5, 10	700

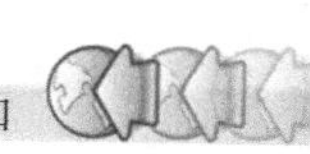

续表

频段号	上行频段（MHz）	下行频段（MHz）	双工方式	信道带宽	频带（MHz）
18	815～830	860～875	FDD	5, 10, 15	850
19	830～845	875～890	FDD	5, 10, 15	850
20	832～862	791 ～821	FDD	5, 10, 15, 20	800
21	1447.9～1462.9	1495.9-1510.9	FDD	5, 10, 15	1500
22	3410～3490	3510 ～3590	FDD	5, 10, 15, 20	3500
23	2000～2020	2180 ～2200	FDD	1.4, 3, 5, 10	2000
24	1626.5～1660.5	1525～1559	FDD	5, 10	1600
25	1850～1915	1930- 1995	FDD	1.4, 3, 5, 10, 15, 20	1900
26	814～849	859～894	FDD	1.4,3,5,10, 15	850
27	807～824	852～869	FDD	1.4, 3, 5, 10, 15	850
28	703～748	758～803	FDD	5, 10, 15, 20	700
29	N/A	716～728	FDD	5, 10	700
30	2305～2315	2350～2360	FDD	5, 10	2300
31	452.5～457.5	462.5～467.5	FDD		450
未分配	1915～1920	1995～2000	FDD		1900
未分配	1755～1780	2155～2180	FDD		1700
33	1900～1920		TDD	5, 10, 15, 20	2100
34	2010～2025		TDD	5, 10, 15	2100
35	1850～1910		TDD	1.4, 3, 5, 10, 15, 20	1900
36	1930～1990		TDD	1.4, 3, 5, 10, 15, 20	1900
37	1910～1930		TDD	5, 10, 15, 20	1900
38	2570～2620		TDD	5, 10, 15, 20	2600
39	1880～1920		TDD	5, 10, 15, 20	1900
40	2300～2400		TDD	5, 10, 15, 20	2300
41	2496～2690		TDD	5, 10, 15, 20	2500
42	3400～3600		TDD	5, 10, 15, 20	3500
43	3600～3800		TDD	5, 10, 15, 20	3700
44	703～803		TDD	5, 10, 15, 20	700

在使用过程中，上下行载波频率用绝对无线频点号EARFCN标识，范围为0-65535。计算方法如下。

下行　　$FDL = FDL\_low + 0.1（NDL-NOffs\text{-}DL）$

上行　　$FUL = FUL\_low + 0.1（NUL-NOffs\text{-}UL）$

主要频段和频点对应如表2-2所示。

表2-2　常见LTE频谱

频段号	下　行			上　行		
	F_{DL_low}（MHz）	$N_{Offs\text{-}DL}$	下站频点序列	F_{UL_low}（MHz）	$N_{Offs\text{-}UL}$	上行频点序列
1	2110	0	0～599	1920	18000	18000～18599
2	1930	600	600～1199	1850	18600	18600～19199

续表

频段号	下行			上行		
	F_{DL_low}（MHz）	$N_{Offs\text{-}DL}$	下站频点序列	F_{UL_low}（MHz）	$N_{Offs\text{-}UL}$	上行频点序列
3	1805	1200	1200～1949	1710	19200	19200～19949
7	2620	2750	2750～3449	2500	20750	20750～21449
38	2570	37750	37750～38249	2570	37750	37750～38249
39	1880	38250	38250～38649	1880	38250	38250～38649
40	2300	38650	38650～39649	2300	38650	38650～39649
41	2496	39650	39650 ～41589	2496	39650	39650 ～41589

在中国 LTE 频谱的划分情况如表 2-3 所示。

表 2-3 中国 LTE 频谱

归属	TDD		FDD		合计
	频段	频谱资源	频段	频谱资源	
中国移动	1880～1900MHz	20MHz			130MHz
	2320～2370MHz	50MHz			
	2575～2635MHz	60MHz			
中国联通	2300～2320MHz	20MHz	1850～1860MHz	10MHz	50MHz
	2555～2575MHz	20MHz			
中国电信	2370～2390MHz	20MHz	1860～1875MHz	15MHz	55MHz
	2635～2655MHz	20MHz			

虽然频谱资源的划分为上表所示，但在实际使用中运营商可以根据自己所拥有的频谱资源进行相应的调整，选择最适合自己的频谱使用。

【知识链接 2】 LTE 无线接入网的架构

LTE 无线接入网架构分为两个部分，即系统架构和协议架构。本知识链接将分别对系统架构进行总体介绍和对协议架构进行简单描述，从总体上把握 LTE 无线接入网的架构。

根据 3GPP 的要求，LTE 无线接入网系统架构采用扁平化设计，相对于 3G/2G 更简单，取消了基站控制器（3G 取消了 RNC、GSM 取消了 BSC），仅有 eNodeB（eNB）、MME 和 S-GW 三个网元；后来 3GPP 通过新版本的发布引入了新功能，增加了 Home eNodeB（HeNB）和 X2 GW。

LTE 基本架构与传统通信系统相比有如下主要变化。

1. 取消 CS 域

LTE 取消了 CS 域，减少了相应的网元，简化了网络结构，使得网络 IP 化更加容易，节省了成本。但 LTE 并非放弃了语音业务，目前 LTE 语音可以通过三种方式实现，CSFB（Circuit Switched Fallback，即语音接入时回落到 3G 或者 2G，语音结束时重回 LTE）、VoLTE（语音 IP 化）、SGLTE（Simultaneous GSM and LTE，即 PS 域驻留在 LTE 网、CS 域驻留在 3G 或者 2G 网）。

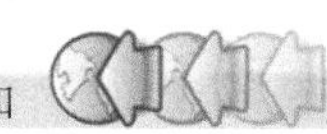

2．全 IP 化

全网各网元之间全部使用 IP 传输。IP 化传输成本更低，性价比更高；但是 IP 化的网络是非保障的，只是尽力而为的网络，在网络稳定性上和 QoS 质量上要求会更高。

3．实现控制和业务分离

用户面和控制面完全分离，即用户面和控制面由不同的网元实体完成。这样有利于降低系统时延，提高业务处理效率。

LTE 无线接入网采用扁平化架构，它只有 eNodeB（eNB）一个单一的节点，主要完成一个或者多个小区的无线相关功能。eNodeB 只是一个逻辑节点而非物理实现，eNB 的实现通常是一个三扇区的基站，但基站并不等同于 eNodeB。

从图 2-6 中可以看出，eNodeB 通过 X2 接口相互连接，它完成 UE 在 LTE 网内的移动性管理、小区负荷管理、小区间干扰协调、X2 接口管理和错误处理功能。eNodeB 通过 S1-u 与 S-GW 相连，提供 eNodeB 与 S-GW 之间用户面 PDU 非保证传输；基于 UDP/IP 和 GTP-U。eNodeB 通过 S1-c 与 MME 相连（有时也叫此接口为 S1-MME 接口），提供 S1-AP 信令的可靠传输，基于 IP 和 SCTP。为了 LTE 网的负荷分担和冗余保护，一个 eNodeB 可以接入多个 MME/S-GW。S1 接口是 LTE 中最重要的接口，完成的功能如下。

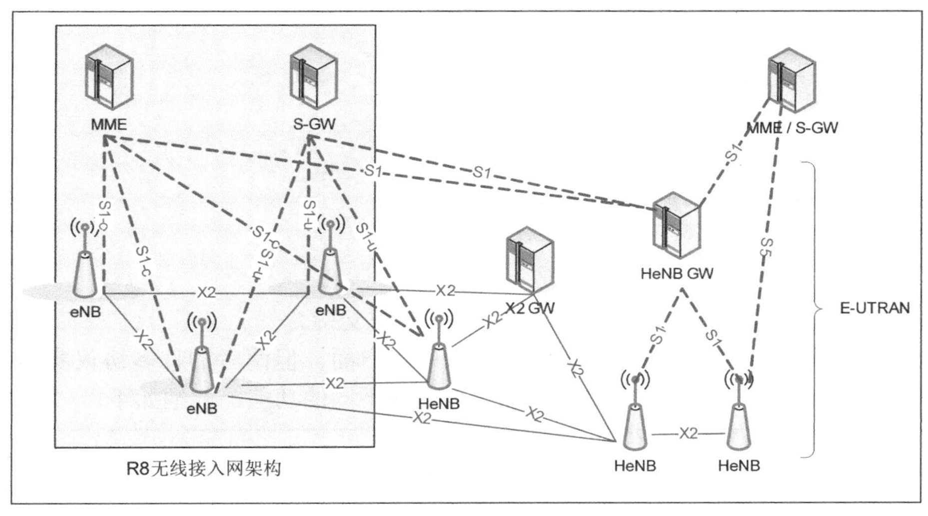

图 2-6 LTE 网系统架构（R12）

（1）SGW 承载业务管理功能，例如建立和释放。

（2）UE 在 LTE_ACTIVE 状态下的移动性管理功能，例如切换。

（3）S1 接口的寻呼功能。

（4）NAS 信令传输功能。

（5）S1 接口管理功能，例如错误指示，S1 接口建立等。

（6）网络共享功能。

（7）漫游和区域限制支持功能。

（8）NAS 节点选择功能。

（9）初始上下文建立功能。

（10）S1 接口的无线网络层不提供流量控制功能和拥塞控制功能。

LTE 系统架构中取消了基站控制器（RNC/BSC），将原来基站控制器的功能整合到eNodeB中，相对于传统的基站，eNodeB扮演了更重要的角色，功能更加复杂；MME（移动性管理实体）与S-GW属于EPC（核心网）架构，MME是控制面的节点，S-GW是用户面的节点。各网元节点的主要功能如下。

1. eNodeB 功能

（1）无线资源管理。

（2）IP 头压缩和用户数据流加密。

（3）UE 连接期间选择 MME，当无路由信息利用时，可以根据 UE 提供的信息来间接确定到达 MME 的路径。

（4）路由用户面数据到 SGW。

（5）调度和传输寻呼消息（来自 MME）。

（6）调度和发送广播消息（来自 MME 或 O&M）。

（7）就移动性和调度，进行测量和测量报告的配置。

（8）调度和发送 ETWS 消息。

2. MME 功能

（1）NAS 信令以及安全性功能。

（2）3GPP 接入网络移动性导致的 CN 节点间信令。

（3）空闲模式下 UE 跟踪和可达性。

（4）漫游。

（5）鉴权。

（6）承载管理功能（包括专用承载的建立）。

3. S-GW 功能

（1）支持 UE 的移动性切换用户面数据的功能。

（2）E-UTRAN 空闲模式下行分组数据缓存和寻呼支持。

如图 2-7 所示，LTE 协议架构分为控制面和用户面，但两者的许多协议实体都是相同的，只有个别地方存在差异。LTE 协议实体各自完成不同的功能，归纳如下。

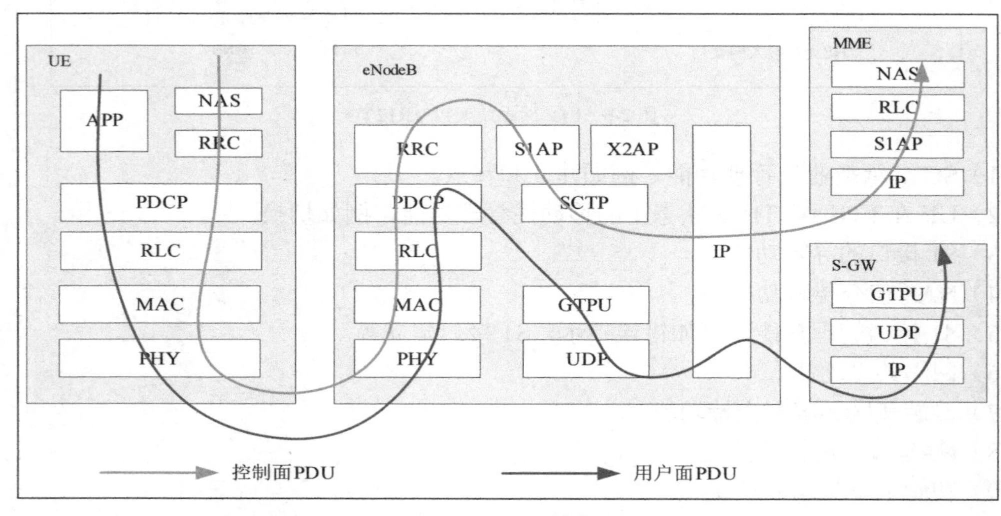

图 2-7 LTE 网络协议架构

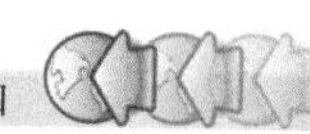

1. PDCP（分组数据汇聚协议）的功能

（1）头压缩和解压缩功能。

（2）在切换时，保证数据按序发送。

（3）底层SDU的重复检测。

（4）加密及完整性保护功能。

2. RLC（无线链路控制）功能

（1）支持AM、UM和TM模式传输。

（2）ARQ。

（3）分段、级联。

（4）按序发送。

（5）重复检测。

3. MAC（媒体接入控制）功能

（1）逻辑信道和传输信道的映射功能。

（2）HARQ。

（3）传输格式选择。

（4）UE内部逻辑信道之间优先级调度功能。

（5）UE间根据优先级动态调度功能。

4. PHY（物理层）功能

（1）编码/解码的管理。

（2）调制/解调。

（3）多天线的映射。

（4）物理层过程，如小区搜索、上行同步、功率控制等。

【知识链接3】 LTE帧结构

LTE有两种制式，支持成对频谱的FDD和支持非成对频谱的TDD。它们都采用OFDM技术、MIMO、多天线等关键技术，在很多方面它们是相一致的；但是它们也有差别，其中最大的差别就是帧结构的不同，如图2-8所示。

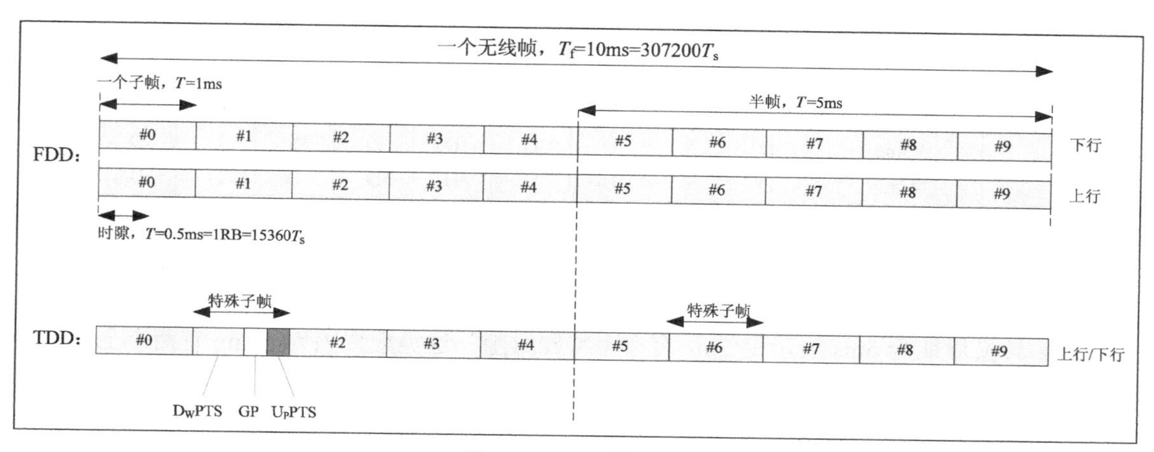

图2-8 LTE无线帧结构

LTE FDD 无线帧长 10ms，每个无线帧包含 10 个子帧，每个子帧包含 2 个时隙，每个时隙长度为 0.5ms，对应一个资源块（RB）。在调度方面，如果是对每个 RB 进行调度的话，信令面开销太大，对器件的要求较高；目前技术条件下调度周期一般为一个子帧的长度，即 TTI=1ms，对应两个资源块，通常称之为 PRB，它是一个调度的概念，1PRB=2 RB。

LTE TDD 帧结构支持半双工和全双工两种双工方式，半双工指上下行两个方向的数据传输是通过同一通道不同时刻传输的；全双工指上下行两个方向的数据传输是通过同一通道相同时刻传输，即这个通道是可以双向通行的。

LTE 帧结构中一个时隙包含 7 个 OFDM 符号，但为了克服符号间的干扰（ISI），需要加入循环前缀（CP）。CP 的长度根据覆盖范围要求进行不同的配置，覆盖范围越大，需要 CP 的长度就越长；但 CP 长度越长系统的开销就越大，过长的 CP 对于系统来说是一种负担。一般情况下采用的是 Normal CP，在需要广覆盖和采用 MBMS 时配置较长的 Extended CP，它们子载波的间隔为 15kHz。在下行采用独立载波的 MBSFN 时使用超长 CP，此时子载波的间隔为 7.5kHz，上行不存此配置，如表 2-4 所示。

表 2-4　　CP 情况

CP	子载波间隔	下行 OFDM CP 长度	上行 SC-FDMA CP 长度	有用符号	子载波 RB 数	每时隙箱号数
Normal CP	15kHz	符号 0 CP 长为 160 符号 1～6 CP 长为 144	符号 0 CP 长为 160 符号 1～6 CP 长为 144	2048	12	7
Extended CP		符号 0～5 CP 长为 512	512 时隙#0～#5	2048		6
	7.5kHz	符号 0～2 CP 长为 1024	无	4096	24	3

LTE TDD 和 LTE FDD 帧长一样，每个无线帧长是 10ms，一个无线帧分为两个 5ms 的半帧，每个半帧包含 4 个传输子帧和 1 个特殊子帧，特殊子帧 DwPTS + GP + UpPTS = 1ms。特殊子帧的长度为 1ms；但其所点的比例是可调的，同时传输子帧上下行也是可调的，如表 2-5 和表 2-6 所示；因此 LTE TDD 具有灵活的时隙配比。

表 2-5　　TDD 子帧对应表

上下行配置	DL→UL 切换点周期	子 帧 序 号									
		0	1	2	3	4	5	6	7	8	9
0	5ms	D	S	U	U	U	D	S	U	U	U
1	5ms	D	S	U	U	D	D	S	U	U	D
2	5ms	D	S	U	D	D	D	S	U	D	D
3	10ms	D	S	U	U	U	D	D	D	D	D
4	10ms	D	S	U	U	D	D	D	D	D	D
5	10ms	D	S	U	D	D	D	D	D	D	D
6	5ms	D	S	U	U	U	D	S	U	U	D

（1）转换周期为 5ms 表示每 5ms 有一个特殊时隙。这类配置因为 10ms 有两个上下行转换点，所以 HARQ 的反馈较为及时。适用于对时延要求较高的场景。

（2）转换周期为 10ms 表示每 10ms 有一个特殊时隙。这种配置对时延的保证略差一些，但是好处是 10ms 只有一个特殊时隙，所以系统损失的容量相对较小。

表 2-6　　TDD 子帧与 CP 对应时特殊子帧配置

特殊子帧配置	常规 CP			扩展 CP		
	DwPTS	GP	UpPTS	DwPTS	GP	UpPTS
0	3	10	1	3	8	1
1	9	4	1	8	3	1
2	10	3	1	9	2	1
3	11	2	1	10	1	1
4	12	1	1	3	7	2
5	3	9	2	8	2	2
6	9	3	2	9	1	2
7	10	2	2	-	-	-
8	11	1	2	-	-	-

LTE FDD 与 LTE TDD 的比较内容如下。

（1）上/下行配比。LTE TDD 中支持不同的上/下行时间配比，上/下行时间比不总是“1:1”，可以根据不同的业务类型，调整上下行时间配比，以满足上/下行非对称的业务需求。

（2）特殊时隙的应用。为了节省网络开销，TD-LTE 允许利用特殊时隙 DwPTS 和 UpPTS 传输系统控制信息。LTE FDD 中用普通数据子帧传输上行 sounding 导频，而 TDD 系统中，上行 sounding 导频可以在 UpPTS 上发送。另外，DwPTS 也可用于传输 PCFICH、PDCCH、PHICH、PDSCH 和 P-SCH 等控制信道和控制信息。

（3）多子帧调度/反馈。和 FDD 不同，TDD 系统不总是存在 1:1 的上/下行比例。当下行多于上行时，存在一个上行子帧反馈多个下行子帧的情况。TDD-LTE 提出的解决方案有：multi-ACK/NAK、ACK/NAK 捆绑（Bundling）等。当上行子帧多于下行子帧时，存在一个下行子帧调度多个上行子帧（多子帧调度）的情况。

（4）LTE 同步信号的周期是 5ms，分为主同步信号（PSS）和辅同步信号（SSS），如图 2-9 所示。在 LTE TDD 和 FDD 帧结构中，同步信号的位置/相对位置不同。在 TDD 帧结构中，PSS 位于 DwPTS 的第三个符号，SSS 位于 5ms 第一个子帧的最后一个符号；在 FDD 帧结构中，主同步信号和辅同步信号位于 5ms 第一个子帧内前一个时隙的最后两个符号。利用主、辅同步信号相对位置的不同，终端可以在小区搜索的初始阶段识别系统是 TDD 还是 FDD。

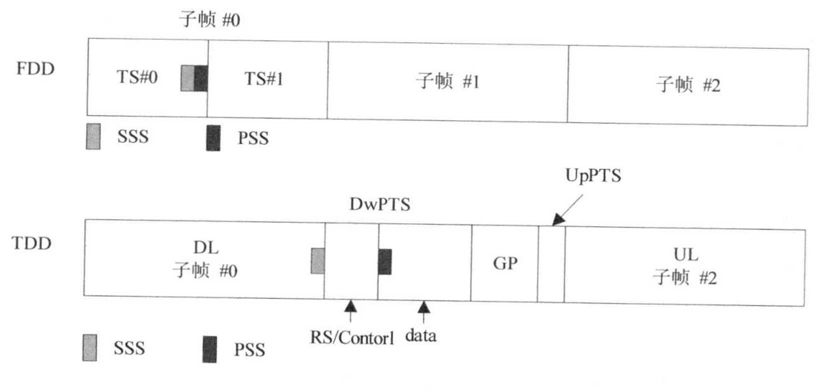

图 2-9　LTE 中同步信号位置

（5）LTE FDD 系统中，HARQ 的环回时间（Round Trip Time，RTT）固定为 8ms，且 ACK/NACK 位置固定。TD-LTE 系统中 HARQ 的设计原理与 LTE FDD 相同，但是实现过程却比 LTE FDD 复杂。这是由于 TDD 上下行链路在时间上是不连续的，UE 发送 ACK/NACK 的位置不固定，而且同一种上下行配置的 HARQ 的 RTT 长度都有可能不一样，如图 2-10 所示。

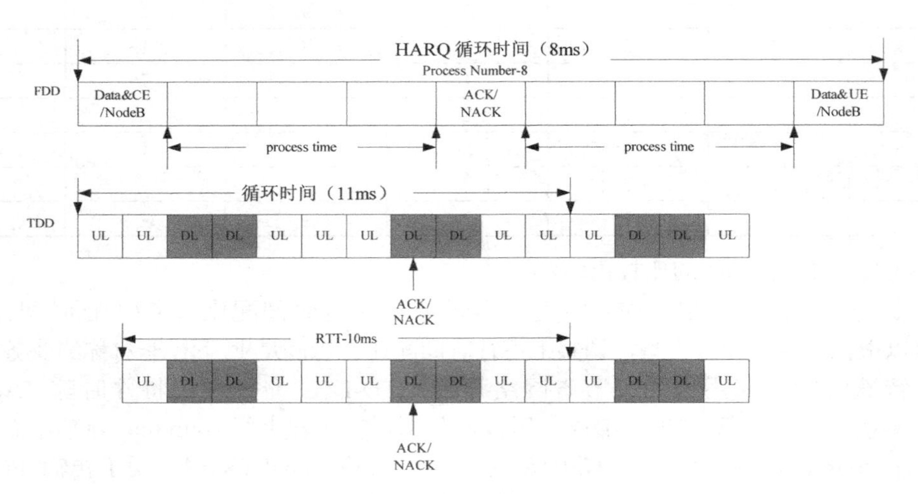

图 2-10　LTE 中 HARQ 比较

【知识链接 4】 LTE 信道及映射

信道就是信息处理的通道，按照信息不同的类型，以特定的格式在不同类型的通道上传输。这就是说信道会有多种多样的形式。按照信道的功能可以分为控制信道和业务信道；按照信息处理过程，会有逻辑信道、传输信道和物理信道。

逻辑信道是 MAC 层为 RLC 层提供服务的通道，它所承载的信息分为两类，一类是控制信道，用于传输控制平面的信息和系统配置信息；另一类是业务信道，用于传输用户的数据。LTE 系统中共有 7 逻辑信道，其中控制信道 5 个，业务信道 2 个，具体如下。

1．控制信道

广播控制信道（Broadcast Control Channel，BCCH）：用于系统向所有终端进行广播系统消息。终端要接入网络之前，需要通过解码 BCCH 获取系统信息和系统配置。

寻呼控制信道（Paging Control Channel，PCCH）：用于发送系统的寻呼信息，由于网络不知道所寻呼的终端具体所在的小区，所以寻呼消息是在多个小区内传输的。

公共控制信道（Common Control Channel，CCCH）：在网络和 UE 之间发送控制信息的双向信道，这个逻辑信道总是映射到 RACH/FACH 传输信道。

多播控制信道（Multicast Control Channel，MCCH）：用于传输 MTCH 所需的控制信息。

专用控制信道（Dedicated Control Channel，DCCH）：在 UE 和网络之间发送专用控制信息的点对点双向信道。该信道在 RRC 连接建立过程期间建立。

2．业务信道

专用业务信道（Dedicated Traffic Channel，DTCH）：专用业务信道是为传输用户信息的

专用于一个 UE 的点对点信道。该信道在上行链路和下行链路都存在。

多播业务信道（Multicast Traffic Channel，MTCH）：用于传输 MBMS 业务数据。

3．传输信道

传输信道是物理层为 MAC 层提供服务的通道。传输信道上的数据根据传输格式被组织成传输块，在每个传输周期（TTI）内进行传输。在不采用 MIMO 情况下一个 TTI 只传输 1 个传输块，采用 MIMO 情况下可以传输 2 个传输块。传输块由传输格式（TF）指定其大小、调制方式、编码方案和天线映射等信息。由于传输格式的不同，传输块所携带的速率也就不相同，所以通过改变传输格式可以改变传输的速率。

传输信道分为下行和上行，下行传输信道有 4 个，上行传输信道有 2 个，具体如下。

（1）下行传输信道

寻呼信道（Paging Channel，PCH）：用于传输来自 PCCH 上的寻呼信息。PCH 支持不连续接收（DRX），允许终端只在特定的时间读取 PCH 信息，延长终端待机时长。

广播信道（Broadcast Channel，BCH）：用于传输 BCCH 系统部分信息，即 MIB 的传输。

下行共享信道（Downlink Shared Channel，DL-SCH）：用于下行链路数据的传输和 BCCH 没有映射到 BCH 的信息部分。LTE 的关键功能都在此信道上使用，如 MIMO、HARQ、动态速度自适应等。

多播信道（Multicast Channel，MCH）：用于传输 MBMS 业务。

（2）上行传输信道

随机接入信道（Random Access Channel，RACH）：用于随机接入过程，它不携带传输块。

上行共享信道（Uplink Shared Channel，UL-SCH）：与 DL-SCH 功能一样，只上它是上行链路，传输上行链路的数据。

4．物理信道

物理信道是无线环境中实在的承载体，用来承载传输信道的数据；除此之外，还有一部分物理信道没有传输信道的映射，直接承载物理层自身的控制信息。没有传输信道映射的物理信道有 PDCCH、PHICH、PCFICH、PUCCH、SCH 以及参考信号。物理层完成的功能最为复杂，它负责编码、调制、HARQ、多天线处理等，而这些操作需要物理层的信道相互协作才能实现。

（1）下行物理信道

下行物理共享信道（Physical Downlink Shared Channel，PDSCH）：用于承载下行数据传输和寻呼信息。

物理广播信道（Physical Broadcast Channel，PBCH）：用于传递 UE 接入系统所必需的系统信息，如带宽天线数目、小区 ID 等。

物理多播信道（Physical Multicast Channel，PMCH）：用于传递 MBMS（单频网多播和广播）相关的数据。

物理控制格式指示信道（Physical Control Format Indicator Channel，PCFICH）：用于表示一个子帧中用于 PDCCH 的 OFDM 符号数目。

物理 HARQ 指示信道（Physical HARQ Indicator Channel，PHICH）：用于 NodeB 向 UE 反馈和 PUSCH 相关的 ACK/NACK 信息。

下行物理控制信道（Physical Downlink Control Channel，PDCCH）：用于指示和 PUSCH、PDSCH 相关的格式、资源分配、HARQ 信息，位于子帧的前 n 个 OFDM 符号，$n \leqslant 3$。

同步信道（Synchronization Channel，SCH）：完成终端与系统之间的同步，使终端能正常读取系统消息。

（2）上行物理信道

物理上行共享信道（Physical Uplink Shared Channel，PUSCH）：下 PDSCH 类似，承载上行链路的数据。

物理随机接入信道（Physical Random Access Channel，PRACH）：获取小区接入的必要信息进行时间同步和小区搜索等。

物理上行控制信道（Physical Uplink Control Channel，PUCCH）：UE 用于发送 ACK/NAK、CQI、SR、RI 信息。

简单地说，逻辑信道承载的是信息的内容，传输信道完成的是信息以何种方式传递，物理信道则是无线环境中的承载。它们之间是紧密相连的，而这个相互关联的方式称为信道映射。LTE 无线系统完整的信道映射如图 2-11 和图 2-12 所示。

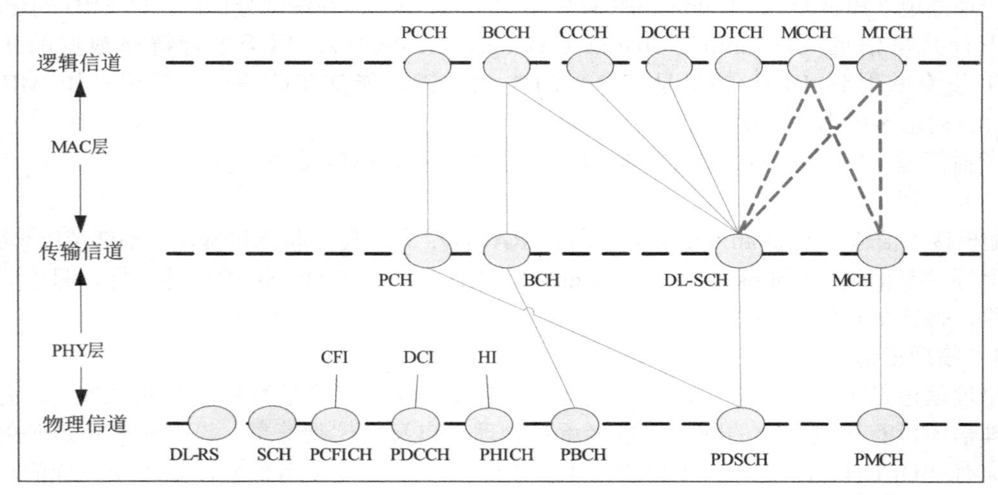

图 2-11　LTE 下行信道映射

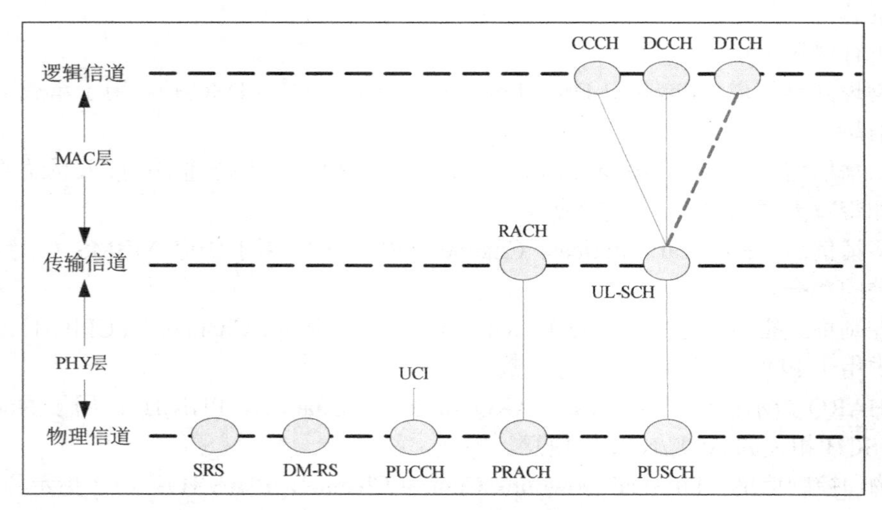

图 2-12　LTE 上行信道映射

5．参考信息和控制信息

LTE 系统中除以上所列的信道外，还有参考信息和控制信息。参考信号不承载任何信息内容，它主要是对无线信道进行估计，完成相干性检测、解调。

（1）上行参考信号

DM-RS 与 PUSCH 和 PUCCH 的发送相关联，用作求取信道估计矩阵，帮助这两个信道进行解调。SRS 独立发射，用作上行信道质量的估计与信道选择，计算上行信道的 SINR。

（2）下行参考信号

CRS（小区特定的参考信号，也叫公共参考信号）是用于除了不基于码本的波束赋形技术之外的所有下行传输技术的信道估计和相关解调。小区特定是指这个参考信号与一个基站端的天线端口（天线端口 0-3）相对应。

MBSFN-RS 是用于 MBSFN 的信道估计和相关解调。在天线端口 4 上发送。

UE-specific RS（移动台特定的参考信号）用于不基于码本的波束赋形技术的信道估计和相关解调。移动台特定指的是这个参考信号与一个特定的移动台对应。在天线端口 5 上发送。

PRS 是 R9 中新引入的参考信号。

CSI-RS 是 R10 中新引入的参考信号。

控制信息完成相应信道的格式指标、信息调试方式等。每类控制信息完成的功能不同，如表 2-7 所示。

表 2-7　　控制信息和信道对应

控制信息	物理信道	承载的信息
UCI	PUCCH	对下行传输的 ACK/NACK 的反馈、调度请求以及 CQI 的测量结果
CFI	PCFICH	PDCCH 占用几个 OFDM 符号，CFI 取值为 1 或 2 或 3
HI	PHICH	对上行传输的 ACK/NACK 的反馈，HI 取值为 0 或者 1
DCI	PDCCH	资源分配信息、HARQ 信息、上行调度确认以及其他控制信息。 根据承载信息不同，PDCCH 分为以下几种格式： DCI 格式 0 承载 UL-SCH 资源分配信息； DCI 格式 1 承载 SIMO 方式的 DL-SCH 资源分配信息； DCI 格式 1A 承载简单的 SIMO 方式的 DL-SCH 资源分配信息； DCI 格式 2 承载 MIMO 方式的 DL-SCH 资源分配信息； DCI 格式 3 承载对于 PUCCH 和 PUSCH 的 TPC 命令字（2 比特的功率调整）； DCI 格式 3A 承载对于 PUCCH 和 PUSCH 的 TPC 命令字（1 比特的功率调整）

【知识链接 5】 LTE 网络的混合组网方式

中国联通和中国电信均获取了两种制式的 LTE 牌照，也就是说中国联通和中国电信将采用双 LTE 的组网方式；中国移动目前只获取了 TDD-LTE 的牌照，只能组多频段 LTE TDD 制式的网络。对于运营商来说，在布局 LTE 时必然要结合现有 3G/2G 网络情况进行综合组

网。典型的多制式组网方式如图 2-13 所示。

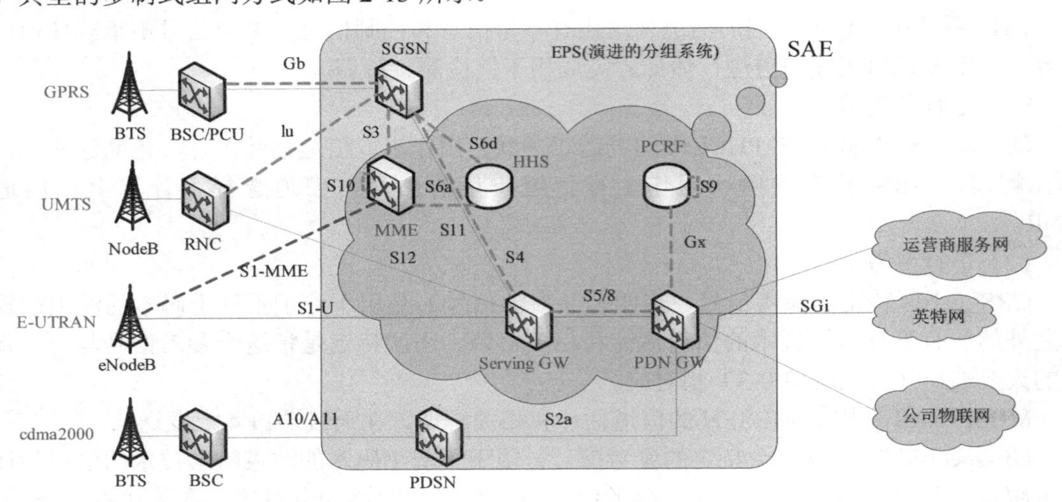

图 2-13　多制式网络组网方式

在 LTE 建设初始阶段，LTE 覆盖与 3G/2G 存在较大的差距；运营商为权衡其利益，在网络建设上也会有着不同的要求，如城区热点优先建设 LTE，组成多网同覆盖，郊区使用 3G+2G 的组网方式，偏远农村仍使用 2G 覆盖。在多种制式网络之间如何选择驻留、如何实现业务的平滑过渡，这就涉及不同网络之间操作的问题。LTE 在设计之初就要求具有良好的兼容能力，能够向不同的网络进行良好的操作。2G/3G/4G 之间的互操作如图 2-14 所示。

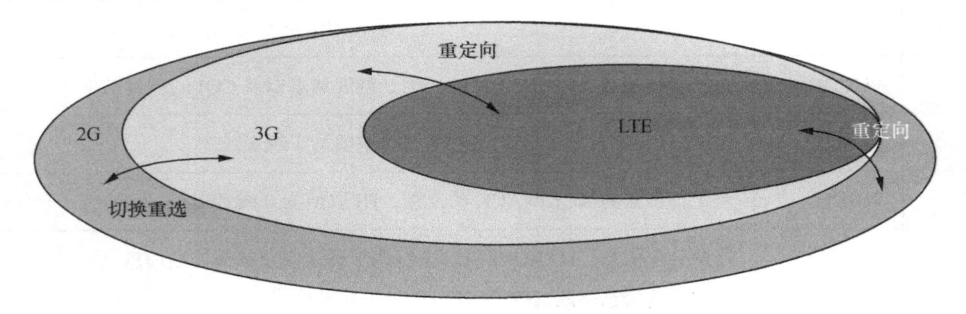

图 2-14　多制式网络互操作简图

2G 与 3G 互操作 UE 在空闲状态通过重选实现，在连接状态通过切换实现业务的迁移。3G 与 4G 互操作 UE 在空闲时通过重选实现两个网的变更，数据业务通过重定向实现两个网的迁移，CS 业务通过 CSFB 从 4G 回落到 3G。4G 与 2G 的互操作方式同 3G 与 4G 的互操作方式一致。但在实际配置中不同运营商会有不同的策略，如中国联通 4G 与 3G 实现互操作，不与 2G 直接实现互操作。

对于 LTE 两种制式都建设的运营商来说，组网方式主要有两种，一是 LTE FDD 与 LTE TDD 分别建网，LTE FDD 为主要覆盖，LTE TDD 用作热点以吸收话务；另一种是 LTE FDD 与 LTE TDD 统一 EPC，两者之间进行互操作，为后期的 LTE FDD 和 LTE TDD 的载波聚合做准备。由于 LTE FDD 和 LTE TDD 在使用的频率上不同，受频率衰减和穿透力的影响，往往选择低频段作为广覆盖，高频段用于吸收话务。如中国联通和中国电信将使用 LTE FDD

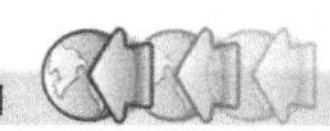

作为广覆盖，LTE TDD 仅在热点区域吸收话务。

【知识链接 6】 LTE 语音业务解决方案

由于 LTE 的 IP 化，去掉了电路域，从而 LTE 网络不再支持传统的语音业务，但是 LTE 提供了 CSFB、单卡多模多待和 VoLTE 三种语音解决方案。

1．基于 CSFB 的语音解决方案

CSFB 的基本原理是终端驻留在 LTE 时，如果终端发起或接收呼叫，需要先从 LTE 重选回 2G/3G，由 2G/3G 的电路域来提供语音，如图 2-15 所示。

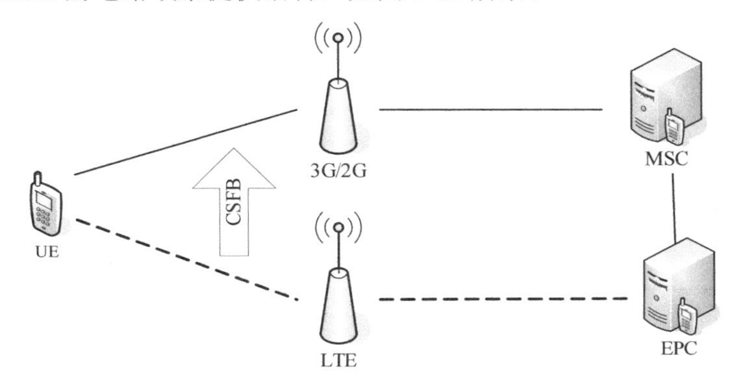

图 2-15　CSFB 示意图

目前所用的 4G 手机均支持 CSFB 功能，CSFB 语音解决方案为 LTE 初期的一种解决方案，被国际标准化组织NGMN 定义为 LTE 语音解决方案的过渡方案和国际漫游互通的必选方案。CSFB 因 LTE 的版本有不同的实现方案，实现较为复杂，优化难度大，CSFB 接续时延长，用户感知较差；同时由于要维护至少两张网络的运营，维护难度大。CSFB 不利于未来网络的发展。

2．基于单卡多模多待的语音解决方案

双待机终端可以同时待机在 LTE 网络和 3G/2G 网络里，而且可以同时从 LTE 和 3G/2G 网络接收和发送信号。双待机终端在拨打电话时，可以自动选择从 3G/2G 模式下进行语音通信。也就是说，双待机终端利用其仍旧驻留在 3G/2G 网络的优势，从 3G/2G 网络中接听和拨打电话；而 LTE 网络仅用于数据业务，如图 2-16 所示。

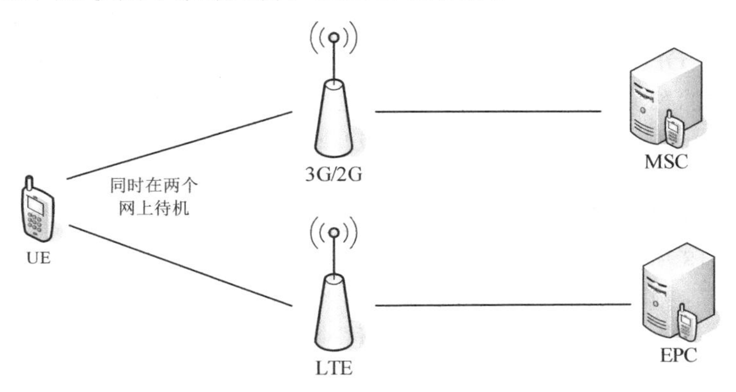

图 2-16　单卡多模双待

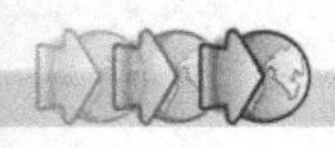

单卡多模双待是一个较为简单的方案，终端使用一个多模模块或者多个单模模块（芯片）实现双待。这样 LTE 与 3G/2G 网络不需要任何互操作，终端不需要实现异系统测量，在技术上实现起来较为简单。但是终端成本较高，一般高端机型才支持此技术。

3．基于 VoLTE 的语音解决方案

VoLTE 解决方案其实是语音全 IP 化，不需要 2G/3G 网络的技术。LTE 未全覆盖时，在覆盖区域采用 VoLTE；而在 LTE 覆盖区域外可以切换到 3G/2G 网络，实现平滑过渡。通过 IMS 系统的控制，可以使 LTE 提供类似于 CS 域的语音和视频通话，其性能甚至优于传统语音，如图 2-17 所示。

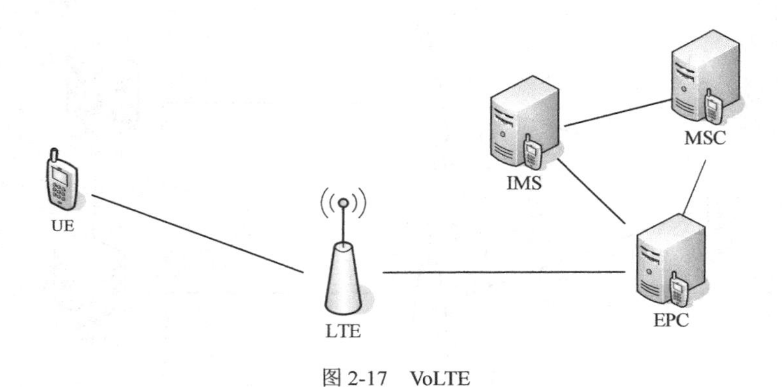

图 2-17　VoLTE

VoLTE 技术使全部业务承载于 4G 网络上，它具有接入快速、话音清楚、视频更高清流畅的优点。在 LTE 全覆盖时，对于运营商来说，不再需要对其他系统的网络进行维护和优化，减少了运营商的负担。

任务 4　认知 LTE 关键技术

【知识链接 1】 OFDMA/SC-FDMA

1．基本原理

LTE 下行采用正交频分多址（Orthogonal Frequency Division Multiple Access，OFDMA）传输技术，上行采用单载波频分多址（Single-carrier Frequency-Division Multiple Access，SC-FDMA）多址技术。OFDMA 技术其实是将OFDM和FDMA技术结合，OFDM 调制中每个子载波之间具有相对的独立性，每个子载波都可以被指定一个特定的调制方式和发射功率电平。通过对所有的子载波进行分组，为每个用户指定一组或多组子载波，就得到一种新的多址方式——OFDMA。

OFDM 调制技术的本质就是利用快速傅立叶变换（FFT）将多个子载波压缩在更窄的频带内传输，如图 2-18 所示。

传统频分复用、频分多址（FDM/FDMA）由于各个子载波间存在较强的干扰，所以在相邻子载波间要有一定的保护间隔。这就是说传输的频分多址技术频谱利用率低，而在频谱资源稀缺的情况下，传统的频分多址技术势必会被淘汰。

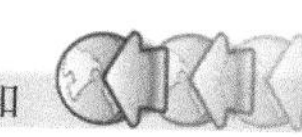

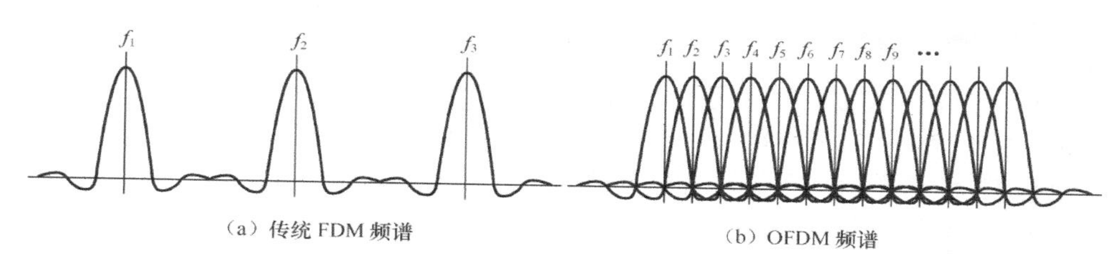

（a）传统 FDM 频谱　　（b）OFDM 频谱

图 2-18　传输 FDM 与 OFDM 的比较

目前 LTE 系统中 OFDM 有两种子载波间隔：15kHz，用于单播（unicast）和多播（MBSFN）传输；7.5kHz，仅仅可以应用于独立载波的 MBSFN 传输。从而可以推算出在不同带宽下子载波的数目如表 2-8 所示。

表 2-8　LTE 带宽与子载波数目

信道带宽（MHz）	1.4	3	5	10	15	20
子载波数目	72	180	300	600	900	1200

循环前缀长度配置情况如表 2-9 所示。

表 2-9　CP 与循环长度

配　置		循环前缀长度 $N_{cp,l}$
常规 CP	Δf=15kHz	160 for l=0 144 for l=1,2,3,4,5,6
扩展 CP	Δf=15kHz	512 for l=0,1,2,3,4,5
	Δf=7.5kHz	1024 for l=0,1,2

相对于传统的频分多址方式，OFDM 技术有如下优势。

（1）频谱效率高

① OFDM 采用多载波方式避免用户的干扰，只是取得用户间正交性、“防患于未然”的一种方式。

② CDMA 采用等干扰出现后用信号处理技术将其消除的方式，例如信道均衡、多用户检测等，以恢复系统的正交性。

③ 相对单载波系统（CDMA）来说，多载波技术（OFDM）是更直接地实现正交传输的方法。

（2）带宽扩展性强

① OFDM 信道带宽取决于子载波的数量。

② CDMA 只能通过提高码片速率或者多载波方式支持更大带宽，使得接收机复杂度大幅上升。

（3）抗多径衰落

相对于 CDMA 系统，OFDMA 系统是实现简单均衡接收机的最直接方式。

（4）频域调度及自适应

① OFDM 可以实现频域调度，相对 CDMA 来说灵活性更高。

② 可以在不同的频带采用不同的调制编码方式，更好地适应频率选择性衰落。

（5）实现 MIMO 技术较简单

① MIMO 技术的关键：有效避免天线之间的干扰以区分多个数据流。

② 水平衰落信道中实现 MIMO 更容易，频率选择性信道中 IAI 和 ISI 混合在一起，很难将 MIMO 接收和信道均衡区分开。

当然，OFDM 也有缺陷。

（1）PAPR 问题

① 高 PAPR 给系统很多不利：增加模数/数模转换的复杂度，降低 RF 功放的效率，增加发射机功放的成本等。

② 降低 PAPR 的方法：信号预失真技术，如消峰（Clipping）、峰加窗、编码技术、加扰技术。

（2）时间和频率同步

① 时间偏移会导致 OFDM 子载波的相位偏移，所以引入循环前缀（CP）。

② 载波频率偏移带来两个影响：降低信号幅度，造成 ICI。

保护间隔可以有空白保护和循环前缀，空白保护可以消除 ISI，但引入了 ICI。循环前缀即保护间隔中的信号与该符号尾部相同，既可以消除多径的 ISI，又可以消除 ICI，如图 2-19 所示。

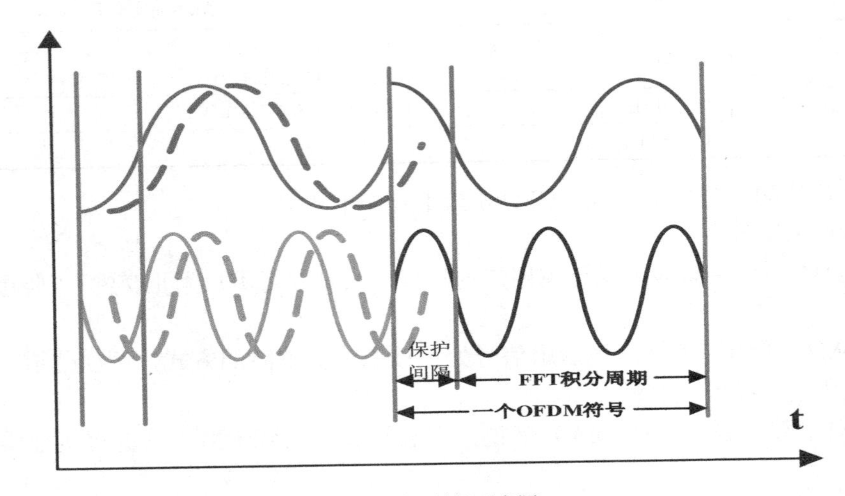

图 2-19　循环前缀示意图

（3）多小区多址和干扰抑制 MA 接入技术

为了消除峰均比，SC-FDMA 采用了离散傅立叶变换（DFT-S-OFDM）进行扩展。由于 OFDMA 有较高的峰均比问题，会增加终端功放的复杂度和功耗，所以在上行采用了峰均比较低、频谱效率相对于 OFMDA 略差的 SC-FDOFDM，它具备灵活的带宽配置，减少了均衡器的复杂度，降低了功率峰均比。DFT-S-OFDMA 传输基本原理如图 2-20 所示。

DFT-S-OFDMA 子载波间隔为 15kHz，不同带宽下子载波数目与 OFDM 一致，DFTS-OFDM 符号的循环前缀长度与下行基本保持一致。

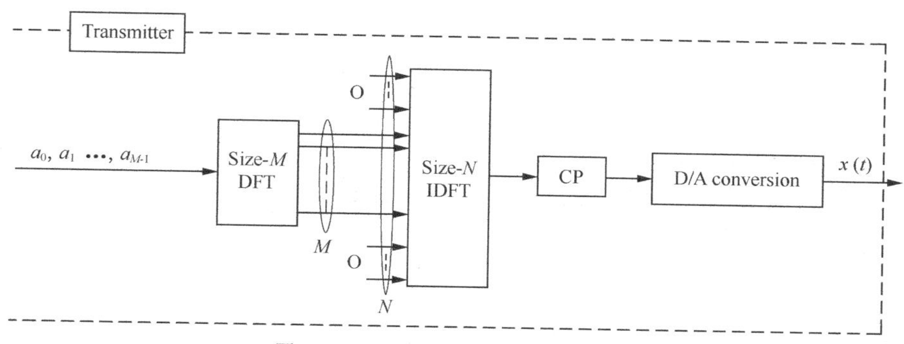

图 2-20　DFT-S-OFDMA 传输基本原理

2．资源分配

OFDMA 将传输带宽划分成一系列正交的子载波资源，将不同的子载波资源分配给不同的用户实现多址。因为子载波相互正交，所以小区内用户之间没有干扰。在子载波调度上可以是分布式的（分配给用户的 RB 不连续，频选调度增益较大），也可以是集中式的（连续 RB 分给一个用户，调度开销小）。上行 SC-FDMA 只能采用集中式的调度方式，如图 2-21 所示。

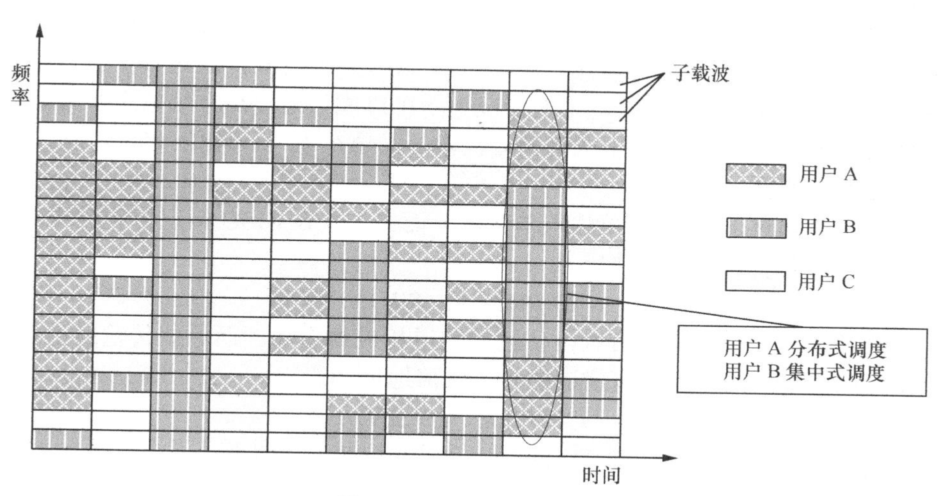

图 2-21　LTE 资源调度方式

LTE 中无线资源的资源块（RB）可以从频域和时域两个维度来区别。在频域上，RB 包括多个子载波；在时域上，RB 包含多个 OFDM 符号周期。一个用户在调度时占用一个或者多个 RB。在无线空口资源分配的最基本单位是物理资源块（PRB），1 个 PRB 在频域上包含连续的 12 个子载波，在时域上包含连续的 7 个 OFDM 符号周期；那么在频域上 PRB 是 12×15kHz=180kHz，在时域上则是 0.5ms 长度，但为了实现方便，减小调度的复杂度，目前 LTE 实际调度周期 TTI=1ms。

LTE 最小的资源单位是 PRB，如图 2-22 所示。

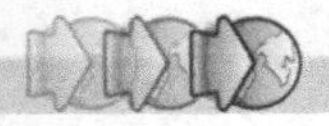

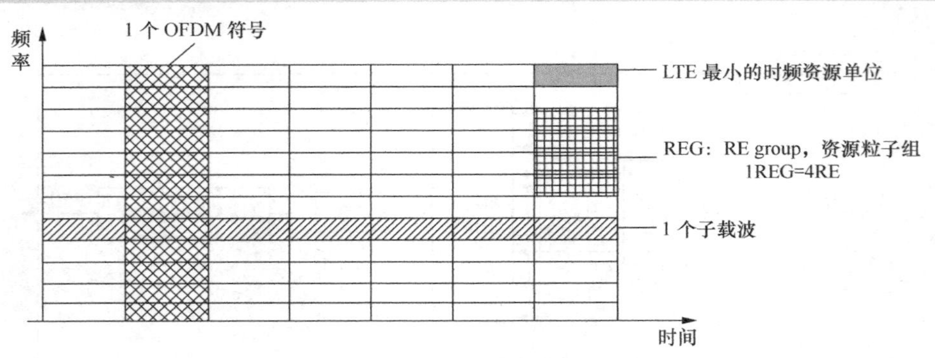

图 2-22　LTE PRB 资源

RE：Resource Element。LTE 最小的时频资源单位。频域上占一个子载波（15kHz），时域上占一个 OFDM 符号（1/14ms）；

REG：RE group，资源粒子块，1 REG=4 RE；

CCE：Control Channel Element，CCE=9 REG。

【知识链接 2】 MIMO 技术

MIMO（Multiple-Input Multiple-Output）技术指在发射端和接收端分别使用多个发射天线和接收天线，使信号通过发射端与接收端的多个天线传送和接收，从而改善通信质量。MIMO 技术是多天线技术的典型应用，它能充分利用空间资源，通过多个天线实现多发多收，在不增加频谱资源和天线发射功率的情况下，可以成倍地提高系统信道容量。MIMO 技术有着明显的优势，因此在 LTE 中成为核心技术，乃至在下一代通信（5G）中 MIMO 只会进一步加强而不会减弱。

MIMO 技术是相对于 SISO（单输入单输出）而言的，在 SISO 情况下根据香农公式无线信道容量 C 由信号带宽和信噪比决定。

$$C=B\log_2(1+S/N)$$

在多天线技术下，在相同的带宽内传输的通道相应地增加，而这些传输信道传输的数据流可以完全不同，那么理论上无线信道的容量成倍地增加。

$$C=MB\log_2(1+S/N)$$

多天线技术的技术应用有分集、空间复用和波束赋形几种情形。

1．发射分集

如果发射天线数目比接收天线数目更多，称之为发射分集。最简单的发射分集形式是用 2 个发射天线和 1 个接收天线（MISO，2×1），具体参见图 2-23。

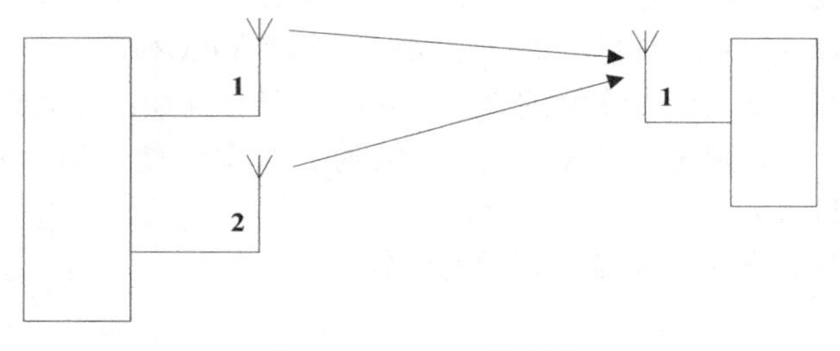

图 2-23　MISO 天线配置

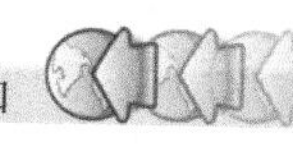

在 2×1 的 MISO 系统中，两个天线发送相应的数据内容。Alamouti 的空时码是应用最广泛的天线编码方式。Alamouti 编码可以增加空间分集的性能，信号的副本通过不同的天线在不同的时间进行发送。发送的时延称为时延分集。Alamouti 编码的实现方式如图 2-24 所示。

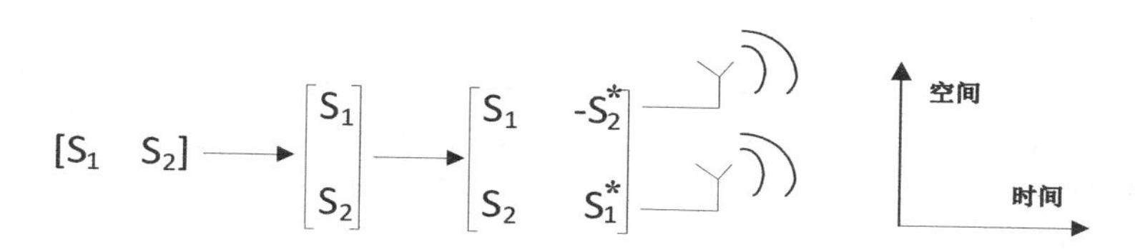

图 2-24　Alamouti 编码

在 Alamouti 编码中，信源首先被分为两组，每组两个字符。在第一个给定的字符间隔内，每组中的两个字符被同时发射：从天线 1 发射的信号为 S1，从天线 2 发射的信号为 S2。在下一个字符间隔内，信号-S2*从天线 1 发射，信号 S1*从天线 2 发射。

目前，Alamouti 编码已经扩展到多天线系统。当然，Alamouti 编码也可以在频域实现，此时称为空频编码。

2．空分复用

空分复用不仅仅是为了增加系统的稳定性，同时也可以增加传输速率。为了提高传输速率，数据可以分成几个数据流，然后在不同的天线上进行传输。如果把空间的分割来区别同一个用户的不同数据，就叫做 MIMO 空分复用。空分复用的天线形式如图 2-25 所示。

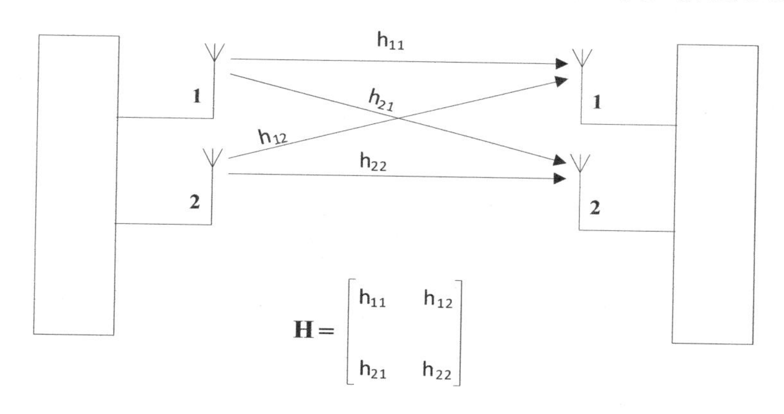

图 2-25　MIMO天线配置

因为 MIMO 通过无线信道进行传输，不同的收发天线之间都存在相应的传输信道。同时由于每个传输路径的冲击响应的存在，不同的传输信道之间存在相互影响。如果 MIMO 系统的传输矩阵 H 是已知的，那么从接收机可以得到不同天线的数据内容。

3．波束形成

通过使用不同的天线技术可以明显地增加网络容量。例如，对于不同扇区的天线，每个天线可以覆盖 60 度或 120 度，作为一个工作小区。在GSM系统中，相比于全向天线而言，采用 120 度波束天线可以提高 3 倍的小区容量。

自适应天线阵列可以通过窄带波束实现空间分集。智能天线属于自适应天线阵列的一种。智能天线可以形成一个特定用户的波束，并且可以根据反馈信号实现实时的动态调整。智能天线可包括切换式波束形成和自适应波束形成，可以用于所有的天线阵列系统以及 MIMO 系统（见图 2-26）。

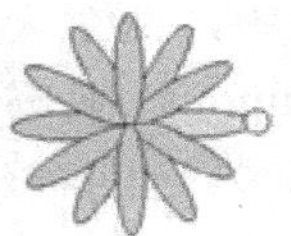

图 2-26　切换波束形成和自适应波束形成

切换式波束形成可以计算到达角并且切换固定的波束。用户只有沿波束方向才可以得到最优的信号强度。而自适应波束形成可以根据运动的终端实时地调整波束方向，因此自适应波束形成要比切换式波束形成的复杂程度更高，花费也更大。

3GPP 定义了 9 种传输模式，如表 2-10 所示。

表 2-10　3GPP 的 9 种传输模式

模式	模式分称	技术特征	应用场景
TM1	单天线传输	数据流通过单天线端口传输	主要应用于单天线传输的场合
TM2	发射分集	数据流通过多个天线端口发送，每个端口发送的数据是相同的	适合于小区边缘信道情况比较复杂、干扰较大的情况，有时候也用于高速的情况，分集能够提供分集增益
TM3	开环空间复用	终端不反馈信道信息，发射端根据预定义的信道信息来确定发射信号	适合于终端（UE）高速移动的情况
TM4	闭环空间复用	终端反馈信道信息，发射端根据反馈的信息进行信号的预处理，产生空间独立性	适合于信道条件较好的场合，用于提供高的数据率传输
TM5	多用户 MIMO	基站使用相同的时频资源将多个数据流发送给不同的用户，接收端利用多根天线对干扰数据流进行取消和零陷	主要用来提高小区的容量
TM6	单层闭环空间复用	终端反馈 RI=1 时，发射端采用单层预编码，使其适应当前的信道	主要适合于小区边缘的情况
TM7	单流波束赋形	发射端利用上行信号来估计下行信道的特征，在下行信号发送时，每根天线上乘以相应的特征权值，使其天线阵发射信号具有波束赋形的效果	主要也是小区边缘，能够有效对抗干扰
TM8	双流波束赋形	结合复用和智能天线技术，进行多路波束赋形发送，既提高用户信号强度，又提高用户的峰值和均值速率	可以用于小区边缘也可以应用于其他场景
TM9	增强双流波束赋形	传输模式 9 是 LTE-A 中新增加的一种模式，传输模式 TM9 适宜配合 8 天线使用，与 TM8 同样具备波束赋形技术和空间复用两者的优势，既能够保持传统单流波束赋形技术广覆盖、提高小区容量和减少干扰的特性，而且更加突出的是可以有效提升小区中心用户的吞吐量	可以支持最大到 8 层的传输，提高吞吐率

【知识链接 3】　链路自适应

在过去传统的通信系统中，如 GSM、WCDMA、CDMA2000 等都采用动态功率控制技术来补偿瞬时信道质量的变化。这个功率控制的目的是为维护一个较为平衡的信道质量，保障数据传输速率的稳定。然而随着分组数据业务的应用越来越广泛，人们越来越期望提供的

数据速率尽可能的高，以至于数据速率的稳定性反而被忽略。受这种需求的驱动，链路控制技术由原来的动态功率控制向动态速率控制转变。

功率控制通过动态调整发射功率，维持接收端一定的信噪比，从而保证链路的传输质量，当信道条件较差时需要增加发射功率；当信道条件较好时需要降低发射功率，从而保证了恒定的传输速率。功率控制可以很好地避免小区内用户间的干扰，如图 2-27 所示。

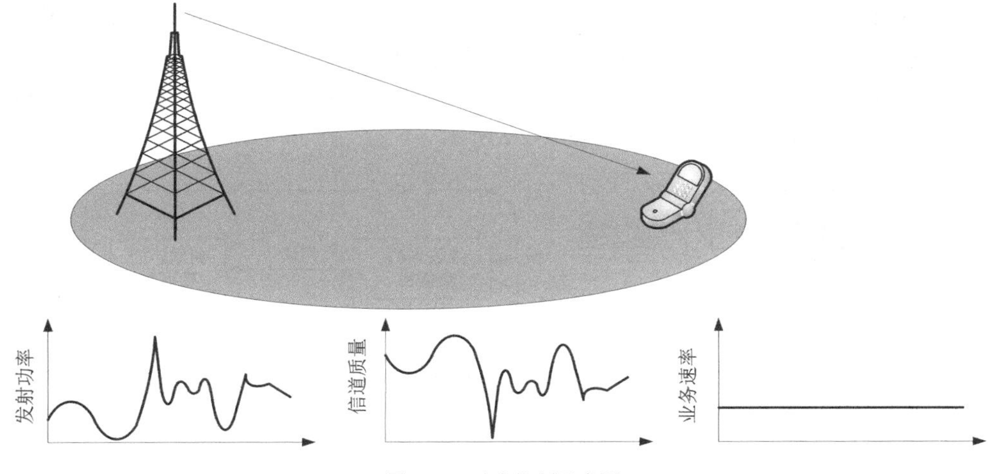

图 2-27　功率控制示意图

速率控制是在保证发送功率恒定的情况下，通过调整无线链路传输的调制方式与编码速率，确保链路的传输质量；当信道条件较差时选择较小的调制方式与编码速率，当信道条件较好时选择较大的调制方式，从而使传输速率最大化。它可以充分利用所有的功率，如图 2-28 所示。

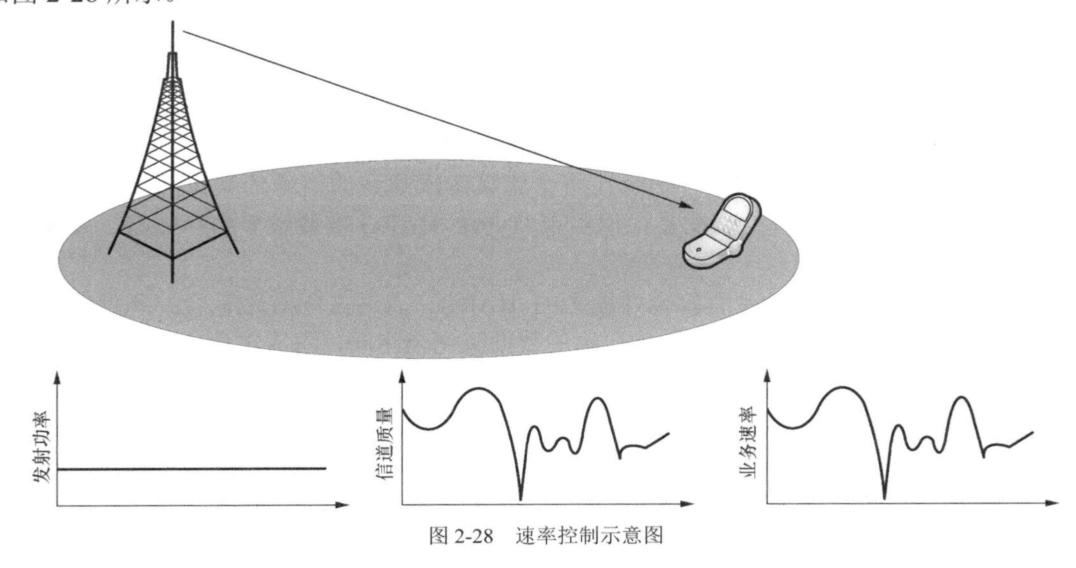

图 2-28　速率控制示意图

无线链路数据速率是通过调节调制方式或信道编码速率来实现的。当无线信道质量好时，接收机具有较高的信噪比，此时采用高阶调制（64QAM 或 16QAM）与较高的速率编码；当无线信道质量较差时，采用 QPSK 和较低的速率编码。

【知识链接 4】 混合自动重传技术

无线环境是复杂多变的，信道质量波动容易造成传输数据出错。虽然链路自适应技术可以在一定程度上克服这种信道质量的波动，但对于接收机的噪声和干扰的波动是无法克服的。因此在所有的通信系统中都有相应的纠错技术，如常见的前项纠错（FEC）和自动重传请求（ARQ）。LTE 采用的是基于 FEC 和 ARQ 结合的混合自动重传请求（HARQ）纠错技术。HARQ 技术发展经历了不同的阶段，不同类型的 HARQ 技术具有不同的特征。

TYPE1 HARQ 虽然将检错与纠错技术相互结合，但对于传错的数据帧只是单纯地丢弃，没能充分利用其中有用的信息，如图 2-29 所示。

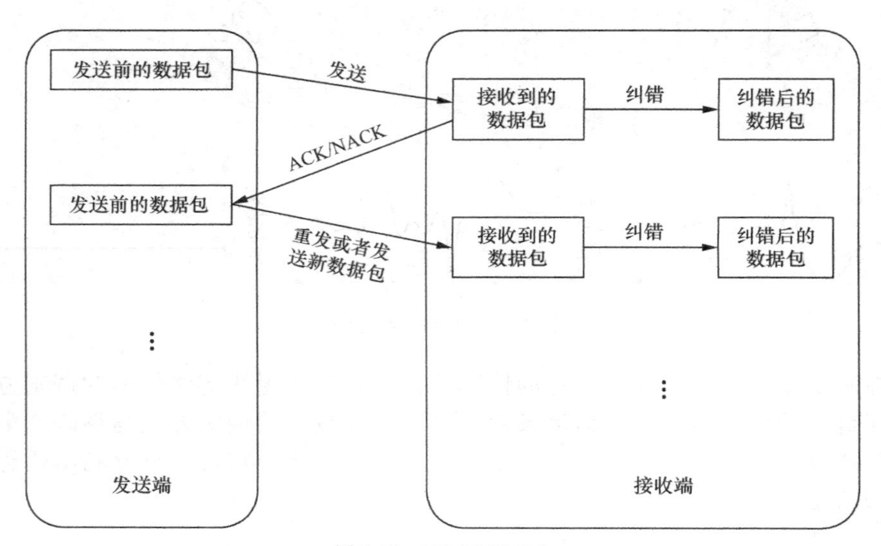

图 2-29 TYPE1 HARQ

TYPE2 HARQ 在接收端对收到的数据帧采用了合并（Combining）的方法，这是 Type2 HARQ 最大的特点。图 2-30 所示接收端保留无法正确译码的数据帧，将它与重传的数据帧合并后再进行译码。合并后的信号信噪比将会比第一次收到的信号信噪比高，具有更强的纠错能力，对吞吐量的提升效果明显；但实现 Type2 HARQ 需要较多的存储器，实现相对复杂。

LTE 所使用的正是这种带有软合并能力的 HARQ，合并方案有跟踪合并和增量冗余两种。跟踪合并方案中重传数据流与原始传输的数据流完全相同，每次重传完成后接收机采用最大比合并原则对每次接收到的数据比特与之前接收到的相同数据比特进行合并，然后将合并后的数据发送给解码器。增量冗余方案中每次重传并不需要带有与原始传输完全相同的内容。相反，将会产生多个编码比特的集合，每个都代表同一集合的信息比特。无论何时需要重传，都采用与之前传输不同的编码比特集合。接收机对该重传包与相同数据包之前的传输尝试进行合并。由于重传包可能包含了之前传输尝试中没有包含的额外校验比特，从而重传通常导致编码速率降低。此外，每次重传并非必须包含与原始传输相同数目的编码比特，通常也可以在不同重传中采用不同调制方式。

LTE 在下行采用自适应异步 HARQ，即 HARQ 进程的传输可以发生在任何时刻，接收

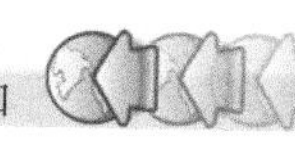

端预先不知道传输的发生时刻，因此 HARQ 进程的处理序号需要连同数据一起发送。下行 HARQ 通过上行 ACK/NAK 在 PUCCH/PUSCH 发送 PDCCH 携带 HARQ 进程号，重传总是通过 PDCCH 调度。上行采用同步 HARQ，即 HARQ 进程的传输（重传）是发生在固定的时刻，由于接收端预先已知传输的发生时刻，因此不需要额外的信令开销来标示 HARQ 进程的序号，此时 HARQ 进程的序号可以从子帧号获得。相对于第一次传输，会在固定的地方重传，最大传输次数是针对 UE 而不是 RB，在 PHICH 发送 DL ACK/NAK。

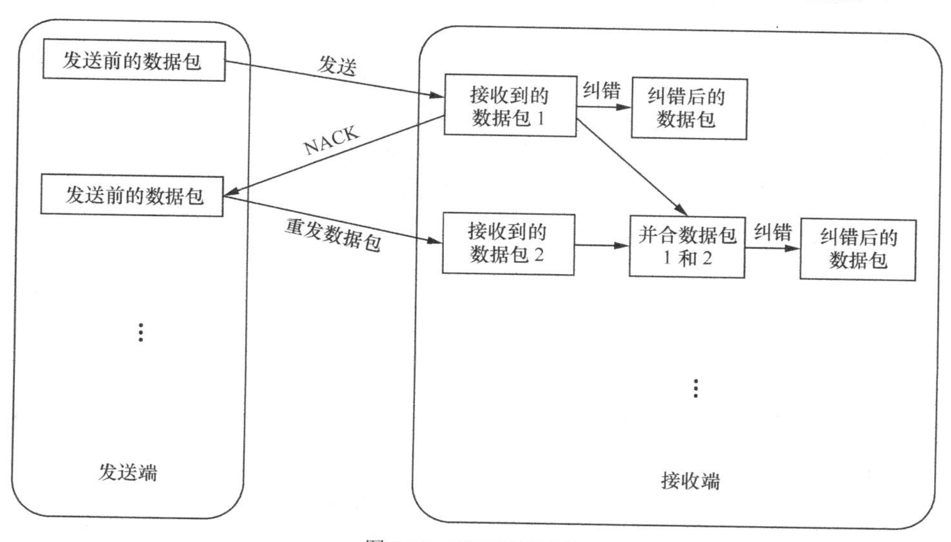

图 2-30　TYPE2 HARQ

LTE 下行链路系统中将采用异步自适应的 HARQ 技术。因为相对于同步非自适应 HARQ 技术而言，异步 HARQ 更能充分利用信道的状态信息，从而提高系统的吞吐量，另一方面异步 HARQ 可以避免重传时资源分配发生冲突从而造成性能损失。例如，在同步 HARQ 中，如果优先级较高的进程需要被调度，但是该时刻的资源已被分配给某一个 HARQ 进程，那么资源分配就会发生冲突；而异步 HARQ 的重传不是发生在固定时刻，可以有效地避免这个问题。

同时，LTE 系统将在上行链路采用同步非自适应 HARQ 技术。虽然异步自适应 HARQ 技术与同步非自适应技术相比，在调度方面的灵活性更高，但是后者所需的信令开销更少。由于上行链路的复杂性，来自其他小区用户的干扰是不确定的，因此基站无法精确估测出各个用户实际的信干比（SINR）值。在自适应调制编码系统中，一方面自适应调制编码（AMC）根据信道的质量情况，选择合适的调制和编码方式，能够粗略地提供数据速率的选择；另一方面 HARQ 基于信道条件提供精确的编码速率调节，由于 SINR 值的不准确性导致上行链路对于调制编码模式（MCS）的选择不够精确，所以更多地依赖 HARQ 技术来保证系统的性能。因此，上行链路的平均传输次数会高于下行链路。所以，考虑到控制信令的开销问题，在上行链路确定使用同步非自适应 HARQ 技术。

TYPE3 HARQ 采用的是删除格式的方式，即将成员编码器的输出比特按一定的规则删除部分比特，仅仅传送剩余的比特，以实现与交织器等的速率匹配。接收端采用码字合并和分集合并技术。Type3 HARQ 中重传的码字分别采用不同的删除格式，而且经过这些删除格式的码字是互补的。目前应用较少。

【知识链接 5】 调度机制

调度其实就是为每个用户在一定的时间间隔内分配共享资源，是一个非常复杂的过程，不但上下行需要区别对待，同时还要考虑不同用户的传输之间是否正交等。在 LTE 中无线资源的调度由 eNodeB 中的动态资源调度器实现。动态资源调度器为下行共享信道（DL-SCH）和上行共享信道（UL-SCH）分配物理层资源。

由于 LTE 中的调度是在共享信道基础上进行的，将用户数据分割成小块，通过调度机制将不同用户的数据块利用在一个共享的数据信道中，因此，LTE 为了达到最佳性能，需要根据信道特性进行灵活地调度，但又不能过大地增加系统信令开销。

系统资源的调度在规范中没有明确的定义，具体由各个 eNodeB 厂家决定，每个厂家会有不同的算法，这也是衡量 LTE 各个厂家产品的重要指标。总的来说设备厂家会根据上下行信道的 CQI（信道质量指示）、QoS 参数和测量、eNodeB 缓存中等待调度的负载量、在队列中等待的重传任务、UE 能力（Capability）、UE 睡眠周期和测量间隔/测量周期、系统参数（如系统带宽/干扰水平/干扰结构）等信息进行评估，动态地分配 RB 资源进行上下行的传输。

下行链路调度

下行链路调度的具体执行是在共享信道上的物理层，在进行用户数据包分配和发送之前需要 UE 根据参数信息对信道质量进行估算，并将结果以 CQI 的方式上报给 eNodeB，之后 eNodeB 通过 PDCCH 信道将资源分配方案下发下去，通知 UE 在什么时频资源、以什么样的工作方式向 UE 发送数据。最后，下行数据通过 PDSCH 信道发送给该 UE，UE 则根据 PDCCH 信道上的指示找到 eNodeB 发给自己的数据，如图 2-31 所示。

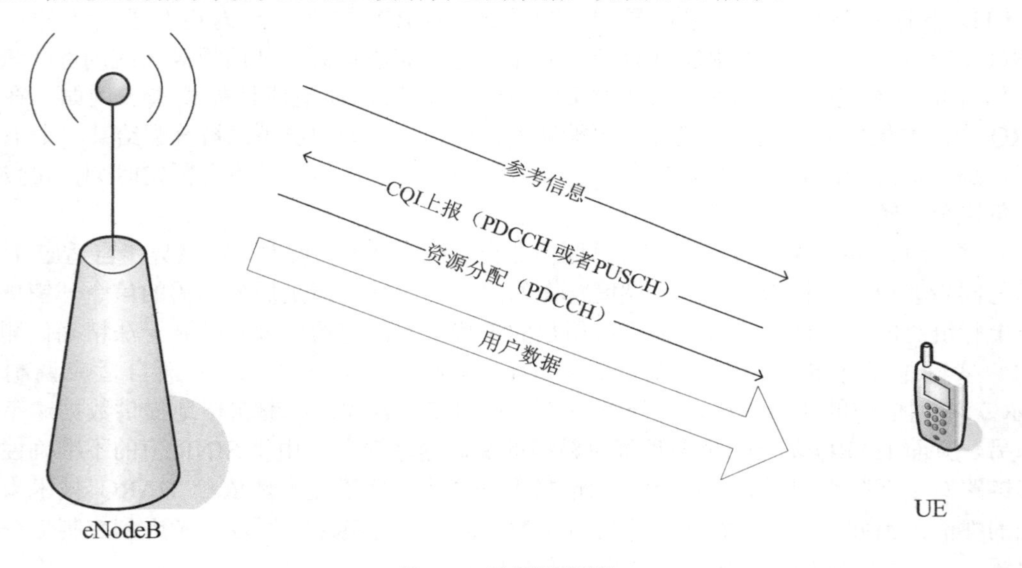

图 2-31　下行资源调度

下行资源调度信息是封装在 DCI（下行控制信息）中的，DCI 再映射到 PDCCH 信道，PDCCH 信道所占的 OFDM 符号数由 PCFICH 或者说由 PDCCH 信道负荷而定。DCI 包含的信息除了 RB 分配及分配类型外，还可根据需求携带 MCS 信息、HAQR 信息、上行信道的

功率控制命令等，如表 2-11 所示。

DCI 包含以下功能。

下行调度分配：包含 PDSCH 资源分配、传输格式、混合 ARQ 信息、空分复用相关的控制信息和功率控制信息。

上行调度请求：包含 PUSCH 资源分配、传输格式、混合 ARQ 的相关信息、PUSCH 上行功率控制命令。

表 2-11　上行调度控制命令

大小	用途				
	上行（调度）授权		下行（调度）分配		功率拥塞
小	-		1C	专门目的的紧密分配	-
	0	单层	1A	只连续分配	3，3A
…	-		1B	利用 CRS 的基于码本的波束赋形	-
	-		1D	利用 CRS 的多用户 MIMO	-
	4	空分复用	-		-
	-		1	灵活分配	-
	-		2A	利用 CRS 的开环空分复用	-
	-		2B	利用 DM-RS 的双流传输	-
	-		2C	利用 DM-RS 的多流传输	-
	-		2D	利用 DM-RS 的多流传输	-
大	-		2	利用 CRS 的闭环空分复用	-

下行资源调度信息除了由不同 DCI 格式所承载外，还包含资源调度的方法，即资源分配的类型，每一种 DCI 格式都与资源分配类型对应。资源分配一共有 3 种类型，分别是类型 0、1、2，如表 2-12 所示。

表 2-12　DCI 格式与资源分配类型对应表

DCI 格式	Type0	Type1	Type2
1	支持	支持	不支持
1A	不支持	不支持	支持
1B	不支持	不支持	支持
1C	不支持	不支持	支持
1D	不支持	不支持	支持
2	支持	支持	不支持
2A	支持	支持	不支持
2B	支持	支持	不支持
2C	支持	支持	不支持

通常情况下，分配类型 0 用于数据或信令的资源分配，分配 PRB 的资源组粒度由系统带宽决定，如表 2-13 所示，如 20MHz 带宽，组粒度为 4。

表 2-13　　与 RBG 对应表

下行系统带宽 RB 数	RBG（无线资源组）大小（P）
<=10	1
11～26	2
27～63	3
64～110	4

类型 0 分配的资源可以是整个系统带宽，由于是按组来进行分配，可提供最大的速率，因此最适合数据传输场景，一般与 DCI=1、2、2A 进行对应。

资源分配类型 2，一般用于公共信道的资源分配，承载信令或者控制信息。与 DCI=1A\1B\1C\1D 进行对应。

资源分配的方法是，每个 PDCCH 信道中包含两部分资源分配字段，一部分是类型字段，指的是类型 0 或 1，另一部分是真正的资源分配信息。资源分配类型 0 和 1，因为有着相同的 PDCCH 格式，所以只能通过类型字段区分，当系统带宽所能提供的 PRB 数量小于等于 10 个时，PDCCH 内仅包含真正的资源分配信息，而不包括类型字段信息。由于资源分配类型 2 与类型 0 或 1 的 PDCCH 格式不同，因此，不需要类型字段。

资源分配类型 0，采用位图的方式分配 RBG（无线资源组）给调度的 UE，RBG 的大小与系统带宽相关（如上表），与位图的 bit 数是一致的，如 20MHz 带宽，100 个 RB，25 个 RBG，也就是由 25bit 组成的位图，这样相对于用 1 个 bit 标识一个 RB 而言，位图的方式减少了开销，如图 2-32 所示。

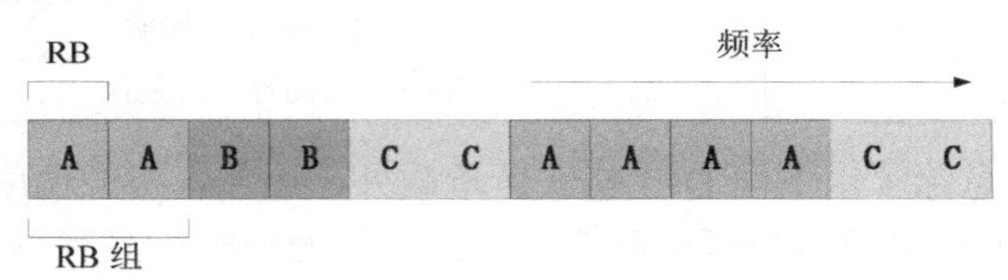

图 2-32　资源分配类型 0 示意图

资源分配类型 1，同样采用位图的方式，但 RB 资源被划分成多个子组（P），增加了频率分集增益，每一个位图表征一个子组的资源分配，分配的 RB 数最大为子组带宽。由于资源子组的存在，相对于分配类型 0，位图 bit 开销更少。类型 1 资源分配由三部分字段决定：子组识别 bit、偏移 bit、位图 bit。例如，图 2-33 中 RB 被分为 2 个子组调度。

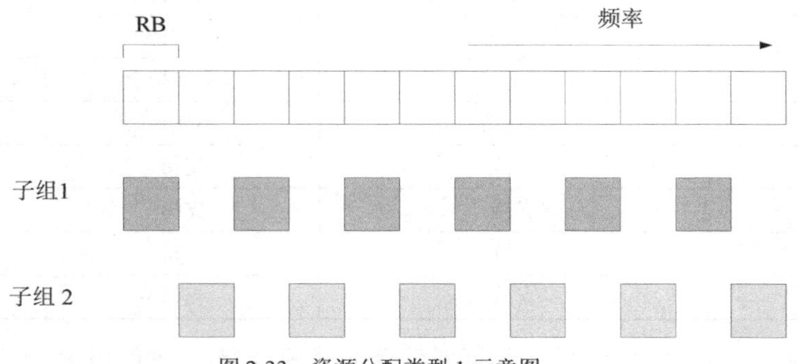

图 2-33　资源分配类型 1 示意图

在资源分配类型 2 中，通过 PDCCH 信道中的 1bit 标志，可以分配给 UE 一组连续的物

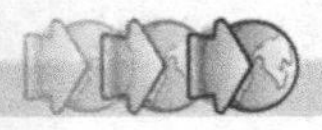

理资源或者 VRB（虚拟资源块），资源分配范围可以是一个 RB 到整个系统带宽。VRB 的资源分配方式有两种，一种为区域型方式，即资源调度信息包含在 11bit 的 RIV（资源指示值）中，由 VRB 的开始位置和 VRB 连续 RB 的长度决定资源分配，如图 2-34 所示。

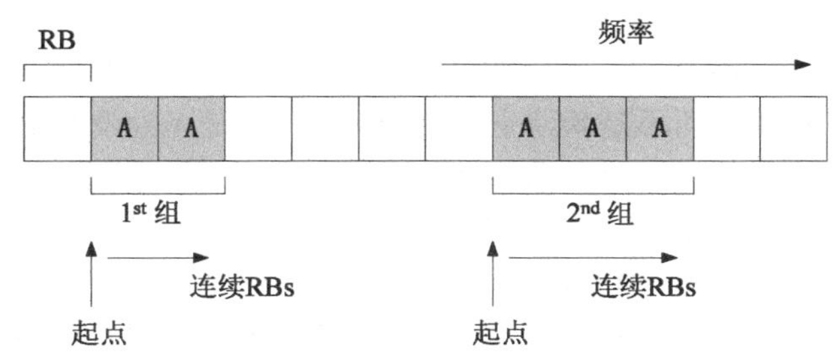

图 2-34　资源分配类型 2 示意图

另一种为分布式方式，VRB 资源分配可以在整个系统带宽中，但在频域不是连续的（可能存在 1 个或 2 个 Gap），需要通过跳频实现。值得注意的是，DCI 格式-1C 总是采用分布式 VRB 分配方式，而其他的如 DCI 格式-1A\1B\1D 可以通过 1bit 标志指示采用区域性方式或者分布式方式。

最后，网络侧通过带有 DCI 格式的 PDCCH 信道发送资源调度信息给 UE，但对于公共信道的信息，UE 是如何判断 DCI 格式是属于自己的呢，答案是 RNTI，因为 PDCCH 信道有 RNTI 加扰处理，因此可以实现对 UE 的资源分配。

上行链路调度

上行链路调度主要分为三个步骤，一是 UE 向 eNB 请求上行资源，二是上报 UE 的缓存，三是资源分配和传输数据，如图 2-35 所示。

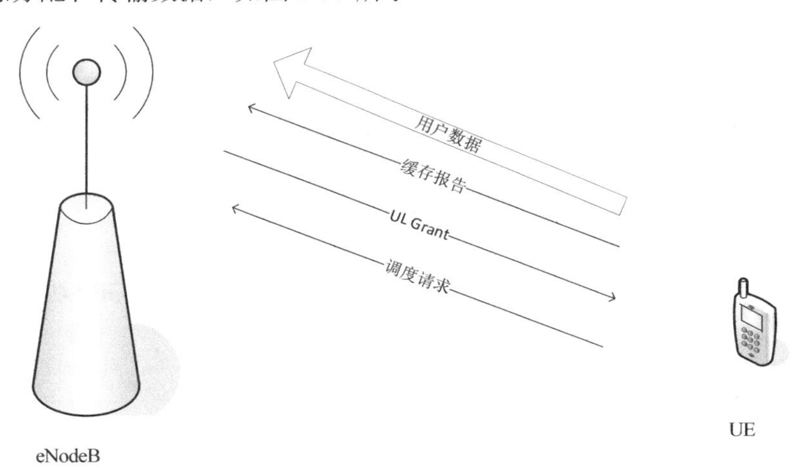

图 2-35　上行调度过程

在 LTE 中，UE 如果没有上行数据传输，eNodeB 是不会进行相应的资源分配的，为了保证上行资源分配的准确、有序、高效，LTE 中有存在调度请求（Scheduling Request ,SR）机制。UE 通过 SR 告诉 eNodeB 是否需要上行资源以便用于 UL-SCH 传输，但并不会告诉 eNodeB 有多少上行数据需要发送（这是通过 BSR 上报的）。eNodeB 收到 SR 后，给 UE 分配多少上行资源取决于 eNodeB 的实现，通常的做法是至少分配足够 UE 发送 BSR 的资源。

eNodeB 不知道 UE 什么时候需要发送上行数据，即不知道 UE 什么时候会发送 SR。因此，eNodeB 需要在已经分配的 SR 资源上检测是否有 SR 上报。由于 SR 的作用 UE 告诉 eBodeB 有数据发送，但数据的大小、形式并不确定，因此在载波聚合时，无论配置了多少个上行载波单元（component carrier），都只需要 1 个 SR 就够了。

SR 只有在 UE 处理 RRC_CONNECTED 态且保持上行同步时才会发送，它只用于请求新传数据的 UL-SCH 资源，而不是新请求重传数据。UE 是因为没有上行 PUSCH 资源才发送 SR 的，所以 UE 只能在 PUCCH 上发送 SR。eNodeB 可以为每个 UE 分配一个专用的 SR 资源用于发送 SR。该 SR 资源是周期性的，每 n 个子帧出现一次。SR 的周期是通过 IE：SchedulingRequestConfig 的 sr-ConfigIndex 字段配置的。

由于 SR 资源是 UE 专用且由 eNodeB 分配的，因此 SR 资源与 UE 一一对应且 eNodeB 知道具体的对应关系。也就是说，UE 在发送 SR 信息时，并不需要指定自己的 ID（C-RNTI），eNodeB 通过 SR 资源的位置就知道是哪个 UE 请求上行资源。SR 资源是通过 IE：Scheduling RequestConfig 的 sr-PUCCH-ResourceIndex 字段配置的。根据 3GPP 协议，配置如下。

```
SchedulingRequestConfig ::=      CHOICE {
    release                          NULL,
    setup                            SEQUENCE {
        sr-PUCCH-ResourceIndex           INTEGER (0..2047),
        sr-ConfigIndex                   INTEGER (0..157),
        dsr-TransMax                     ENUMERATED {
                                             n4, n8, n16, n32, n64, spare3, spare2, spare1}
    }
}
```

路测软件中相应信息如图 2-36 所示。

UE 需要通过 BSR（Buffer Status Report）告诉 eNodeB，其上行 buffer 里有多少数据需要发送，以便 eNodeB 决定给该 UE 分配多少上行资源。

根据业务的不同，UE 可能建立大量的无线承载（radio bearer，每个 bearer 对应一个逻辑信道），如果为每一个逻辑信道上报一个 BSR，会带来大量的信令开销。为了避免这种开销，LTE 引入了 LCG（Logical Channel Group）的概念，并将每个逻辑信道放入一个 LCG（共 4 个）中。UE 基于 LCG 来上报 BSR，而不是为每个逻辑信道上报一个 BSR。

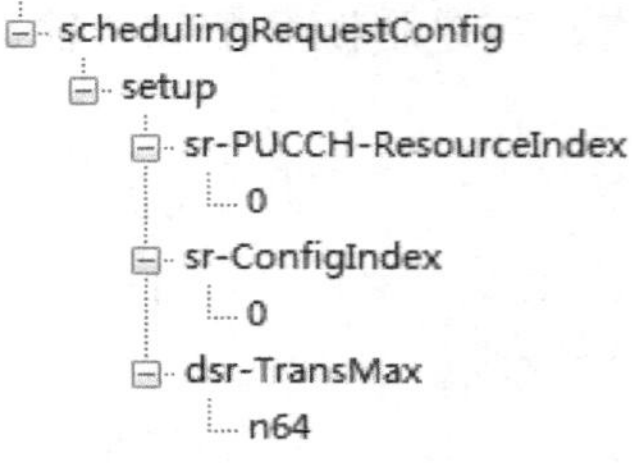

图 2-36　路测软件中 SR 信息

某个逻辑信道所属的 LCG 是在逻辑信道建立时通过 IE: LogicalChannelConfig 的 logicalChannelGroup 字段来设置的。根据 3GPP 协议，配置如下。

```
LogicalChannelConfig ::=             SEQUENCE {
    ul-SpecificParameters                SEQUENCE {
        priority                             INTEGER (1..16),
        prioritisedBitRate                   ENUMERATED {
                                                 kBps0, kBps8, kBps16, kBps32, kBps64, kBps128,
                                                 kBps256, infinity, kBps512-v1020, kBps1024-v1020,
                                                 kBps2048-v1020, spare5, spare4, spare3, spare2,
                                                 spare1},
        bucketSizeDuration                   ENUMERATED {
                                                 ms50, ms100, ms150, ms300, ms500, ms1000, spare2,
                                                 spare1},
        logicalChannelGroup                  INTEGER (0..3)           OPTIONAL          -- Need OR
    }   OPTIONAL,                                                                        -- Cond UL
    ...,
    [[  logicalChannelSR-Mask-r9             ENUMERATED {setup}       OPTIONAL       -- Cond SRmask
    ]],
    [[  logicalChannelSR-Prohibit-r12        BOOLEAN                  OPTIONAL       -- Need ON
    ]]
}
```

路测软件中相应信息如图 2-37 所示。

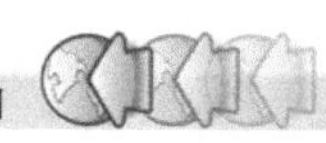

将逻辑信道分组是为了提供更好的 BSR 上报机制。将那些有相似调度需求的逻辑信道放入同一 LCG 中，并通过 short BSR 上报其 buffer 状态。

logicalChannelConfig
defaultValue

图 2-37　路测软件中 LCG 信息

如何分组取决于 eNodeB 的算法实现（例如，将相同 QCI/priority 的逻辑信道放入同一 LCG 中）。即上行的 QoS 管理是由 eNodeB 负责管理的。

由于 UE 的 LCG 和逻辑信道的配置是由 eNodeB 控制的，所以 eNodeB 知道每个 LCG 包含哪些逻辑信道以及这些逻辑信道的优先级。虽然 eNodeB 无法知道一个单独的逻辑信道的 buffer 状态，但由于同一 LCG 中的逻辑信道有着类似的 QoS/priority 需求，所以基于 LCG 来上报 buffer 状态也可以使得上行调度提供合适的调度结果。

ENB 收到 UE 上报的 BSR 之后，根据该 UE 上报的 SRS 及 eNB 现有资源等综合分析决定是否给 UE 分配资源。若条件不满足就不分配资源给 UE，UE 在多次 SR 不成功后会重新发起 RACH。分配完资源后 eNB 还必须把分配的结果（即 uplink grant，PDCCH 的内容之一，包括 PRB & MCS）告诉 UE，即 UE 可以在哪个时间哪个载波上传输数据，以及采用的调制编码方案。E-UTRAN 在每个 TTI 动态地给 UE 分配资源（PRBs & MCS），并在 PDCCH 上传输相应的 C-RNTI，同时规定 UE 上传的 bit 数。

【知识链接 6】　小区间干扰协调

LTE 系统上、下行使用了 OFDMA/SC-FDMA 多址接入技术，小区内的用户使用正交的子载波相互区别，也就是说小区的用户具有不同的时频资源；因此小区内不同用户之间的干扰基本可以忽略。但是 LTE 主要的组网方式仍是同频组网，在两个相邻小区交界区域的用户可能使用相同的时频资源，则会相互之间干扰，这种干扰被称为小区间干扰（Inter Carrier Interference，ICI）。小区间干扰影响边缘用户的业务质量，如接入性差、数据速率低等。

根据 LTE 原理，应对干扰可采用的手段有三种，即小区间干扰随机化、小区间干扰消除和小区间干扰协调。小区间干扰随机化主要利用了物理层信号处理技术和频率特性将干扰信号随机化，使干扰的特性近似“白噪声”，从而使终端可以依赖处理增益对干扰进行抑制，以降低对有用信号的不利影响；小区间干扰消除也是利用物理层信号处理技术，但是这种方法能“识别”干扰信号，对干扰小区的干扰信号进行某种程度的解调甚至解码，然后利用接收机的处理增益从接收信号中消除干扰信号分量，以降低干扰信号的影响；小区间干扰协调技术是对小区资源管理（频率资源、功率设定等）进行一定的限制，协调多个小区相互配合，避免产生小区间相互干扰。由于小区干扰协调技术使用较为灵活，对抑制干扰、提升小区边缘性能效果明显，因此最早得以应用。

小区间干扰协调又称为回避-软频率复用，其基本的原理为允许小区中心的用户自由使用所有频率资源；对小区边缘用户只允许按照频率复用规则使用一部分频率资源。它是一种频域协调技术，采用软频率复用 SFR（Soft Frequency Reuse）和部分频率复用 FFR（Fractional Frequency Reuse）等干扰协调机制来控制小区边缘的干扰，如图 2-38 所示。

同一基站不同小区之间进行的抗干扰手段为时域协调，其基本原理是同站小区边缘用户在调度时采用不相同的子帧，在时域上分隔开来，如图 2-39 中黄色区域的用户只在偶数子帧调度，淡蓝色区域的用户只在奇数子帧调度；这样同一基站的小区边缘用户在时域上错开，不同基站的小区边缘用户在频域上错开，达到了降低小区间干扰的效果。

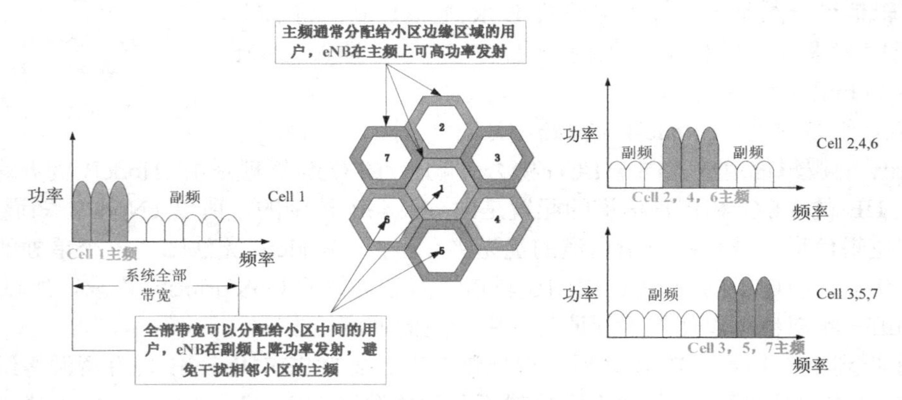

图 2-38　小区间干扰协调实例

在上行链路，LTE 定义了两个消息以帮助减少不同小区上行链路的相互干扰。

（1）OI（Overload Indicator）。当基站测量的 PRB 上行干扰（Interference Over Thermal Noise，IOT）超过一定门限时，即满足了 OI 的触发条件。OI 分高、中、低三个级别，由测量到干扰的小区确定。相邻小区收到 OI 指示后，了解到服务小区哪些上行资源受到干扰后，确认是否由自己引起的干扰，若是则进行降干扰处理。降干扰的措施有两种，一是在相应 PRB 上降低发射功率；二是不使用干扰过大的 PRB，让 UE 使用性能好的时频资源。为了避免增加系统的信令负荷，OI 的最小周期是 20ms。

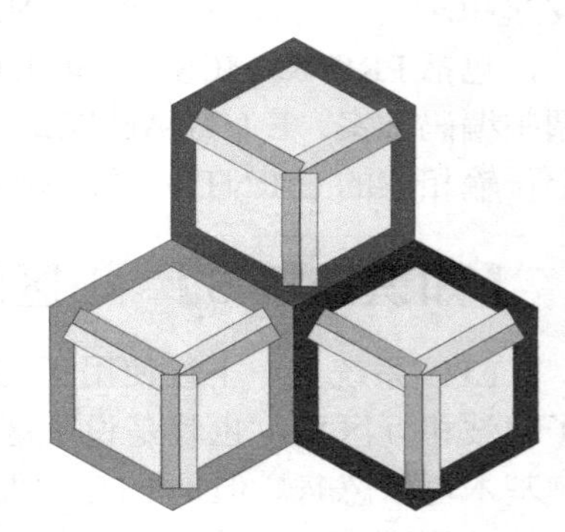

图 2-39　同站小区干扰协调实例

（2）HII（High Interference Indicator）。HII 通知相邻小区，本小区在未来一段时间里将分配哪些 PRB 给边缘用户，可能对相邻小区的这些频域资源产生干扰。因此相邻小区为用户调度上行资源时必须考虑这个情况，要么不为边缘用户分配这些 PRB，要么只为可接受较低发射功率的那组用户分配这些 PRB，要么完全不使用这些 PRB。和 OI 类似，HII 也是一个位元组，每个比特代表 1 个 RB。HII 的发送周期不小于 20ms。

上行抗干扰技术还包括功率控制，将在项目 2 的知识链接 7 中介绍。

【知识链接 7】 上行功率控制和下行功率分配

根据上行和下行信号的发送特点，LTE 物理层定义了相应的功率控制机制。

对于上行信号，终端的功率控制在节电和抑制小区间干扰两方面具有重要意义，因此，上行功率控制是 LTE 重点关注的部分。小区内的上行功率控制，分别控制上行共享信道 PUSCH、上行控制信道 PUCCH、随机接入信道 PRACH 和上行参考信号 SRS。PRACH 信道总是采用开环功率控制的方式。其他信道/信号的功率控制，是通过下行 PDCCH 信道的 TPC 信令进行闭环功率控制。

对于下行信号，基站合理的功率分配和相互间的协调能够抑制小区间的干扰，提高同频组网的系统性能。严格来说，LTE 的下行方向是一种功率分配机制，而不是功率控制。不同的物理信道和参考信号之间有不同的功率配比。下行功率分配以开环的方式完成，控制基站

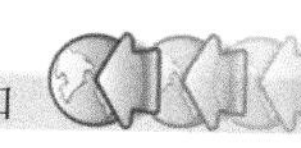

在下行各个子载波上的发射功率。下行 RS 一般以恒定功率发射。下行共享控制信道 PDSCH 功率控制的主要目的是补偿路径损耗和慢衰落，保证下行数据链路的传输质量。下行共享信道 PDSCH 的发射功率是与 RS 发射功率成一定比例的。它的功率是根据 UE 反馈的 CQI 与目标 CQI 的对比来调整的，是一个闭环功率控制过程。在基站侧，保存着 UE 反馈的上行 CQI 值和发射功率的对应关系表。这样，基站收到什么样的 CQI，就知道用多大的发射功率，可达到一定的信噪比（SINR）目标。

1．上行功率控制

上行功率控制可以兼顾两方面的需求，即 UE 的发射功率足够大时可以满足 QoS 的要求，足够小时可以节约终端电池并减少对其他用户的干扰。为了实现这个目标，上行链路功率控制必须使自己适应于无线传播信道的特征（包括路径损耗特征、阴影特征和快速衰落特征），并克服来自其他用户的干扰（包括小区内用户的干扰和相邻小区内用户的干扰）。

LTE 功率控制是开环功控和闭环功控的组合，与纯粹的闭环功控相比，理论上需要的反馈信息量比较少，即只有当 LTE UE 不能准确估算功率设置时才需要闭环功控。根据路径损耗估算和开环算法，LTE 系统为功率频谱密度（Power Spectral Density，PSD）发射设定了一个粗糙的操作点，能在最普通的路径损耗及阴影衰落场景中为平均的调制编码方法提供适当的 PSD。围绕着开环操作点，LTE 上行的闭环功率控制能提供更快的调整，能够更好地控制干扰，并且更精细地调整功率以适应信道情况（包括快衰落变化）。由于 LTE 的上行链路是完全正交的，上行功率控制不需要像 CDMA 那样快，功控周期一般不超过几百赫兹。

每个 UE 根据接收到的参考信号 RS 的信号强度完成路径损耗测量，以确定要补偿部分路径损耗（fraction of the path-loss）需要多大的发射功率，因此也被称作部分功率控制（Fractional Power Control）。部分功率控制的参数由 eNodeB 决定，该参数的取值需要兼顾平衡整体频谱效率和小区边缘性能。部分功率控制和闭环功率控制命令合作完成上行功率控制。

功率控制可以与频域资源分配策略相结合，以实现小区间的干扰协调，提高小区边缘性能和整体频谱效率。其中的一种干扰协调技术是为位于相邻小区的路径损耗相似的几个 UE 分配相同的时频资源，这样可以提高小区边缘的性能，避免那些离基站比较近的相邻小区 UE 引起的强干扰（特别是有些基站的前后比性能不理想）。

LTE 上行链路对 PUSCH、PUCCH 和 SRS 进行功率控制。三种上行信道或者信号功率控制的数学公式不同，但都可以分成两个基本的部分，一是根据 eNodeB 下发的静态或者半静态参数计算得到的基本开环操作点；二是每个子帧都可能调整的动态偏置量。其表达式如下。

每个 RB 的功率=基本开环操作点+动态偏置量。

基本开环操作点取决于一系列因素，包括小区间的干扰状况和小区负荷，它可以进一步分成两部分。一个是半静态功率基数值 P_0，P_0 可以分成适用所有小区内 UE 的通用功率数值，即每个 UE 不同的偏置量；另一个是开环路径损耗补偿分量。开环路径损耗补偿分量取决于 UE 对下行路径损耗的估算，后者由 UE 测量到的 RSRP 数值和已知的下行参考信号（RS）的发射功率计算而得。在一种极端情况下，eNodeB 可以把 P_0 设置为最小值−126dBm，完全根据 UE 测量的路径损耗的大小来调整上行功率。

如果执行完全路径损耗补偿方法能让小区边缘的 UE 得到最大程度的公平对待，但是在多小区并存的现实部署环境中，实施部分路径损耗补偿方法能减少小区间的干扰，不需要为确保小区边缘用户的传输质量分配过多的资源，从而能提高系统的整体上行链路容量。因此 LTE 系统引入了部分路径损耗补偿因子 α，以平衡上行公平调度和整体频谱效率。当 α 的取值为 0.7～0.8 时，既能让系统接近最大容量，又不让小区边缘的数据速率过多地下降。于是，每个 RB 的发射功率中的基本开环操作点被定义为如下公式。

$$\text{基本开环操作点} = P_0 + \alpha \times \text{PL}$$

式中，PL 是 Path Loss 的缩写。

对于低速率的 PUCCH 信道（传送 ACK/NACK 和 CQI 信息），路径损耗补偿是和 PUSCH 分开实施的。不同用户的 PUCCH 信道之间是码分复用（CDMA），为了更好地控制彼此之间的干扰，PUCCH 的功率控制采用完全路径损耗补偿方法。PUCCH 的 P_0 也和 PUSCH 的不同。

每个 RB 的发射功率中的动态偏置量（Dynamic Offset）也可分成两个分量，即 MCS 决定的分量和 TPC（Transmitter Power Control）命令决定的分量。MCS 决定的分量也叫 Δ_{TF}（TF 是 Transport Format）的缩写。

综上所述，UE 上行发射功率可以表达为如下的公式 。

$$\text{UE transmit power} = \underbrace{P_0 + \alpha \cdot \text{PL}}_{\substack{\text{basic open-loop}\\ \text{operating point}}} + \underbrace{\Delta_{\text{TF}} + f(\Delta_{\text{TPC}})}_{\text{dynamic offset}} + \underbrace{10\log_{10} M}_{\text{bandwidth factor}}$$

以 PUSCH 为例，在子帧 i，终端的 PUSCH 信道的发射功率可以表示为下面的公式

$$P_{\text{PUSCH}}^{(i)} = \min\{P_{\text{CMAX}}, 10\lg(M_{\text{PUSCH}}(i)) + P_{0_{\text{PUSCH}}}(j) + \alpha(j)\times \text{PL} + \Delta_{\text{TF}}(i) + f(i)\}(\text{dBm})$$

式中，

P_{CMAX}——终端的最大发射功率；

M_{PUSCH}（i）——PUSCH 的传输带宽（RB 数目）；

$P_{0\text{-PUSCH}}$（j）——由高层信令设置的功率基准值，可以反应上行接收端的噪声水平。

α 的取值范围是{0,0.4,0.5,0.6,0.7,0.8,0.9,1}，表示部分功率控制算法中对大尺度衰落的补偿量，由高层信令使用 3bit 信息指示本小区所使用的数值。而 PL 是终端测量得到的下行大尺度损耗。

Δ_{TF}（i）表示由调制编码方式和数据类型（控制信息或者数据信息）所确定的功率偏移量。

f（i）是由终端闭环功率控制所形成的调整值，它的数值根据 PDCCH format 0/3/3A 上的功率控制命令进行调整。在物理层有两种闭环功率控制类型——累计型（accumulation）和绝对值型（absolute）。

终端的功率空间（Power Headroom）是功率控制过程的重要参数，物理层对终端剩余的功率空间（即终端最大发射功率与当前实际发射功率的差值）进行测量，并上报高层。

2．下行功率分配

下行功率分配以每个 RE 为单位，控制基站在各个时刻各个子载波上的发射功率。下行功率分配中包括提高导频信号的发射功率，以及与用户调度相结合实现小区间干扰抑制的相关机制。

下行在频率上和时间上采用恒定的发射功率。基站通过高层指令指示该恒定发射功率的数值。在接收端，终端通过测量该信号的平均接收功率并与信令指示的该信号的发射功率进行比较，获得大尺度衰落的数值。

下行共享信道 PDSCH 的发射功率表示为 PDSCH RE 与 CRS RE 的功率比值，即 ρ_A 和 ρ_B。其中 ρ_A 表示时隙内不带有 CRS 的 OFDM 符号上 PDSCH RE 与 CRS RE 的功率比值（例

如 2 天线 Normal CP 的情况下，时隙内的第 1、2、3、5、6 个 OFDM 符号）；ρ_B 表示时隙内带有 CRS 的 OFDM 符号上 PDSCH RE 与 CRS RE 的功率比值（例如 2 天线 Normal CP 的情况下，时隙内的第 0、4 个 OFDM 符号）。

下行链路功率分配的方法之一是提高 CRS 的发射功率。小区通过高层指令设置 ρ_A 和 ρ_B 的比值，通过不同的比值可以设置信号在基站总功率中不同的开销比例，由此做到在不同程度上提高 CRS 的发射功率。例如以发射天线数目等于 2 为例，规范中支持 4 种不同的小区配置 ρ_B/ρ_A={5/4,1,3/4,1/2}，分别对应于 CRS 占总功率开销为[1/6,1/3,3/6,2/3]的情况。图 2-40 表示了 ρ_B/ρ_A=1 和 ρ_B/ρ_A=1/2 时天线端口#0 的信号功率情况，对应的 CRS 功率开销分别是 2/6=1/3 和 8/12=2/3，分别实现了 CRS 高于同一 OFDM 符号中数据元素 3dB 和 9dB 的发送功率。

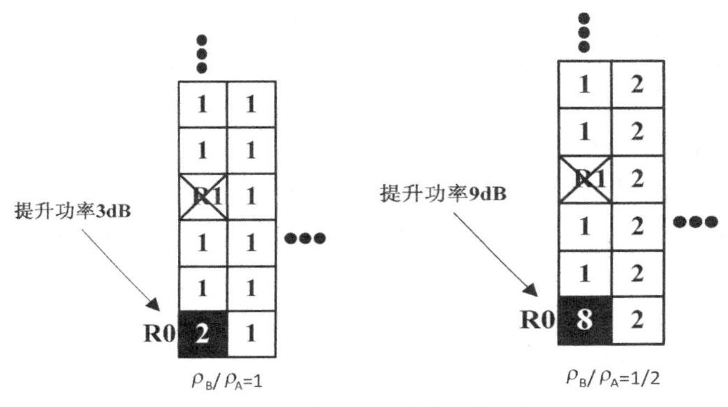

图 2-40　不同 ρ_B/ρ_A 发送功率对比

在设定 ρ_A 和 ρ_B 比值的基础上，通过高层参数 PA 可以确定 ρ_A 的具体数值，得到基站下行针对用户的 PDSCH 发射功率。PA 和 ρ_A 的数值关系是 $\rho_A=\delta_{power\text{-}offset}$+PA，其中 $\delta_{power\text{-}offset}$ 用于 MU-MIMO 的场景，例如 $\delta_{power\text{-}offset}$=-3dB 可以表示功率平均分配给两个用户的情况。

为了支持下行小区间干扰协调的操作，规范中定义了关于基站窄带发射功率限制（Relative Narrowband Tx Power，RNTP）的物理层测量，并在小区间 X2 接口上进行交互。该消息表示了基站在未来一段时间内下行各个 PRB 将使用的最大发射功率的情况，相邻小区可以利用该消息来协调用户调度的过程，实现同频小区间干扰抑制的效果。

【知识链接 8】 中继

影响终端接入网性能的因素之一为路径损耗，LTE 链路性能已经非常接近香农公式的极限值；当然这是在非常高的信噪比前提下。为了解决路径损耗，在 LTE　R10 中引入了中继的技术。其实在传统的通信系统中已经有中继的概念，即直放站；但是直放站的作用是简单地对信号放大和转发，包括有用信号、噪声和干扰，这样就要求直放站的应用要有较高的信噪比，而且直放站输出信号的信噪比永远低于输入信号的信噪比。LTE 中，中继是指带有解码和转发功能的中继，它会把接收到的信号进行解码，并重新编码后进行转发，这样就不会放大噪声和干扰；因此中继可以在低信噪比的环境下使用。由于中断需要对信号进行解码和重新编码，就意味着中继的时延要大于直放站。

中继器的功率较低，主要用于解决小区边缘覆盖和容量问题。由于中继器解决方案的基

本要求是对终端透明，即终端不知道是否连接到中继器或者传统基站上；为解决这一问题，在中继器解决方案中引入了自我回程技术。回传链路和接入链路用来区分中继与基站之间、中继与终端之间的连接；与中继相连接的小区称为供体小区，它可以为一个或者几个中继服务，同时还为不使用中继接入的终端服务，如图 2-41 所示。

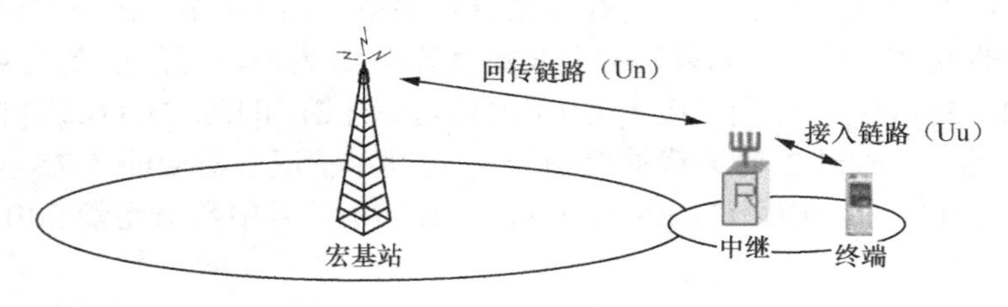

图 2-41　中继示意图

由于中继器的接收端和发射端分别与供体小区和终端相连，那么在回传链路和接入链路之间的干扰就必须避免。避免这种干扰的方式就是接收端和发射端之间有必要的隔离，通常可以采用空间、频率和时间域来进行隔离。

根据接入和回传链路采用的频率，可以将中继分为带内中继和带外中继。带内中继即回传链路和接入链路工作要在相同的频率，而这种中继在接入链路和回传链路容易产生干扰，甚至自激。在对带内中继进行施工时，需要对主天线和重发天线进行适当的布局，适用于隧道、地下停车场、电梯等较为封闭的场景。在 R10 的版本中，可以从时域上区分回传链路和接入链路，那么就需要对帧的结构进行调整和复用，它们在传输上相互依赖，但是不能同时工作。带外中继是回传链路和接入链路工作在不同的频率，只要回传链路与接入链路之间的频率间隔足够大，那么它们之间的干扰就可以避免。

【知识链接 9】 载波聚合

为了提高上下行的峰值速率，LTE-A 中提出了载波聚合（Carrier Aggregation, CA）的解决方案，其主要思想就是将两个或者更多的载波单元（Component Carrier, CC）聚合在一起，以增加传输带宽来达到更高的速率。

载波聚合是在 R10 的版本中提出的，向下兼容 R8/R9，载波聚合可以发生在 FDD 和 TDD 两种制式下，上下行聚合方式可以相同，也可以不相同。以 FDD 聚合为例子，如图 2-42 所示。

在载波聚合中单一载波可以使用 1.4, 3, 5, 10, 15 和 20 MHz 六种带宽，最多可以支持 5 个单一载波聚合在一起，即聚合后的最大带宽为 100MHz。LTE-A 载波聚合可以在同一频段的连续频率上，也可以在同一频段的非连续频率上，甚至可以在不同频段的非连续频率上聚合，如图 2-43 所示。

在载波聚合中，由于是多个载波小区为终端提供服务，那么就会有主服务小区（Primary Cell，Pcell）和从服务小区（Secondary Cell，SCell）的概念，主服务小区是工作在主频带上的小区。UE 在该小区进行初始连接建立过程，或开始连接重建立过程。在切换过程中该小区被指示为主小区。从服务小区是工作在辅频带上的小区。一旦 RRC 连接建立，辅小区就可能被配置以提供额外的无线资源。在载波聚合状态下，主服务小区和从服务小区共同为终端提供数据，那么就同时存在两个服务小区；在没有使用载波聚合时终端的服务小区只有一个，即主服务小区，如图 2-44 所示。

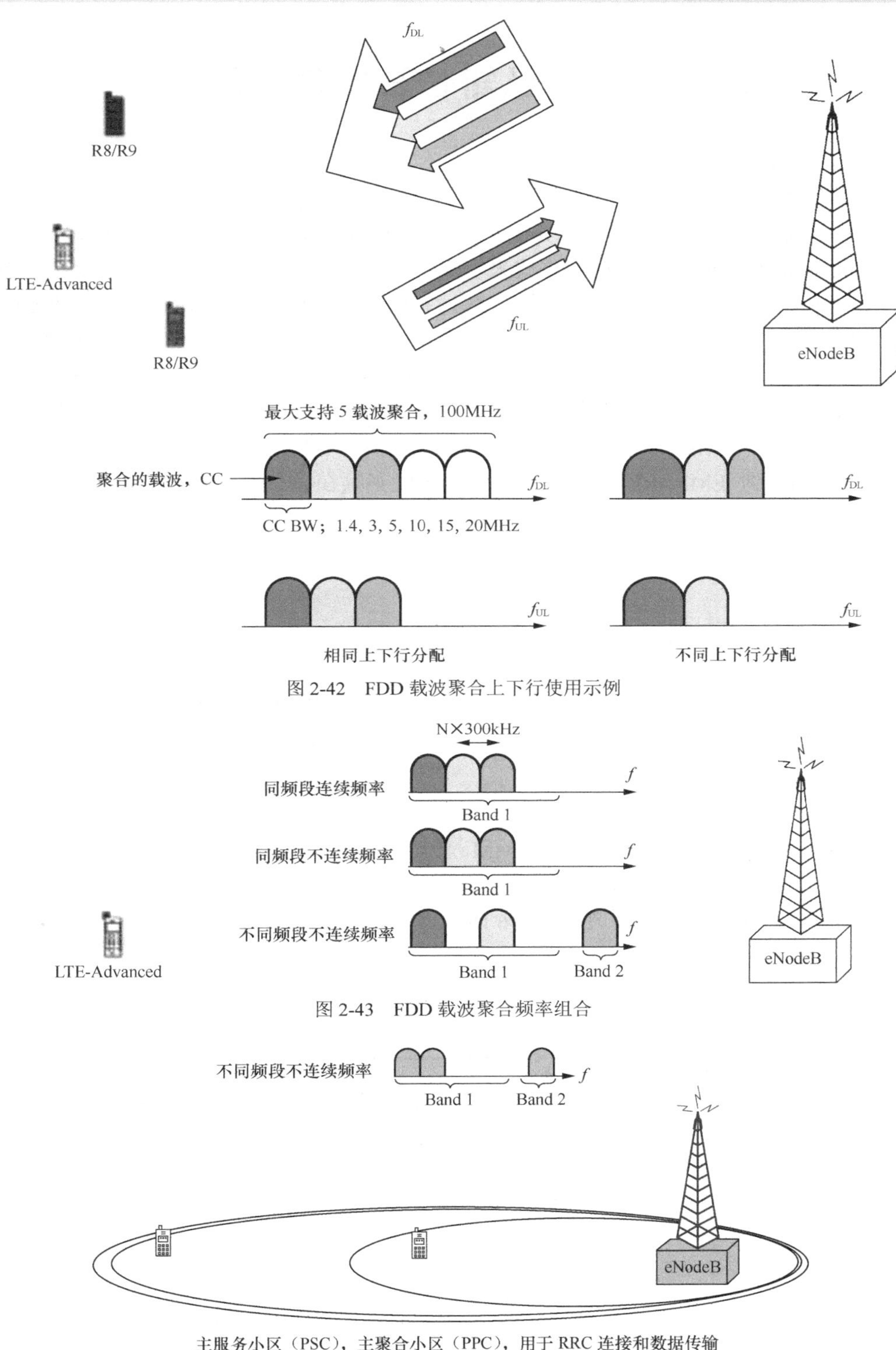

图 2-42　FDD 载波聚合上下行使用示例

图 2-43　FDD 载波聚合频率组合

图 2-44　载波聚合中主服务小区示例

任务 5　认知 LTE 主要过程

【知识链接 1】 LTE 中 UE 状态

在 LTE 中以 EPS 移动性管理 EMM（EPS Mobility Management）和 EPS 连接性管理 ECM（EPS Connection Management）两种方式来定义状态及迁移。EMM 描述的是移动管理结果产生的状态，如 Attach 和 TAU 过程，它有 EMM-DEREGISTERED 和 EMM-REGISTERED 两种状态。ECM 描述的是 UE 与 PEC 之间的信令连接，它有 ECM-IDLE 和 ECM-CONNECTED 两种状态。一般来说，ECM 和 EMM 两个是相互独立的，MM-REGISTERED 到 EMM-DEREGISTERED 的迁移与 ECM 状态无关，如 ECM-CONNECTED 状态下的显性 detach 信令或者 ECM_IDLE 下 MEE 的部分时隐性 detach。当然，它们之间也有联系，如 UE 从 EMM-DEREGISTERED 到 EMM-REGISTERED 的迁移就必须在 ECM-CONNECTED 下，如图 2-45、图 2-47 所示。

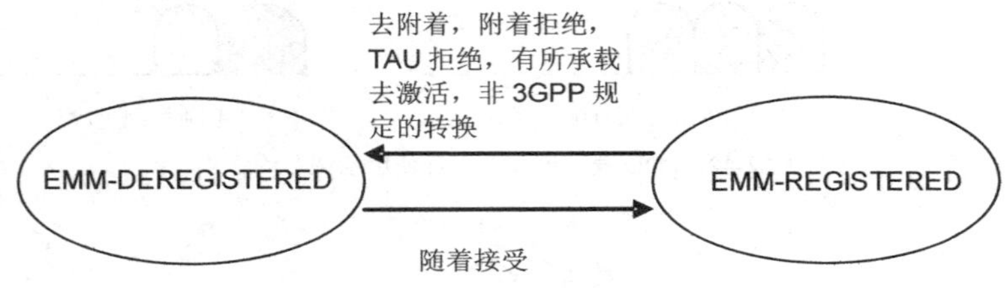

图 2-45　UE 中 EMM 状态模式

在 EMM-DEREGISTERED 状态，EMM 上下行不包含 UE 的位置区和路由信息，MME 不知道 UE 的位置；EMM-REGISTERED 状态，MME 知道 UE 的位置，UE 通过 Attach 或者 TAU 进入 EMM-REGISTERED，如图 2-46 所示。

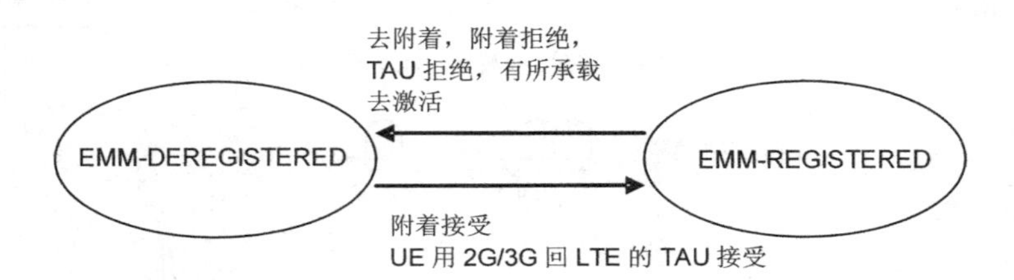

图 2-46　MME 中 EMM 状态模式

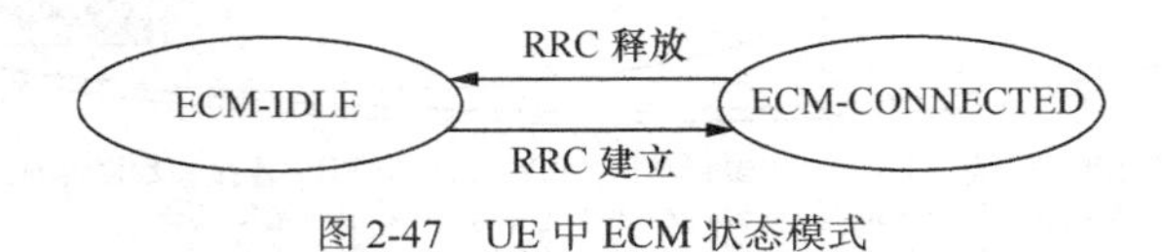

图 2-47　UE 中 ECM 状态模式

在 ECM_IDLE 状态下，UE 与网络之间不存在信令连接，UE 几乎处于休眠状态，电池消耗很低；此时网络只知道 UE 所在的 Tracking Area，UE 监听寻呼信道来进行更多的操作，如图 2-48 所示。在 IDLE 状态执行以下任务。

（1）广播消息的发送；

（2）通过非连续接收（DRX）来省电（与寻呼周期相关）；

（3）UE 主导的移动性控制；

（4）UE 监测寻呼信道，执行小区选择和小区重选，获取系统信息；

（5）执行对邻小区测量。

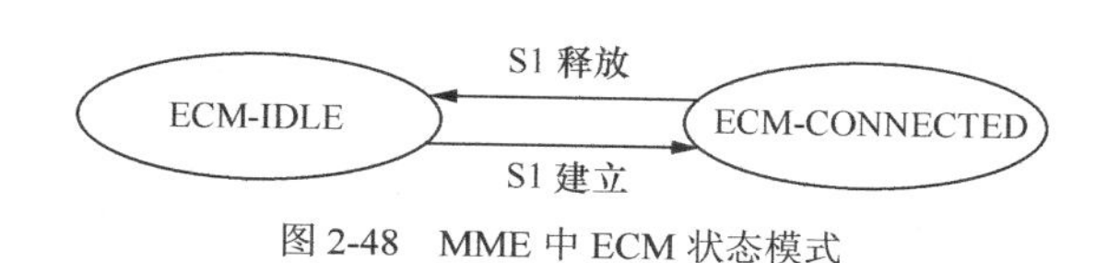

图 2-48　MME 中 ECM 状态模式

在 RRC_CONNECTED 状态下，因存在 RRC 连接，网络知道 UE 所在处的具体小区，并且对于 UE 和网络来说它们之间的通信参数都是已知的，通过配置小区无线网络临时标识（C-RNTI）用于 UE 和接入网之间的信令交互。在 CONNECTED 状态执行以下任务。

（1）广播消息的发送，单播数据的收发；

（2）通过配置 DRX 来省电（与业务活跃性相关）；

（3）网络主导的移动性控制；

（4）UE 监测与共享信道分配相关的控制信道；提供信道质量和反馈信息；执行对邻小区测量，获取系统信息。

【知识链接 2】　同步与小区搜索

UE 在接入 LTE 网络之前必须完成同步和解码系统消息两个步骤，即寻找并获得与网络中一个小区的同步和对小区系统信息解码，以便完成更多的网络操作。

UE 在初始接入（开机）时需要进行小区搜索，同时为了支持 UE 的移动性，需要不断地对邻小区进行搜索，根据接收的信号质量执行重选或者切换。小区搜索的过程如图 2-49 所示。

（1）一开机，就会在可能存在 LTE 小区的几个中心频点上接收数据并计算带宽 RSSI，以接收信号强度来判断这个频点周围是否可能存在小区。如果 UE 能保存上次关机时的频点和运营商信息，则开机后可能会先在上次驻留的小区尝试驻留。如果没有先验信息，则很可能要全频段搜索，发现信号较强的频点，再去尝试驻留。需要指出的是 UE 进行全频段搜索时，在其支持的工作频段内以 100kHz 为间隔的频栅上进行扫描，并在每个频点上进行主同步信道检测。这一过程中，终端仅仅检测 1.08MHz 的频带上是否存在主同步信号，这是因为 PSS 在频域上占系统带宽中央 1.08MHz。

（2）PSS 映射在频域上位于频率中心的 1.08MHz 的带宽上，包含 6 个 RB，72 个子载波。检测出 PSS 可首先获得小区组内 ID。PSS 每 5ms 发送一次，因而可以获得 5ms 时隙定时。可进一步利用 PSS 获取粗糙频率同步。

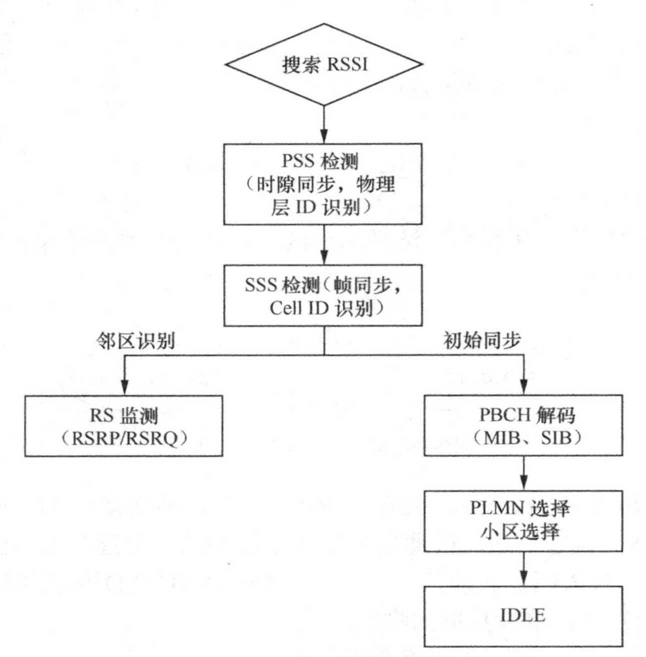

图 2-49　小区搜索流程

（3）SSS 映射在频域上与 PSS 一样位于频率中心的 1.08MHz 的带宽上，包含 6 个 RB，72 个子载波。在这里 FDD 与 TDD 结构出现不同，FDD 系统：#0 子帧和#5 子帧第一个时隙的倒数第二个 OFDM 符号。TDD 系统：#0 子帧和#5 子帧最后一个 OFDM 符号。对于 FDD 和 TDD 系统，PSS 和 SSS 之间的时间间隔不同，CP 的长度（常规 CP 或扩展 CP）也会影响 SSS 的绝对位置（在 PSS 确定的情况下）。因而，UE 需要进行至多 4 次的盲检测。完成 SSS 检测，即可以识别出物理小区 ID。

（4）通过检测到的物理小区 ID，可以知道 CRS 的时频资源位置。通过解调参考信号可以进一步精确时隙与频率同步，同时为解调 PBCH 做信道估计。

（5）此时 UE 获得了 PCI 并获得与小区精确时频同步，但 UE 接入系统还需要小区系统信息，包括系统带宽、系统帧号、天线端口号、小区选择和驻留以及重选等重要信息，这些信息由 MIB 和 SIB 承载，分别映射在物理广播信道（Physical Broadcast CHannel，PBCH）和物理下行共享信道（Physical Downlink Shared CHannel，PDSCH）。通过对 MIB 和 SIB 消息的读取，获取基本的接入信息，即完成了小区的驻留。

【知识链接 3】 系统消息

UE 完成小区搜索后，需要读取小区的系统消息，这些小区系统消息在系统内重复广播，以便 UE 获取并完成相应小区的驻留。

系统信息分为 MIB（Master Information Block）和多个 SIBs（System Information Blocks）。MIB 为主信息块，包含系统信息数量有限的重要信息，如系统帧号（SFN）、上下行配置的带宽以及 PHICH 配置信息；通过这些信息，UE 可以读取 SIBs。MIB 在 BCH 上以 40ms 的间隔发送，因此 BCH 的传输时间间隔（TTI）为 40ms。第一次传输在 SFN 满足

SFN mod 8 = 0 的无线帧上#5 子帧传输，重传是在 SFN 满足 SFN mod 2 = 0 的无线帧（即偶数帧）的#5 子帧上。

UE 要完成小区搜索，仅有 MIB 信息是不够的，还需要不断的读取 SIB，即是 BCCH 映射在 PDSCH 上的部分。UE 首先读取的是 SIB1，它采用固定的 80ms 为周期的调度方式。

要完成小区搜索，仅仅接收 MIB 是不够的，还需要接收 SIB，即 UE 接收承载在 PDSCH 上的 BCCH 信息。UE 在接收 SIB 信息是首先接收 SIB1 信息。SIB1 采用固定周期的调度，调度周期 80ms。第一次传输在 SFN 满足 SFN mod 8 = 0 的无线帧上#5 子帧传输，并且在 SFN 满足 SFN mod 2 = 0 的无线帧（即偶数帧）的#5 子帧上传输。而高序号的 SIB 发送周期是灵活的，根据不同的网络是可以不同的，它们是由 SIB1 中 scheduling Info List 进行配置。

SIB1 中包含了基本的系统信息，它直接映射到传输块中；而之后的 SIB 映射到不同的系统信息消息（SI）上，SI 对应 DL-SCH 上传输的实际传输块。但不是每一个 SIB 都必须存在，根据网络配置和运营商的选择，可以省去部分 SIB；一般来说除 SIB1、SIB3、SIB5、SIB7 外，其他的都可以省去，如表 2-14 所示。

表 2-14　　系统消息

SIBs	消 息 内 容	消息详细说明
SIB1	小区选择和驻留相关信息	PLMN 标识、小区是否被禁止驻留、是否为 CSG 小区、小区选择的信息、小区偏移、所用的频段信息等
	其他系统信息块的调度信息	SI-window 长度、周期，SIB 映射信息、系统信息变更标签等
SIB2	接入限制信息	提供了接入服务的级别等信息，以控制 UE 接入概率
	公共信道参数	提供了公共信道资源配置信息
	MBSFN 配置	提供了预留给 MBSFN 子帧的位置信息
SIB3	小区重选相关信息	重选信息包括同频、异频以及异系统的公用信息、服务的频点信息以及部分同频小区重选信息
SIB4	同频小区重选信息	提供了同频邻小区的列表
SIB5	异频小区重选信息	提供了异频载波的相关小区重选参数，也可以提供异频小区的列表信息（该内容为可选提供）
SIB6	异系统小区重选信息（UTRAN）	提供 UTRAN 的小区重选相关参数，相关载波信息
SIB7	异系统小区重选信息（GERAN）	提供 GERAN 的小区重选相关参数，相关载波信息
SIB8	异系统小区重选信息（cdma2000）	提供 cdma2000 的小区重选相关参数，相关载波信息
SIB9	家庭 eNB 名字	提供家庭 eNB 的名字
SIB10	ETWS 的主要通知信息	提供地震、海啸告警系统的主要通知信息
SIB11	ETWS 的次要通知信息	提供地震、海啸告警系统的次要通知信息，支持分段传输
SIB12	CMAS 的告警通知信息	提供商用 UE 告警服务
SIB13	MBMS 信息	提供 MBSFN area list 信息和 MBMS 通知信息

目前 3GPP 已经定义了多达 19 种 SIB，更多内容可以参阅 3GPP 协议的 TS 36.331。

【知识链接 4】 随机接入过程

随机接入是蜂窝系统中 UE 向网络申请建立连接，并通过网络响应分配接入信道资源的过程。LTE 中随机接入有 6 种场景，如表 2-15 所示。

表 2-15　随机接入情况

随机接入场景	基于竞争接入	非竞争接入
初始网络接入	•	
无线链路失败后的重建	•	
进入切换时建立所需的对新小区的上行链路同步	•	•
下行数据传输时的上行链路同步	•	•
上行数据传输时的上行链路同步	•	
在没有配置专用调度请求资源时的需要	•	

随机接入分为竞争接入和非竞争接入两种情况，竞争接入过程如图 2-50 中的 1、2、3、4 步，非竞争接入过程如图 2-50 中的 0、1、2、3 步。竞争接入与非竞争接入最大的区别是非竞争接入时 UE 由小区分配了专用的前导码序列，因此 UE 可以使用相同的接入前导码序列进行接入尝试。这使得非竞争接入过程快速地避免了第 4 步的竞争过程。

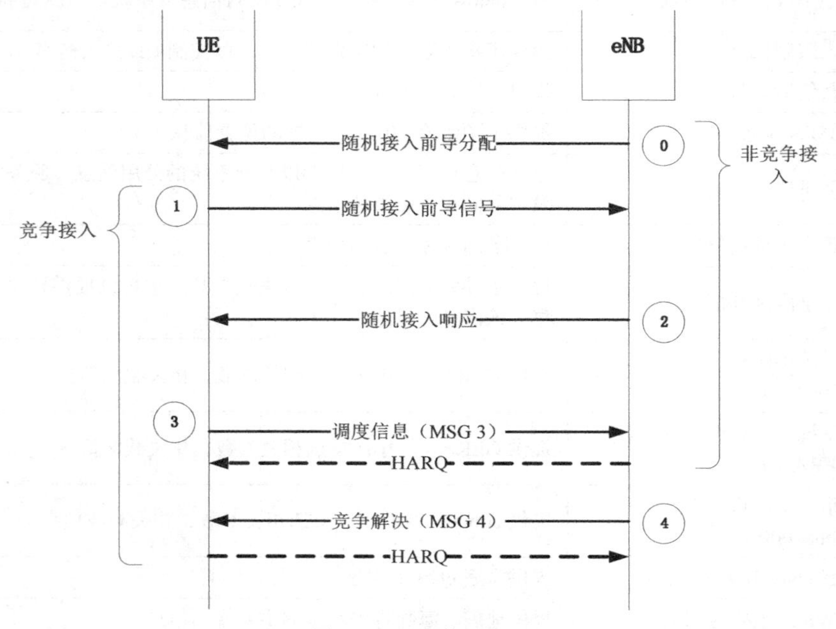

图 2-50　随机接入流程

1．随机接入前导信号传输

UE 从 64-Ncf 个 PRACH 的竞争性前缀标志中选择一个，其中 Ncf 是 eNodeB 为无竞争 RACH 预留的数目。竞争性前缀标志进一步分成两组， UE 从哪个组选择竞争性前缀标志取决于这次 RACH 申请需要的传输资源的大小。eNodeB 根据每个组的负荷控制每个组里

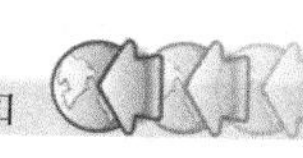

的前缀标志的数量。

初始前缀的发射功率根据开环估算决定，需要考虑对路径损耗进行全额补偿，以确保接收到的前缀的功率与路径损耗完全无关，从而帮助 eNodeB 区分同一块 PRACH 时频资源内几个同时发生的前缀传输。UE 根据下行链路 RSRP（Reference Signal Received Power）平均测量值估算路径损耗。eNodeB 可能还需要配置额外的功率偏移，因为需要考虑目标 SINR 要求、上行链路分配给 RACH 前缀的时频时隙的干扰和噪声水平，和前缀格式等因素。

2．随机接入响应

eNodeB 通过 PDSCH 信道发送随机接入响应（RAR，Random Access Response），并用 RA-RNTI （Random Access Radio Network Temporary ID）加以识别，以识别在哪个时频时隙侦测到了接入前缀。如果因为几个 UE 在相同的前缀时频资源中选择了相同的标志而发生碰撞，这些 UE 也都会收到 RAR。

RAR 消息携带的参数包括侦测到的接入前缀、要求 UE 同步随后的上行数据包的时间调整指令、一个用于传送步骤 3 中层 3 消息的初始上行资源授予命令，以及系统分配的 C-RNTI（Cell Radio NetworkTemporary ID）。UE 希望在一个时间窗口内收到 RAR，这个时间窗口由 eNodeB 确定，并通过小区特定的系统信息广播消息发送给 UE。如果 UE 没有在规定的时间窗口收到 RAR，则重发前缀。

eNodeB 可以设置前缀功率调整斜坡，这样每个重发的前缀的功率可以根据一个固定的数值增加。然而，由于在 LTE 网络中，每个随机接入前缀都与其他的上行传输正交，因此不需要向 WCDMA 网络那样强调第一个前缀的发射功率必须尽可能地小以减少干扰，即 LTE 初始随机接入前缀的功率要比 WCDMA 高，所以初始接入尝试的成功几率比较大，也就是说前缀功率调整斜坡这个功能往往可以省略。

3．终端标志

这是调度分配在 PUSCH 信道的第一个与随机接入相关的消息，并启用了 HARQ（Hybrid Automatic Repeat reQuest）机制。这个消息携带了确定的随机接入过程消息，比如 RRC 连接请求消息、位置区更新消息，或者调度请求消息。这个消息还携带了在步骤 2 的 RAR 消息中分配的临时 C-RNTI 消息，以及 C-RNTI（如果 UE 处于 RRC 连接状态且已经分配有 C-RNTI）或者一个唯一的 48 比特 UE ID。如果在步骤 1 发生前缀冲突，这些彼此冲突的 UE 就会从 RAR 消息中获取相同的临时 C-RNTI，于是在用相同的上行链路时频资源发送 L2/L3 消息时也会发生冲突。产生的干扰可能导致这些彼此冲突的 UE 没有一个能使其上传的数据被解码，这些 UE 达到 HARQ 最大重传次数后，被迫重新开始随机接入过程。即便有一个 UE 被成功解码，其他 UE 的问题仍然没有得到解决。在 4 中，相关的下行消息能为这个竞争问题提供一个快速解决方案。

4．竞争解决消息

竞争解决消息是针对 C-RNTI 或者临时 C-RNTI 的。在后一种情况下，竞争解决消息回应的是 L2/L3 消息中携带的 UE ID。竞争解决消息支持 HARQ。如果竞争冲突发生之后，有一个 L2/L3 消息被成功解码，则只有那个侦测到自己的 UE ID（或者 C-RNTI）的 UE 才会发 HARQ 反馈消息，而其他 UE 则意识到存在一个冲突，就不会发 HARQ 反馈消息，而是尽快结束这次接入过程，并开始一个新的随机接入。UE 根据接收到的竞争解决消息的三种情况采取不同的行为对策。

（1）UE 正确解码了消息，并侦测到了自己的 ID；UE 回一个 ACK 确认消息；

（2）UE 正确解码了消息，并侦测到该消息携带的是其他 UE 的 ID；UE 不回任何消息

（3）UE 无法解码消息，或者错过了 DL 授予；UE 不回任何消息。

【知识链接 5】 小区选择与重选

UE 在可以接受网络正常服务之前，必须通过 PLMN 选择在选定的 PLMN 中注册。PLMN 选择期间，UE 为找到可用 PLMN 会根据其能力在所有 E-UTRA 频带和其他 RAT 频带中搜索。

UE 会从各 RF 载波中最强的小区读取系统消息以决定可用的 PLMN。然后从一组可用 PLMN 中选择一个 PLMN。基站会在每个小区的 SIB1 中的 plmn-IdentityList 中包含了一组 PLMN 标志，指示小区中可用的 PLMN。

UE 选定 PLMN 后，或者 UE 释放 RRC 连接并返回空闲状态后，会进行小区选择以寻找可以驻留的小区。

图 2-51 显示了空闲状态 UE 进行小区选择和重选的功能流程。

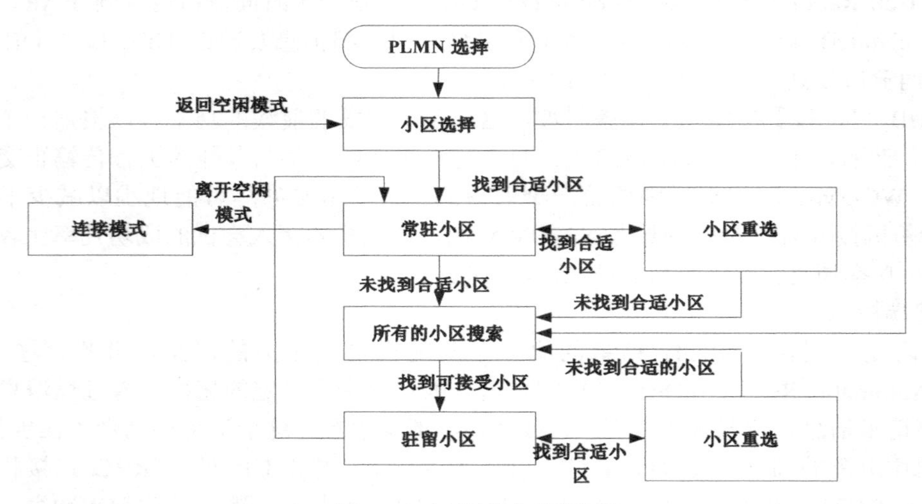

图 2-51 小区选择和重选流程

小区选择进程中，UE 基于它的能力进行 E-UTRAN 射频扫描。UE 可基于存储在 UE 中的先前了解到的可用 E-UTRA 载波来优化扫描。合适小区是符合下列准则的小区。

（1）满足小区选择准则。

（2）未被禁止。

（3）是所选 PLMN 的一部分并且属于一个未被禁止的 TA。

当 UE 发现了一个合适小区并驻留后，就进入了“正常驻留”状态。此时可从网络接受正常的服务。一旦驻留到一个小区后，UE 为发起小区重选评估进程继续监测某些触发准则，以便作出新的小区驻留决定。如果小区未能发现合适小区，它就进入“任意小区选择”状态，此时 UE 会尝试找到一可接受小区（满足驻留准则）。如果 UE 能够找到可驻留的可接受小区，它就进入“任意小区驻留”状态。在该状态下，UE 不能从网络接受正常服务。UE 除了紧急呼叫外不允许进入连接模式。在“任意小区驻留”状态下，UE 重复尝试寻找一个合适小区。为此，UE 基于其能力扫描 E-UTRA 频率和其他 RAT 频点。

小区重选（cell reselection）指 UE 在空闲模式下通过监测邻区和当前小区的信号质量以选择一个最优的小区提供服务信号的过程。当邻区的信号质量及电平满足 S 准则且满足一定重选判决准则时，终端将接入该小区驻留。UE 驻留到合适的 LTE 小区停留 1s 后，就可以进行小区重选的过程。小区重选过程包括测量和重选两部分过程，终端根据网络配置的相关参数，在满足条件时发起相应的流程。

（1）系统内小区测量及重选（同频小区测量、重选和异频小区测量、重选）

（2）系统间小区测量及重选。

UE 成功驻留后，将持续进行本小区测量。RRC 层根据 RSRP 测量结果计算 Srxlev，并将其与 Sintrasearch 和 Snonintrasearch 比较，作为是否启动邻区测量的判决条件。对于重选优先级高于服务小区的载频，UE 始终对其测量；对于重选优先级等于或者低于服务小区的载频同频情况下。

（1）当服务小区 Srxlev > Sintrasearch 时，UE 自行决定是否进行同频测量。

（2）当服务小区 Srxlev <= Sintrasearch 或系统消息中 Sintrasearch 为空时，UE 必须进行同频测量。

异频情况下。

（1）当服务小区 Srxlev > Snonintrasearch 时，UE 自行决定是否进行异频测量。

（2）当服务小区 Srxlev <= Snonintrasearch 或系统消息中 Snonintrasearch 为空时，UE 必须进行异频测量。

以上描述了 LTE 中信号测量准则（S 准则），然而对于重选，LTE 有基于 R 准则和基于优先级两种重选方式。

1．基于 R 准则

服务小区 Cell Rank（R 值）　　Rs = Qmeas,s + Qhyst。

候选小区 Cell Rank（R 值）　　Rt = Qmeas,t – Qoffset。

根据 R 值计算结果，对于重选优先级等于当前服务载频的邻小区，若邻小区 Rn 大于服务小区 Rs，并持续 Treselection，同时 UE 已在当前服务小区驻留超过 1s 以上，则触发向邻小区的重选流程。

2．基于优先级的小区重选

基于优先级的小区重选主要应于异频小区之间。

当同时满足以下条件，UE 重选至高优先级的异频小区。

（1）UE 在当前小区驻留超过 1s。

（2）高优先级邻区的 Snonservingcell > Threshx,high。

（3）在一段时间（Treselection-EUTRA）内，Snonservingcell 一直好于该阈值 （Threshx, high）。

当同时满足以下条件，UE 重选至低优先级的异频小区。

（1）UE 驻留在当前小区超过 1s。

（2）高优先级和同优先级频率层上没有其他合适的小区。

（3）Sservingcell < Threshserving,low。

（4）低优先级邻区的 Snonservingcell,x 　> Threshx,low。

（5）在一段时间（Treselection-EUTRA）内，Snonservingcell,x 一直好于该阈值（Threshx, low）。

【知识链接 6】 TAU 过程

一个 TA 是系统信息中由共同跟踪区码（TAC）标识的一组 E-UTRA 小区。当 UE 注册至一个网络时，核心网存储着注册处的跟踪区相关信息。该信息可被利用，例如用于 UE 寻呼的辅助。

TA 更新进程被 UE 用来更新它在网络中实际跟踪的注册。核心网向 UE 发一张注册有效的 TA 列表。UE 要么在一定的时间（周期性注册）后进行新的注册，要么在进入一注册已不再有效的新 TA 后进行新的注册。运营商可给每个小区配置相关的 TAC。在以下情况下会产生 TAU。

（1）当前 TA 不在 UE 的 TAI list 里。

（2）周期性 TAU 表明 UE Alive；网络配置，IDLE 或连接状态均强制执行。

（3）从服务区外返回服务区时，且周期性 TAU 到期，立刻执行。

（4）MME 负载均衡时，可要求 UE 发起 TAU。

（5）ECM-IDLE 状态下 UE 的 GERAN 和 UTRAN Radio 能力发生变化。

（6）从 UTRAN PMM Connected 或 GPRS READY 状态通过小区重选进入 E-UTRAN 时。

根据 S-GW 是否改变存在两种类型的 TAU 过程，如图 2-52 所示。

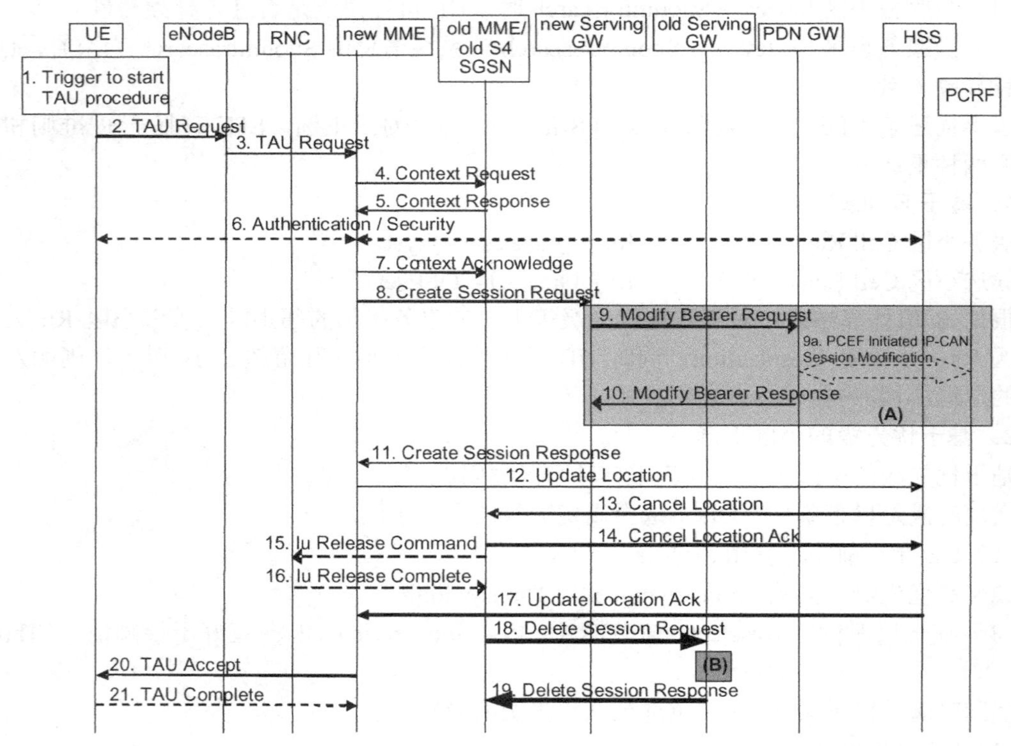

图 2-52　S-GW 改变的 TAU 流程

（1）UE 根据网络变化或者状态的变化触发 TAU 进程。

（2）手机会初始化 TAU 过程。首先向 eNodeB 发送 TAU Request，包含 UE 核心网能力、MS 网络能力、原 GUTI、原 GUTI 类型、最新注册的 TAI、激活标志、EPS 承载状态、P-TMSI、额外的 GUTI、加密信息和 NAS 消息等。

（3）eNodeB 从 RRC 参数 老的 GUMMEI 和 已选择网络 ID 中获得 MME 地址。如果 MME 与 eNodeB 并没有关联或者 GUMMEI 是无效的，再或者 TAU 过程是由负载平衡触发的，eNodeB 会通过“MME Selection Function”功能选择一个 MME。eNodeB 向前转发 TAU Request（TAI+ECGI） 到新的 MME。

（4）新的 MME 通过从手机得到的 GUTI 来获得老的 MME/S4 SGSN 的地址，并且发送 Context Request（参数间原文中彩色部分）到 old MME/old S4 SGSN 来取得用户信息。老的 S4 SGSN 会对 Context Request 进行验证。

（5）Context Request 可能会被发送到老的 MME 或老的 S4 SGSN，它们都会返回 Context Response 给新的 MME，但消息中包含的参数会有所区别。

（6）TAU Request 完整性检查失败，系统则会启动身份验证过程。

（7）当老的 Serving GW 不能继续为手机服务时，新的 MME 会决定重新选择 Serving GW。也有一些情况 MME 会决定使用新的 SGW,例如新的 SGW 可以为手机提供更长时间的服务，或者提供更多的到 PGW 的路径。新 MME 会发送 Context Acknowledge （Serving GW change indication） 到老的 MME/老的 S4 SGSN。

（8）MME 为手机构造了 MM context。MME 会验证 EPS 承载的状态，如果不存在 bearer context,MME 会拒绝 TAU Request。如果 MME 选择了一个新的 SGW,它会发送 Create Session Request。

（9）当信息被修改时，SGW 会通知 PDN GW， 例如 RAT type 被修改了，可以通过每个 PDN 连接发送 Modify Bearer Request 到 PDN GW 来进行通知。

（9a）如果部署了动态 PCC，并且 RAT type 信息需要由 PDN GW 传达到 PCRF，就需要 PDN GW 通过 IP CAN Session Modification 过程发送 RAT type 信息到 PCRF。

（10）PDN GW 更新了承载上下文并且返回 Modify Bearer Response。

（11）Serving GW 更新了它的承载上下文。这样 Serving GW 就可以把从 eNodeB 收到的 PDU 路由发送到 PDN GW。Serving GW 返回 Create Session Response 给新的 MME。

（12）新的 MME 验证是否持有验证过的订阅数据（可以通过 GUTI，additional GUTI，IMSI）。如果新的 MME 对于当前手机不存在订阅数据，MME 将会发送 Update Location Request 到 HSS。Update Type 标示了是否只有 MME 注册应该被更新到 HSS。Update Type 标示了是否需要取消其他 RAT 的信息。

（13）HSS 发送消息取消位置更新给原 MME（IMSI, 取消类型） 用于取消更新过程。

（14）在第 4 步时系统启动了一个计时器，如果这个计时器没有被启动，则 MME 删除 MM context，如果计时器超时 contexts 被删除。另外还需要确保 UE 启动另一次 TAU 过程前老的 MME 保持 MM context。老的 MME 返回 Cancel Location Ack。

（15）当老的 S4 SGSN 接收到确认消息和 UE 建立了 Iu 连接，在第 4 步启动的定时器超时后老的 S4 SGSN 发送 Iu 释放消息给 RNC。

（16）RNC 通过 Iu 释放完成消息来影响。

（17）HSS 通过向新的 MME 返回 Update Location Ack 确认 Update Location Request。如果 HSS 拒绝了 Update Location，新的 MME 将拒绝 TAU。新的 MME 验证手机在新的 TA 中是否存在。如果由于订阅限制或接入限制，手机不允许被接入 TA，MME 将会拒绝 Tracking Area Update Request。

（18）如果第 4 步启动的计时器超时，老的 MME/S4 SGSN 会释放所有的本地 MME 或

SGSN 承载的资源，并且如果它收到的 Context Acknowledge 中有 Serving GW 变更标志，老的 MME/S4 SGSN 会通过向老的 Serving GW 发送 Delete Session Request 删除 EPS 承载的资源。

（19）S-GW 通过 Delete Session Response （Cause） messages 进行确认，S-GW 取消给 UE 准备的缓冲数据。

（20）MME 会发送 TAU Accept 到 UE。如果设置了 active flag，MME 会向 eNodeB 提供 Handover Restriction 列表。如果 MME 分配了新的 GUTI，这个 ID 将会被包含在消息中。如果在 TAU Request 消息中"active flag"被设置了，TAU Accept 消息就可以直接启动 user plane 建立的过程。

（21）如果 GUTI 被包含在 TAU Accept 中，UE 会通过向 MME 发送 TAU Complete 来进行确认。

TAU 过程并不是每次都能被接受，受到区域部署、漫游限制或者接入限制，TAU 会被拒绝；在用户收到 HSS 数据时，新的 MME 会构建 MM 上下行并为优化 MME 和 HSS 信令面存储用户数据，这种情况下也会产生 TAU 拒绝，S1 连接会释放。

S-GW 不做改变情况下的 TAU 流程与 S-GW 改变情况的 TAU 流程类似，只是它不需要进行 S-GW 变更，其详细流程如图 2-53 所示。

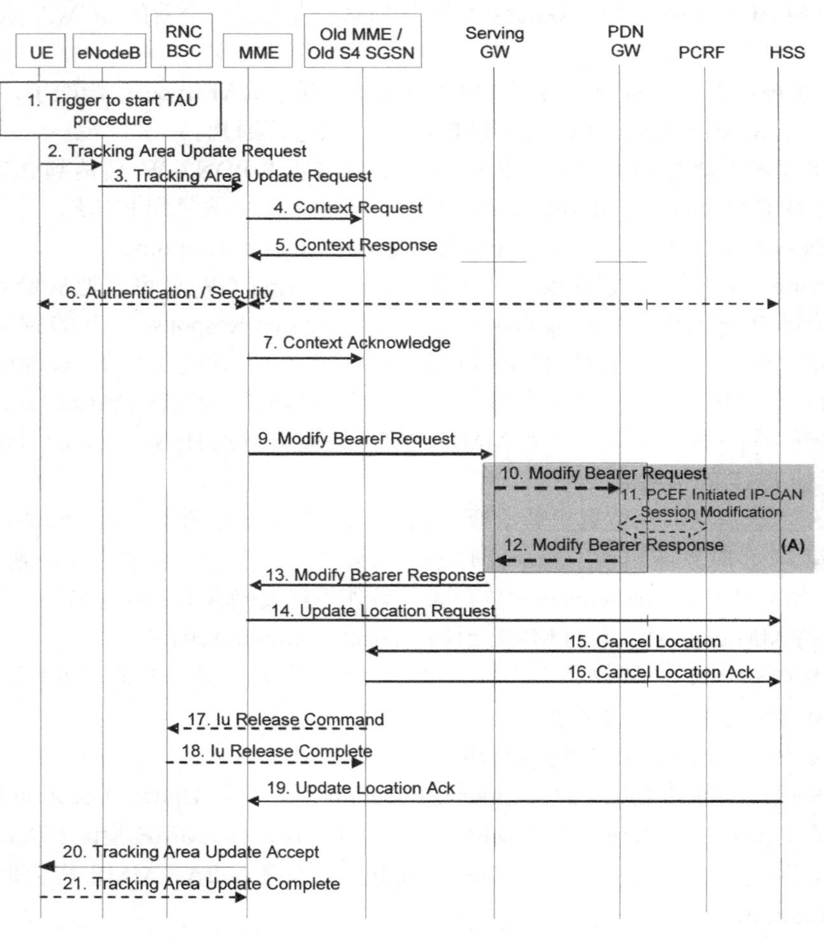

图 2-53　S-GW 不改变的 TAU 流程

【知识链接 7】 Attach 与 Detach

一、Attach 过程

LTE UE 通过 Attach 接入 EPC，完成数据业务的接入过程，享受 EPS 提供的服务。UE 在单一 PS 模式、CS/PS 或者紧急承载三种情况下需要进行 Attach 过程。UE Attach 过程如图 2-54 所示。

（1）在已经建立 NAS 信令连接基础上，UE 通过向 MME 发送 Attach Request 消息来发起 Attach 过程；该消息中包含 IMSI 或 GUTI、Last Visited TAI、UE Network Capbility、PDN IP Option、Connect Type 等。

（2）步骤 3 中，如果 UE 最新连接的（新）MME 与最后一次离开网络时连接的（旧）MME 相比已经发生改变，新 MME 就会向旧 MME 发送一个 ID 请求来申请当前 UE 的 IMSI，用于为当前 UE 重新分配 GUTI。

（3）步骤 4 中，如果新 MME 和旧 MME 都不能识别当前的 UE，那么新 MME 会给 UE 发送一个 ID 请求，随后 UE 应告诉新 MME 自己的 IMSI。

（4）步骤 5、6 过程为网络安全过程，如果当前网络中没有 UE 的安全上下文，那么 MME 会发起一个鉴权过程，UE 和 MME 相互鉴权之后会在两侧产生相关的安全下文。（漫游情况下，MME 应从 HSS 获取 UE 的签约信息等内容）。鉴权结束后，MME 可能发送移动设备标志检查请求到 EIR（Equipment Identity Register），MME 的经营可能会检查 EIR 中的移动设备标志，至少在漫游时，MME 应将移动设备标志传给 HSS。

（5）步骤 7 的过程，如果 MME 中有激活的承载上下文（比如之前连接尝试失败时已经创建了承载），那么 MME 会发送消息到各个 P-GW 来删除这些无效的承载上下文。

（6）步骤 8、9 为位置区更新请求，由于位置已经变化（MME 变化），新 MME 就发送一个位置更新请求到 HSS（指明 MME 标志、IMSI 和 ME 标志等）。

（7）步骤 10 为位置区更新取消请求，新 MME 向 HSS 发送位置更新请求后，旧的 MME 就可以删除其中保存的 UE 的位置信息以及相应的承载上下文。

（8）步骤 11 中，HSS 向新 MME 回送一个位置更新响应，来指明位置更新的状态。若 HSS 拒绝位置更新，那么 MME 就拒绝 UE 的 Attach 请求。

（9）步骤 12～17 的过程，位置更新完毕后，新 MME 就可以与 PDN-GW 之间建立默认承载，建立默认承载后 P-GW 就为 UE 创建了 PDN 地址、EPS 承载标志、协议配置选项等，并将相关消息返回给 MME，S-GW 可以缓存一些来自 P-GW 的下行数据包。

（10）MME 接受 Attach 及附着完成。MME 通过 eNB 将 APN、GUTI、PDN 地址、TAI 列表等信息反馈给 UE，并请求 UE 建立无线承载；UE 完成无线承载建立后向 MME 返回一个完成消息指明 Attach 完成。

二、Detach 过程

UE 去附着是完成 UE 与 EPS 的分离，UE 完成数据业务、UE 与 PDN 连接丢失或者网络认为 UE 需要重新使用 Attach 情况下 UE 会进行 Detach 过程，Detach 信令过程如图 2-55 所示。

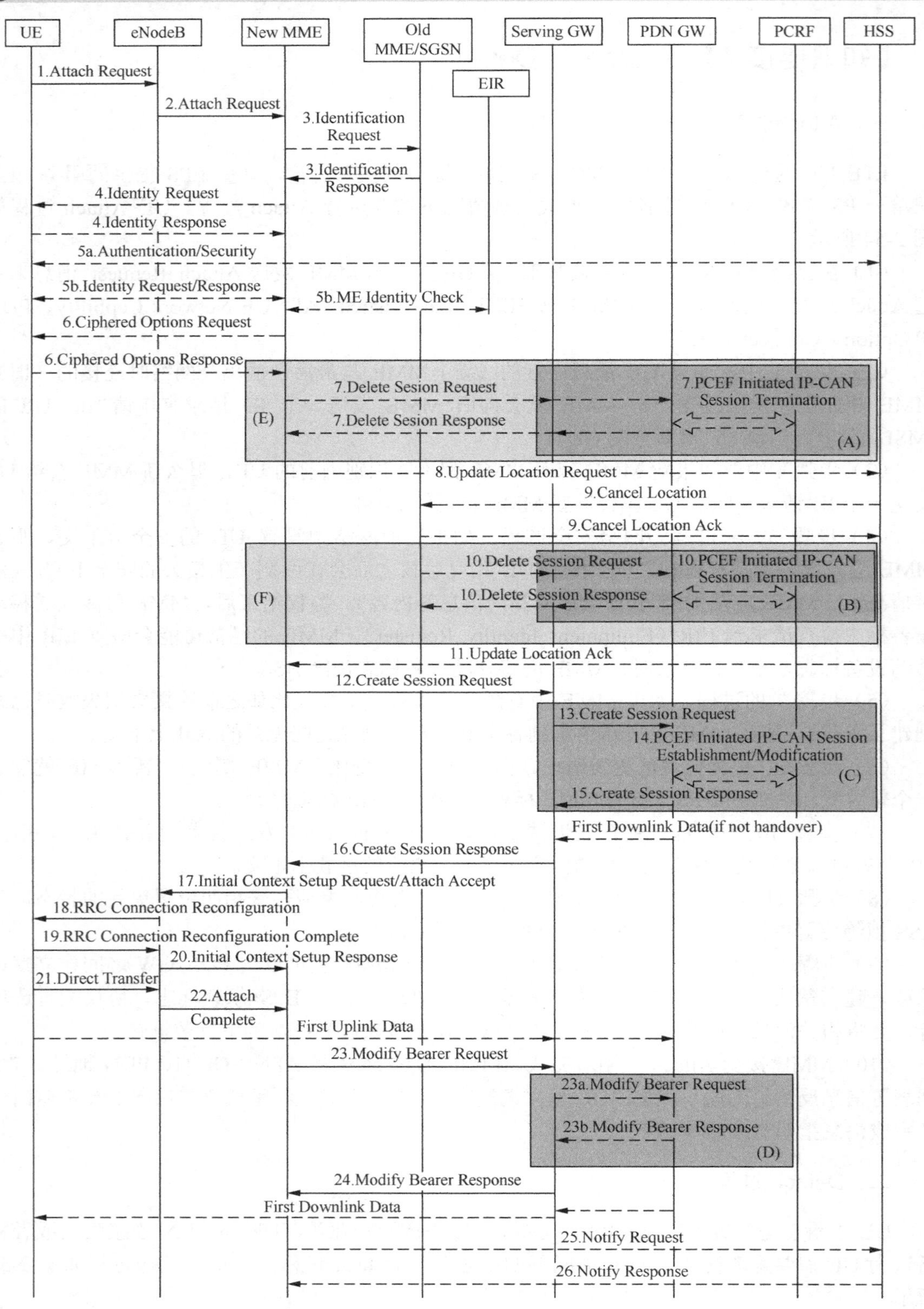

图 2-54　Attach 信令过程

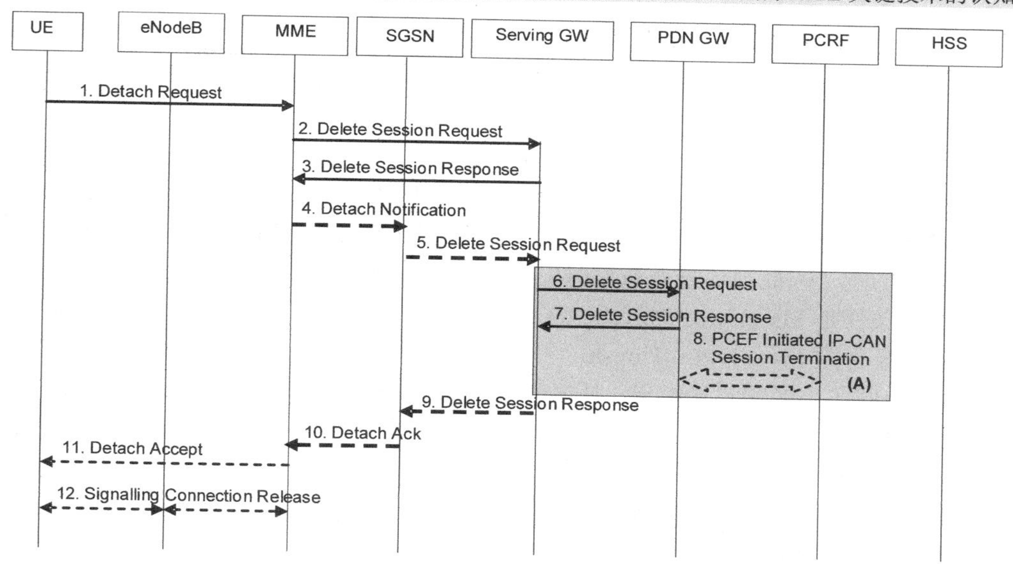

图 2-55　Detach 信令过程

（1）步骤 1 过程中，处在 RRC_CONNECTED 态的 UE 进行 Detach 过程，向 eNB 发送 UL NAS Transfer 消息，包含 NAS 层 Detach Request 信息；eNB 向 MME 发送上行直传 Uplink NAS Transport 消息，包含 NAS 层 Detach Request 信息；

（2）步骤 2～9 过程，MME 向 Serving-GW 发送 Delete Session Request，以删除 EPS 承载；Serving-GW 向 MME 发送 Delete Session Response，以确认 EPS 承载删除。

（3）步骤 10～11 过程中，MME 向基站发送下行直传 Downlink NAS Transport 消息，包含 NAS 层 Detach Accept 消息；eNB 向 UE 发送 DL InformationTransfer 消息，包含 NAS 层 Detach Accept 消息；

（4）步骤 12 中为信令释放过程，主要有 MME 与 eNB 之间的 UE Context Release 和 UE 与 eNB 之间的 RRC Connection Release。

【知识链接 8】 切换流程

连接状态下的 UE 通过切换实现业务的连续性。然而对于目前复杂的网络结构来说，切换是一个非常复杂的过程。LTE 系统的切换包括系统内同频/异频切换、LTE 系统内异模式切换和异系统的切换；对于 LTE 同频切换也有 eNB 内切换、基于 X2 的切换和基于 S1 切换。切换触发的原因也多种多样，常见的切换触发类型有基于覆盖、基于邻区优先级和基于业务的触发。

对于移动通信切换来说，可分为三个阶段即测量阶段、决策阶段和执行阶段。在 LTE 系统中的测量阶段，UE 根据 eNB 下发的测量配置消息进行相关测量，并将测量结果上报给 eNB。决策阶段，eNB 根据报告及 RRM 信息决定 UE 是否需要切换。当需要切换时，源 eNB 向目标 eNB 发送切换请求；目标 eNB 根据收到的 QoS 信息执行接纳控制，并返回至 ACK。执行阶段，源 eNB 向 UE 发送切换指令，UE 接到后进行切换并同步到目标 eNB；网络对同步进行响应，当 UE 成功接入目标 eNB 后，向目标 eNB 发送切换确认消息。如果是 eNB 之间的切换，MME 向 S-GW 发送用户面更新请求，用户面切换下行路径到目标侧；目

标 eNB 通知源 eNB 释放原先占用的资源。

与 UTRAN 一致，在 LTE 中也是基于事件进行切换，即根据不同的信号质量条件激活不同的切换事件，根据相应的事件执行切换。

1．同系统测量

（1）A1 事件：表示服务小区信号质量高于一定门限；用于关闭正在进行的频间测量，原因是异频测量或异系统测量会在无线帧上产生间隙，类似于 WCDMA 的压缩模式，会对链路质量产生影响，因此当信号质量好时，会关闭这种测量。

事件进入条件是 Ms - Hys > Thresh。

事件离开条件是 Ms + Hys < Thresh。

Ms 为当前服务小区的测量结果，Hys 为磁滞值，Thresh 为此事件的门限参数。

（2）A2 事件：表示服务小区信号质量低于一定门限；它与 A1 事件相反，当信号质量较差时，需要启动频间测量，寻找更好的信号。

事件进入条件是 Ms + Hys < Thresh。

事件离开条件是 Ms - Hys > Thresh。

（3）A3 事件：表示邻区质量高于服务小区质量，用于同频、异频的基于覆盖的切换。

事件进入条件是 Mn + Ofn + Ocn - Hys > Ms + Ofs + Ocs + Off。

事件离开条件是 Mn + Ofn + Ocn + Hys < Ms + Ofs + Ocs + Off。

Mn 为邻小区的测量结果，不考虑计算任何偏置。

Ofn 为该邻区频率特定的偏置（即 offsetFreq，在 measObjectEUTRA 中被定义为对应于邻区的频率）。

Ocn 为该邻区的小区特定偏置（即 cellIndividualOffset，在 measObjectEUTRA 中被定义为对应于邻区的频率），同时如果没有为邻区配置，则设置为零。

Ms 为没有计算任何偏置下的服务小区的测量结果。

Ofs 为服务频率上频率特定的偏置（即 offsetFreq，在 measObjectEUTRA 中被定义为对应于服务频率）。

Ocs 为服务小区的小区特定偏置（即 cellIndividualOffset，在 measObjectEUTRA 中被定义为对应于服务频率），并设置为 0，如果没有为服务小区配置的话；

Hys 为该事件的滞后参数（即 hysteres，为 reportConfigEUTRA 内为该事件定义的参数）。

Off 为该事件的偏移参数（即 a3-Offset，为 reportConfigEUTRA 内为该事件定义的参数）。

Ofn, Ocn, Ofs, Ocs, Hys, Off 单位为 dB。

（4）A4 事件：表示邻区质量高于一定门限，用于基于负荷的切换，可用于负载均衡。

事件进入条件是 Mn + Ofn + Ocn - Hys > Thresh。

事件离开条件是 Mn + Ofn + Ocn + Hys < Thresh。

（5）A5 事件：表示服务小区质量低于一定门限并且邻区质量高于一定门限，可用于负载均衡。

事件进入条件是 Ms + Hys < Thresh1 & Mn + Ofn + Ocn - Hys >Threah2。

事件离开条件是 Ms - Hys > Thresh1 or Mn + Ofn + Ocn + Hys < Thresh2。

2．异系统测量

（1）B1 事件：邻小区质量高于一定门限，用于测量高优先级的异系统小区。

事件进入条件是 Mn + Ofn - Hys > Thresh。

事件离开条件是 Mn + Ofn + Hys < Thresh。

（2）B2 事件：服务小区质量低于一定门限，并且邻小区质量高于一定门限，用于相同或较低优先级的异系统小区的测量。

事件进入条件是 Mn + Hys < Thresh1 & Mn + Ofn - Hys >Thresh2。

事件离开条件是 Mn - Hys > Thresh1 or Mn + Ofn + Hys <Thresh2。

（一）系统内切换

系统内切换过程分为 eNB 内切换、基于 X2 切换和基于 S1 的切换。

（1）eNB 内切换流程如图 2-56 所示。

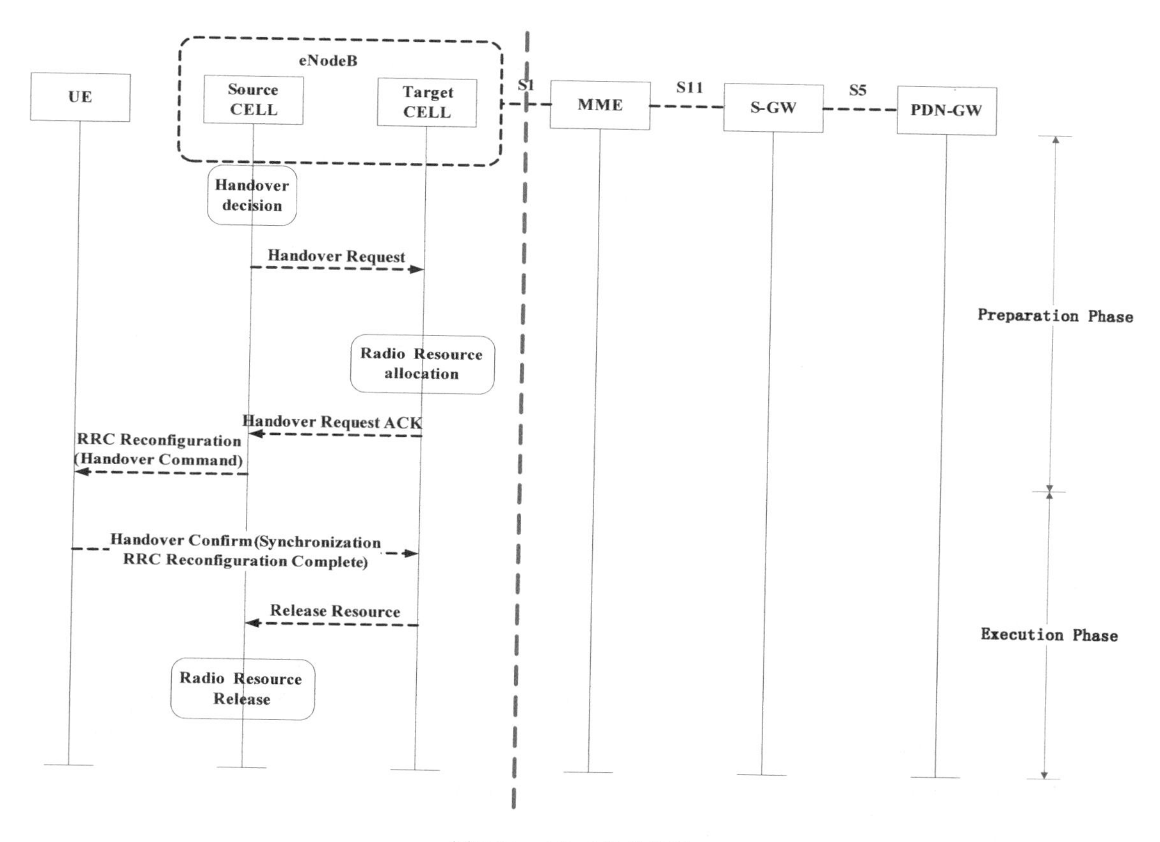

图 2-56　eNB 内切换流程

终端在一个 eNB 内的多个不同小区之间进行切换，它的切换准备消息不再通过 S1 或者 X2 接口传输，而是在 eNB 内的板卡间进行交互。当终端上报测量报告后，基站判决需要做 eNB 内切换时，就直接通过板卡间消息交互向目标小区申请做切换。如果目标小区准备完毕，会通知源小区相关的资源信息等。于是源小区在 Uu 口向 UE 发送重配置消息指示终端执行切换。切换完成后，也不用通知核心网，在此切换过程中，不涉及 S1/X2 链路。

（2）eNB 间 X2 切换信令流程如图 2-57 所示。

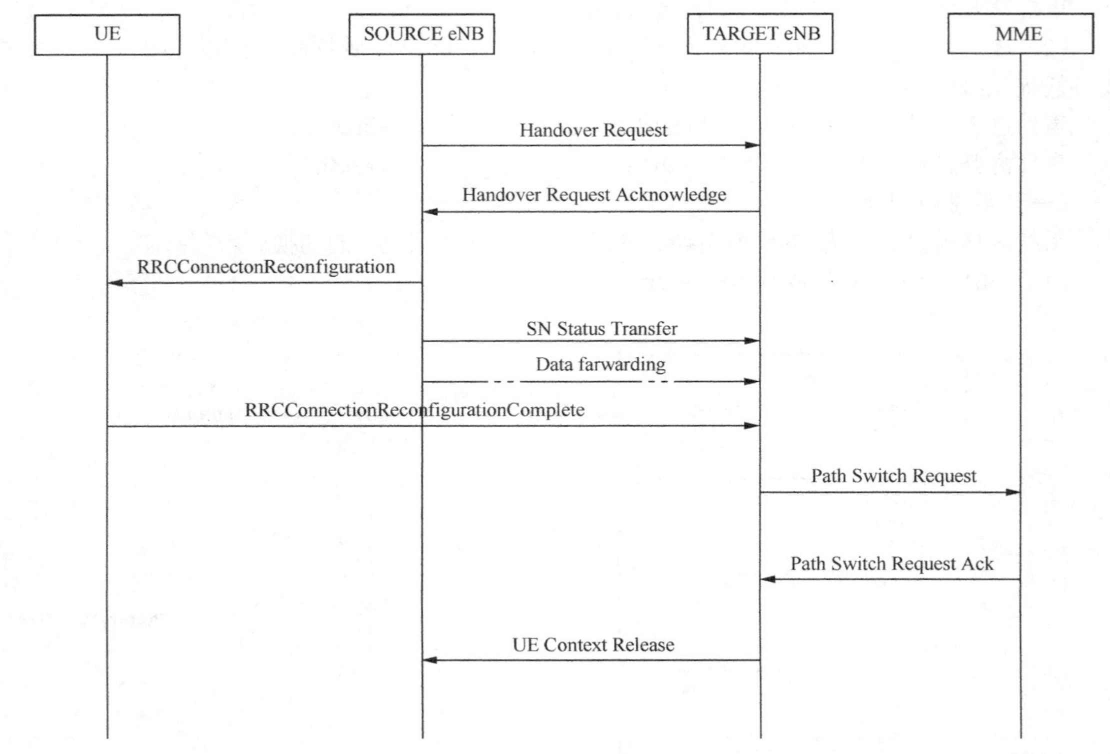

图 2-57　基于 X2 的切换流程

UE 进入切换区满足 A3 事件后，向服务小区上报测量报告。源小区下发切换命令，挂起 PDCP，此时源小区停止向 UE 下发数据，下行数据传输中断，同时向目标小区转发数据。UE 收到切换命令后，指示 RLC 重建，同时指示 MAC 随机接入至目标小区。UE 的 MAC 等待物理层回复同步指示后，发送前导（msg1）。目标小区回应 RAR（msg2）。UE 的 MAC 向 L3 返回随机接入完成（RA_CFN）,同时指示目标侧发送切换完成（msg3）及 UE 状态报告。目标侧收到 meg3 和 UE 状态报告后，向 UE 发送下行数据，下行数据传输恢复（PDCP 恢复是根据 SN_STATUS_TRANSFER 中的 HFN 和 SN 来恢复数据传输的)。

（3）eNB 间 S1 切换信令流程如图 2-58 所示。如果源 eNB 与目标 eNB 间无 X2 接口或 X2 接口阻塞或发生故障时进行 S1 切换；如果 UE 跨 MME 切换时，通过 S1 接口向目标小区切换。

切换过程是可以根据网络参数来控制的，以适应不同的无线场景；一般情况下 UE 会检测合适的邻小区信号质量，无需服务 RBS 发送的邻区列表的辅助。UE 基于物理小区标志（PCI）搜索并检测合适的切换候选小区。随后使用配置得偏置、迟滞和触发事件的值来进行 A3 事件评估。一个典型的切换测量配置模式如图 2-59 所示。

当服务小区的 RSRP 低于某一参数（sMeasure）设定的值时，开始对服务小区和邻区的测量。UE 通过频内搜索检测邻区。UE 使用 RSRP 或 RSRQ 测量来决定事件 A3 的条件是否满足，至于使用何种参考方式可以用参数来设定，对于同频网络一般设置为 RSRQ，对于异频网络设置为 RSRP。然后对于信号的抖动，可以通过偏置值、磁滞值和事件报告间隔来规避，决定是否触发 A3 事件。

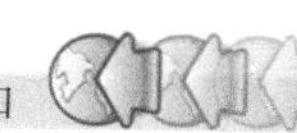

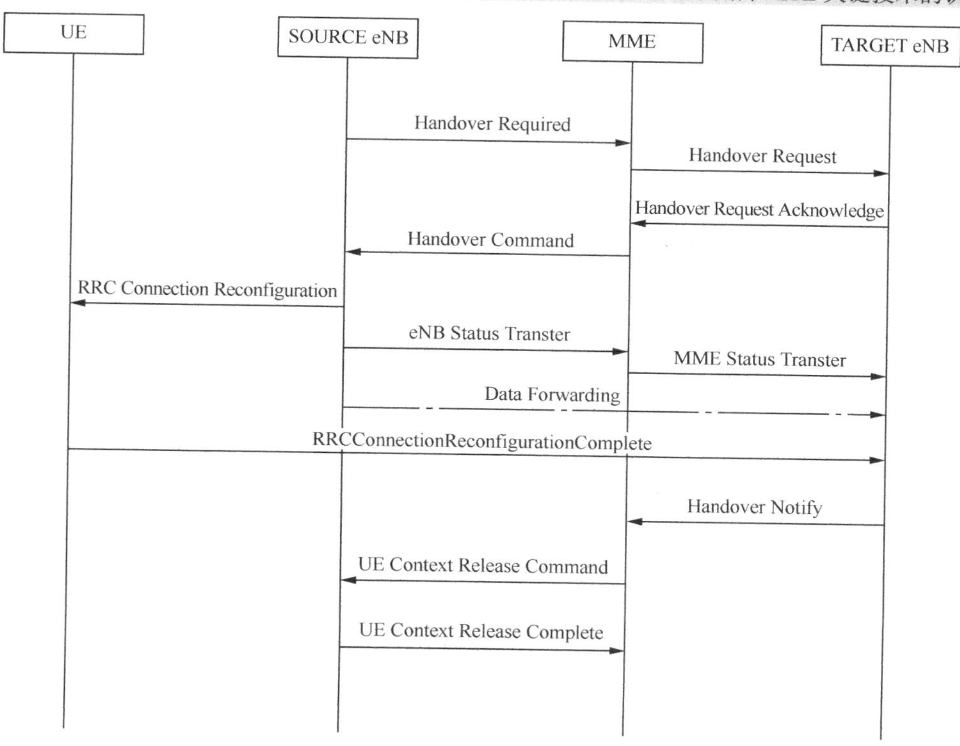

图 2-58 基于 S1 的切换流程

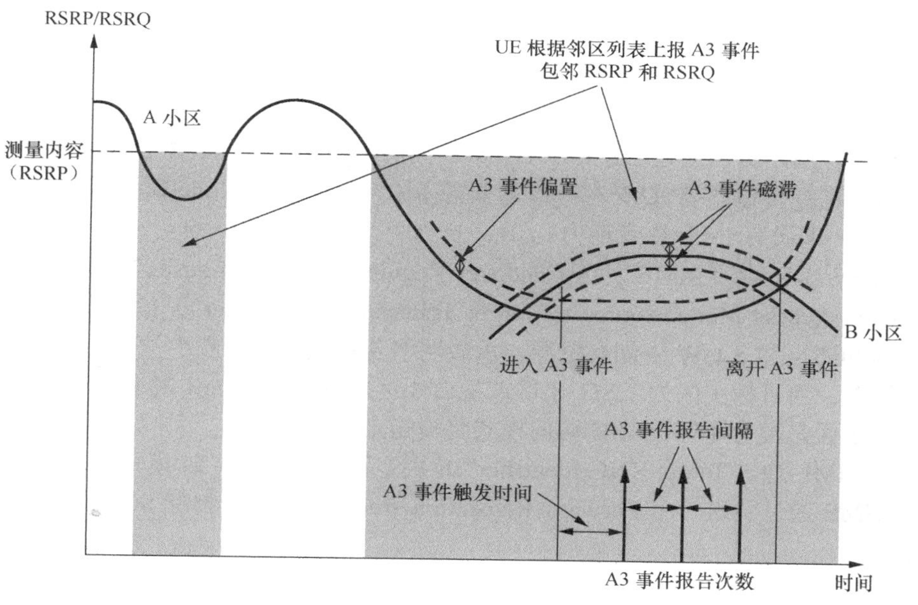

图 2-59 A3 事件说明

（二）异系统切换

在 LTE 的异系统切换中包括 LTE 到 3G、LTE 到 2G、3G 到 LTE、2G 到 LTE 四种情景；LTE 异系统切换有三个前提条件内容如下。

（1）UE 在 ECM-CONNECTED 状态（E-UTRAN 模式）下。

（2）网络侧，LTE 系统和 3G 系统均支持 LTE 到 3G 的 PS 切换。

（3）UE 侧，UE 需要支持异系统的 PS 切换，在 FGI（Feature Group Indicator）中相应 bit 值须设为 1。如 LTE 向 UTRAN 切换，UE 的 FGI bit 位 8 和 bit 位 22 数值必须为 1；LTE 向 GERAN 切换，UE 的 FGI bit 位 9 和 bit 位 23 数值必须为 1。

1．E-UTRAN to UTRAN 的切换

准备阶段如图 2-60 所示。

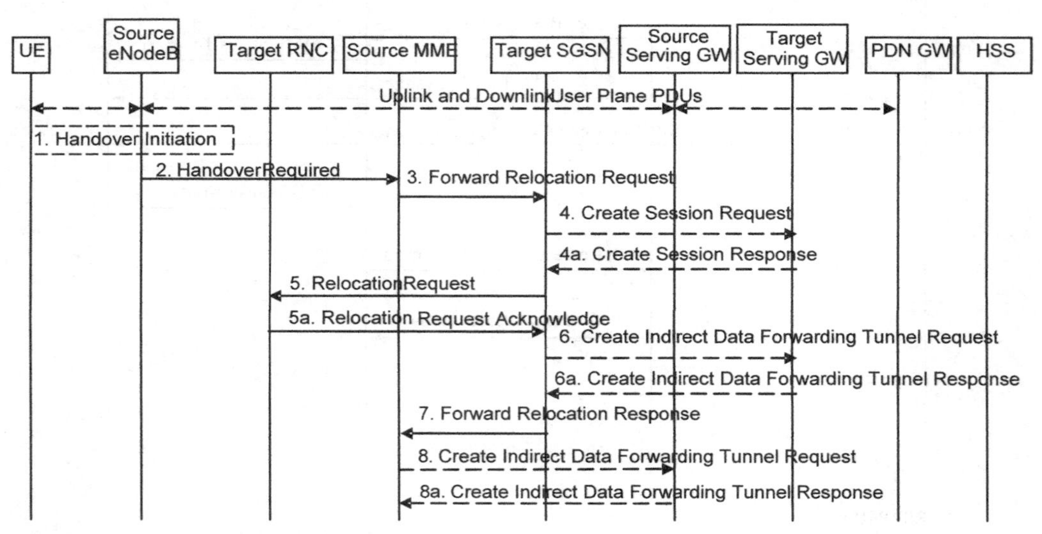

图 2-60　E-UTRAN to UTRAN Iu 模式通过 RAT HO,准备阶段

（1）源 eNodeB 决定发起一个到目标接入网（UTRAN Iu mode）的 Inter-RAT 切换。此时，上行和下行用户数据通过 UE 和源 eNodeB 间的承载，源 eNodeB S-GW 和 PDN GW 间的 GTP 通道进行传输。若 UE 有持续的紧急承载业务，源 eNodeB 将不发起 PS 切换到 UTRAN 小区，即没有 IMS 语音能力。

（2）源 eNodeB 给源 MME 发送 Handover Required（(S1AP Cause, Target RNC Identifier, CSG ID, CSG Access Mode, Source to Target Transparent Container)）信息来请求 CN 在目标 RNC、目标 SGSN 和 S-GW 中创立资源。承载网络若在之后的步骤中被目标 SGSN 认定，则进行数据转发。当目标小区为 CSG 小区或混合小区时，源 eNodeB 将包含目标小区的 CSG ID。若目标小区是混合小区，CSG 访问模式将被指定。

（3）源 MME 通过'Target RNC Identifier' IE 决定针对 UTRAN Iu 模式切换的类型是 IRAT 切换。源 MME 通过发送一个 Forward Relocation Request 信息给目标 SGSN 来发起切换资源分配程序。

（4）目标 SGSN 决定是否 S-GW 被重定位。若 S-GW 被重定位，目标 SGSN 根据相应规则对 S-GW 功能函数的描述选择目标 S-GW，通过 PDN 连接发送一个 Create Session Request 信息给目标 S-GW。S5/S8 协议类型提供给 S-GW，该协议必须使用 S5/S8 接口。

目标 SGSN 在显示序列（Indicated Order）中建立 EPS 承载。依据步骤 7 的执行阶段，EPS 承载不能够建立，因为 SGSN 使其无效。

（4a）目标S-GW分配本地资源并反馈Create Session Response信息给目标SGSN。

（5）目标SGSN通过发送Relocation Request信息，请求目标RNC去建立广播网络资源（RAB）。对于每个RAB请求的建立，RABs To Be Setup应该包含如RAB ID、RAB参数、传输层地址和Iu传输协会等。RAB ID信息元素包含NSAPI值，RAB参数信息元素给出了QoS简况。传输层地址是用户平面的S-GW地址（若使用直达通道）或用户面的SGSN地址（不使用直达通道），Iu传输协会分别对应S-GW或SGSN中的上行通道断点标志符数据。

（5a）目标RNC分配资源，在Relocation Request Acknowledge信息中返回应用参数。要发送Relocation Request Acknowledge信息，在接收的RABs直达通道不能使用的前提下，目标RNC必须准备从S-GW或目标SGSN来接收下行GTP PDUs。

（6）若目标SGSN使用间接转发、S-GW应用的重定位和直接通道发送Create Indirect Data Forwarding Tunnel Request信息给S-GW。间接转发可能通过S-GW执行，该S-GW不同于作为UE定位点使用的S-GW。

（6a）S-GW返回一个Create Indirect Data Forwarding Tunnel Response信息给目标SGSN。

（7）目标SGSN发送Forward Relocation Response信息给源MME。S-GW变化标志来指示一个新的S-GW已被选中，目标到源的Transparent Container包含从目标RNC接收到的目标RNC到源RNC的Transparent Container。

（8）若间接路由应用，源MME发送Create Indirect Data Forwarding Tunnel Request信息给S-GW，用于间接路由。间接路由通过一个S-GW执行，该S-GW与用于UE定位点的不同。

（8a）S-GW通过发送Create Indirect Data Forwarding Tunnel Response信息来反馈转发参数。若S-GW不支持数据转发，则一个适当的原因值应该被反馈而Serving GW Address（es）and TEID（s）不在该信息内。执行阶段如图2-61所示。

源eNodeB持续接收上下行用户平台PDUs。

（1）源MME发送Handover Command信息来完成对源eNodeB的准备阶段。IE "Bearers Subject to Data Forwarding List"可能包含在该信息中，当直接路由应用或当间接路由应用时，参数从步骤8a准备阶段接收，该信息应该是一系列准备阶段（步骤7的准备阶段）从目标侧接收的"Address（es） and TEID（s） for User Traffic Data Forwarding"。

源eNodeB开始"Bearers Subject to Data Forwarding List"中指定承载层的数据转发。该数据转发直接或者通过S-GW到达目标RNC，方式在准备阶段的源MME或目标SGSN中确定。

（2）源eNodeB命令UE通过从E-UTRAN Command来的HO信息切换到目标接入网络。该信息包含一个透明容器（Transparent Container），透明容器中包括目标RNC在准备阶段配置的无线方面参数。

依据从包含Handover Command信息的E-UTRAN Command信息中接收到的HO，基于与NSAPI的关系，UE将该其承载ID与各自的RABs联系起来，并将延缓用户平面数据的上行传输。

（3）空缺。

（4）UE移动到目标UTRAN Iu（3G）系统，并通过步骤2中交付信息提供的参数执行切换。UE只可能为这些NSAPIs恢复用户数据传输，NSAPIs有目标RNC分配的无线资源。

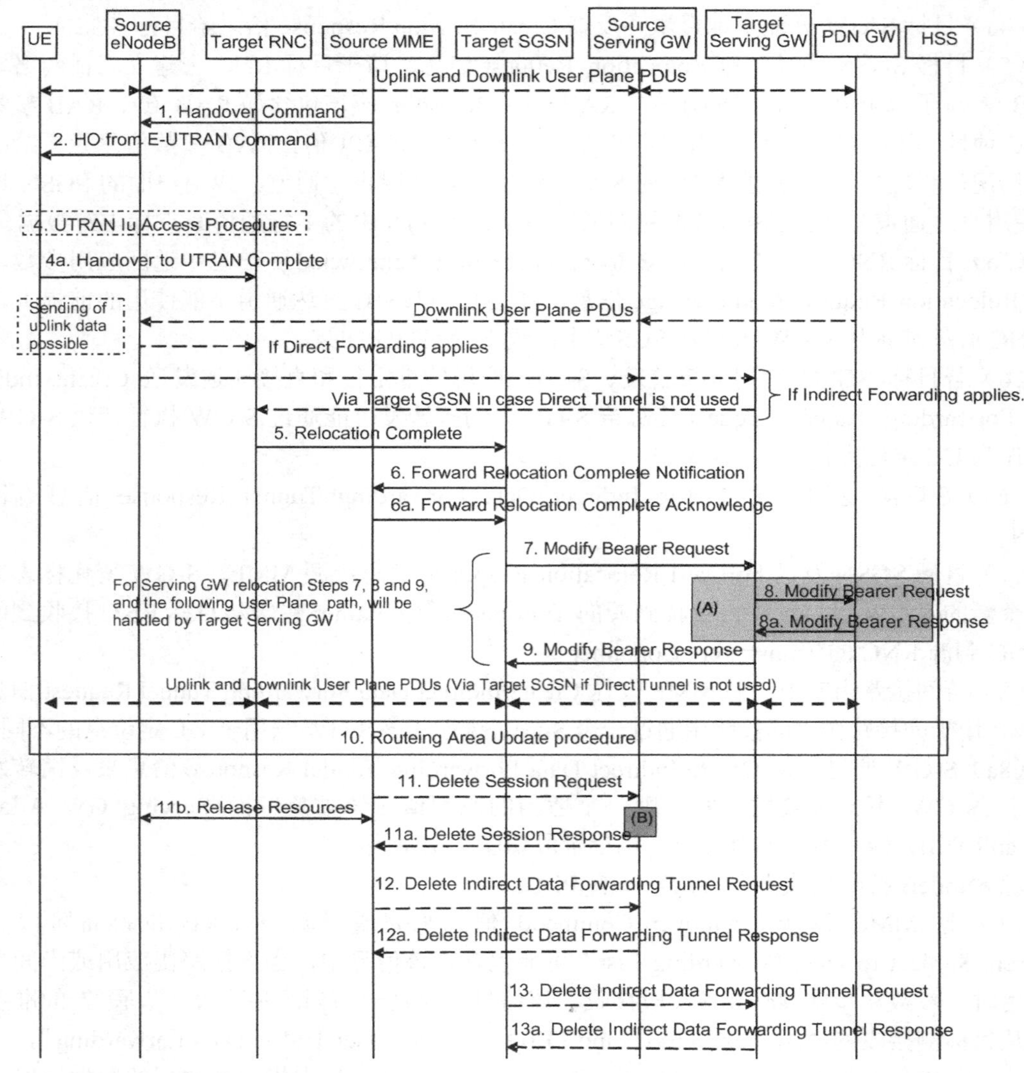

图 2-61　E-UTRAN to UTRAN Iu 模式通过 RAT HO，执行阶段

（5）当新的源 RNC-ID + S-RNTI 成功与 UE 交换时，目标 RNC 将发送 Relocation Complete 信息给目标 SGSN。Relocation Complete 程序的目的是通过目标 RNC 指示从源 E-UTRAN 到 RNC 重定位的完成。接收 Relocation Complete 信息后，目标 SGSN 应该准备从目标 RNC 接收数据。每个通过目标 SGSN 接收的上行 N-PDU 直接转发给 S-GW。

对于在本地网有着独立操作 GW 结构的 SIPTO 来说，目标 RNC 在 Relocation Complete 中应该包含目标小区的 Local Home Network ID。

（6）然后目标 SGSN 知道 UE 到达目标侧，目标 SGSN 发送 Forward Relocation Complete Notification 信息通知源 MME。若显示激活的 ISR 到达源 MME，则应该维持 UE 的 context，并只有在 S-GW 不改变的情况下激活 ISR。源 MME 将同样承认该信息。在源 MME 中的定时器开始监督，直到源 eNodeB 和源 Serving GW （for Serving GW Relocation）中的资源被释放。

当定时器到期，激活的ISR不通过目标SGSN指示源MME释放所有UE承载资源。若S-GW被指示变化且定时器到期，源MME通过发送Delete Session Request（Cause, Operation Indication）信息给源S-GW来删除EPS承载资源。操作认证标志没有设置，指示源S-GW将不开始一个PDN GW的删除程序。若ISR在该程序前被激活，对源S-GW进行cause指示，源S-GW将通过发送Delete Bearer Request信息给CN节点来删除另一老的CN节点上的承载资源。

在接收到Forward Relocation Complete Acknowledge信息后，若目标SGSN用间接路由分配S-GW资源，则目标SGSN启动一个定时器。

（7）目标SGSN将通过通知S-GW（for Serving GW Relocation，this will be the Target Serving GW）为UE确立的所有EPS Bearer Contexts负责来完成切换程序。每个PDN连接在信息Modify Bearer Request中执行。若PDN GW请求UE的位置以及用户CSG信息（Determined From the UE Context），SGSN在信息中也包含用户位置信息IE和用户CSG信息IE。若S-GW没有重定位但服务网络有变化，或者SGSN没有从旧MME中接收到任何旧服务网络信息，则SGSN在信息中包含新服务网络IE。在网络分享场景下，服务网络指示服务核心网络。若已指示，ISR激活信息指示ISR被激活，该情况只可能发生在S-GW不改变的情况下。当Modify Bearer Request不能指示ISR激活且S-GW没有变化时，S-GW通过发送Delete Bearer Request给其他核心节点来删除任意ISR资源，其中核心节点在预留的S-GW上有承载资源。

SGSN通过触发Bearer Context deactivation程序来释放非接收EPS Bearer Contexts。若S-GW为了不接受承载而接收了一个DL数据包，该S-GW停止该DL数据包，不将下行数据通知发送到SGSN。

（8）S-GW（for Serving GW Relocation，this will be the Target Serving GW）可能通知PDN GW例如S-GW重定位或RAT类型的变化，例子可通过PDN连接发送Modify Bearer Request信息进行命令。S-GW同样包含User Location Information IE或UE Time Zone IE和User CSG Information IE，若它们存在于步骤7中。若在步骤7或条款5.5.2.1.2的步骤4进行接收，服务网络应被包括在内。对于S-GW重定位，S-GW根据S5/S8分配DL TEIDs，即使对于非接受承载业务，可能包含PDN Charging Pause Support Indication。PDN GW必须承认带有Modify Bearer Response信息的请求。在S-GW重定位的情况下，PDN GW更新其Context Field并返回一个Modify Bearer Response（Charging Id, MSISDN, PDN Charging Pause Enabled Indication（if PDN GW has chosen to enable the function, etc.）信息给S-GW。若PDN GW将MSISDN存储在其UE Context里，则MSISDN也包含在内。

若使用PCC结构，PDN GW将通知PCRF一些变化，如RAT类型等。

若S-GW重定位，PDN GW将在转换路径后立即通过老的路径发送一个或多个结束标记数据包。源S-GW将向前传送结束标记数据包给源eNodeB。

（9）S-GW承认通过信息Modify Bearer Response使用户平台转换到目标SGSN。若S-GW没有改变，在变化路径后，将立即通过老的路径发送一个或多个结束标记数据包。

（10）当UE承认其当前路由区域没有向网络登记，或当UE的TIN表明“GUTI”时，UE开始一个路由区域更新程序，伴随目标SGSN的通知，UE已定位到一个新的路由区域。这是一种RAN功能，用于提供PMM-CONNECTED UE路由区域信息。

目标SGSN知道UE接收到切换信息发送的Bearer Context（s）时，对UE的一个IRAT

切换将执行，所以目标 SGSN 执行 RAU 程序的子集，尤其当它排除了源 MME 和目标 SGSN 间的 Context Transfer 程序时。

（11）当步骤 6 中定时器开启到期，或源 MME 接收 Forward Relocation Response 信息中的 S-GW 变化指示，它将通过发送 Delete Session Request （Cause, Operation Indication）信息给源 S-GW 删除 EPS 承载资源。操作指示标志没有设置，给源 S-GW 的指示使源 S-GW 将不对 PDN GW 开始一个删除程序。若 ISR 在该程序前被激活，S-GW 将通过发送 Delete Bearer Request 信息给核心节点来删除其他老的核心节点上的承载资源。

（12）若间接路由被使用，步骤 6 中源 MME 上定时器的过期会触发源 MME 发送一条 Delete Indirect Data Forwarding Tunnel Request 信息给 S-GW 来释放用于间接路由的临时资源。

（13）若间接路由被使用且 S-GW 重定位，步骤 6 中目标 SGSN 中定时器的过期会触发目标 SGSN 发送 Delete Indirect Data Forwarding Tunnel Request 信息给目标 S-GW 来释放用于间接路由的临时资源。

2. UTRAN to E-UTRAN 的切换

在 UTRAN 向 E-UTRAN 的切换流程中，首先 Serving RNC 初始化 Handover 并且通知 Serving SGSN。Serving SGSN 会通知目标 MME，准备 Handover 需要的资源。目标 MME 会初始化 S-GW 和 eNB 需要的资源。详细流程如图 2-62 所示。

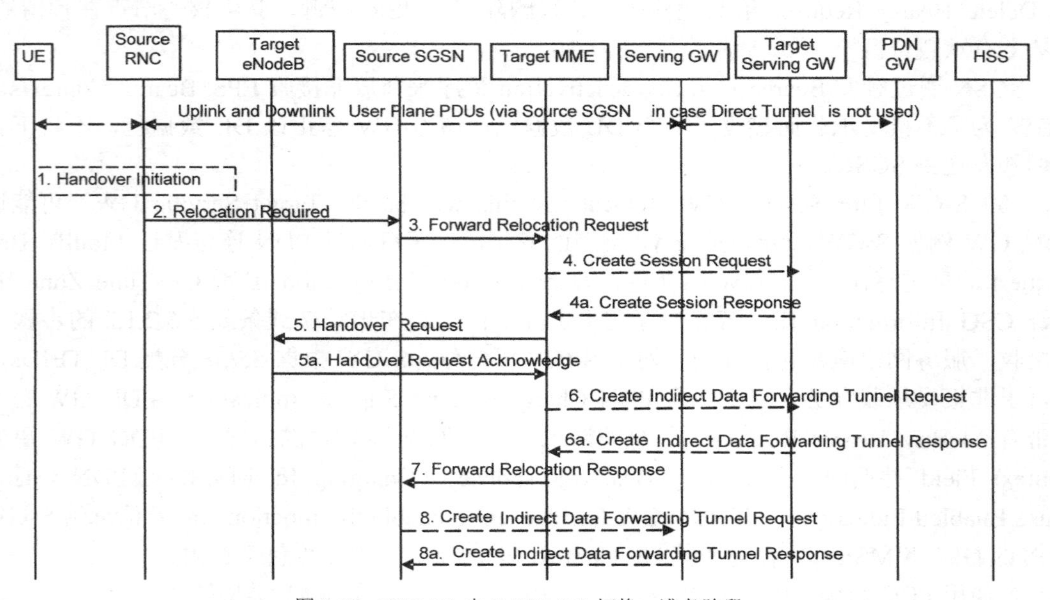

图 2-62　UTRAN 向 E-UTRAN 切换，准备阶段

在切换执行阶段，目标 MME 在 S-GW 初始化分配 Indirect Data Forwarding Path 并且通知 SGSN。Serving SGSN 命令 RNC 进行 Handover。RNC 命令 UE Handover 到 E-UTRAN。MME 会根据 eNB 的返回通知 SGSN 是否成功地进行了 Handover。MME 开始进行 Bearer Modification 过程。PS 切换完成后进行链路拆除。执行阶段详细流程如图 2-63 所示。

在异系统切换中，除了 UTRAN 与 E-UTRAN 双向切换外，E-UTRAN 与 GERAN 也可双向切换，在 3GPP 23.401 中有详细的描述，其过程类似 UTRAN 与 E-UTRAN 之间的切换。

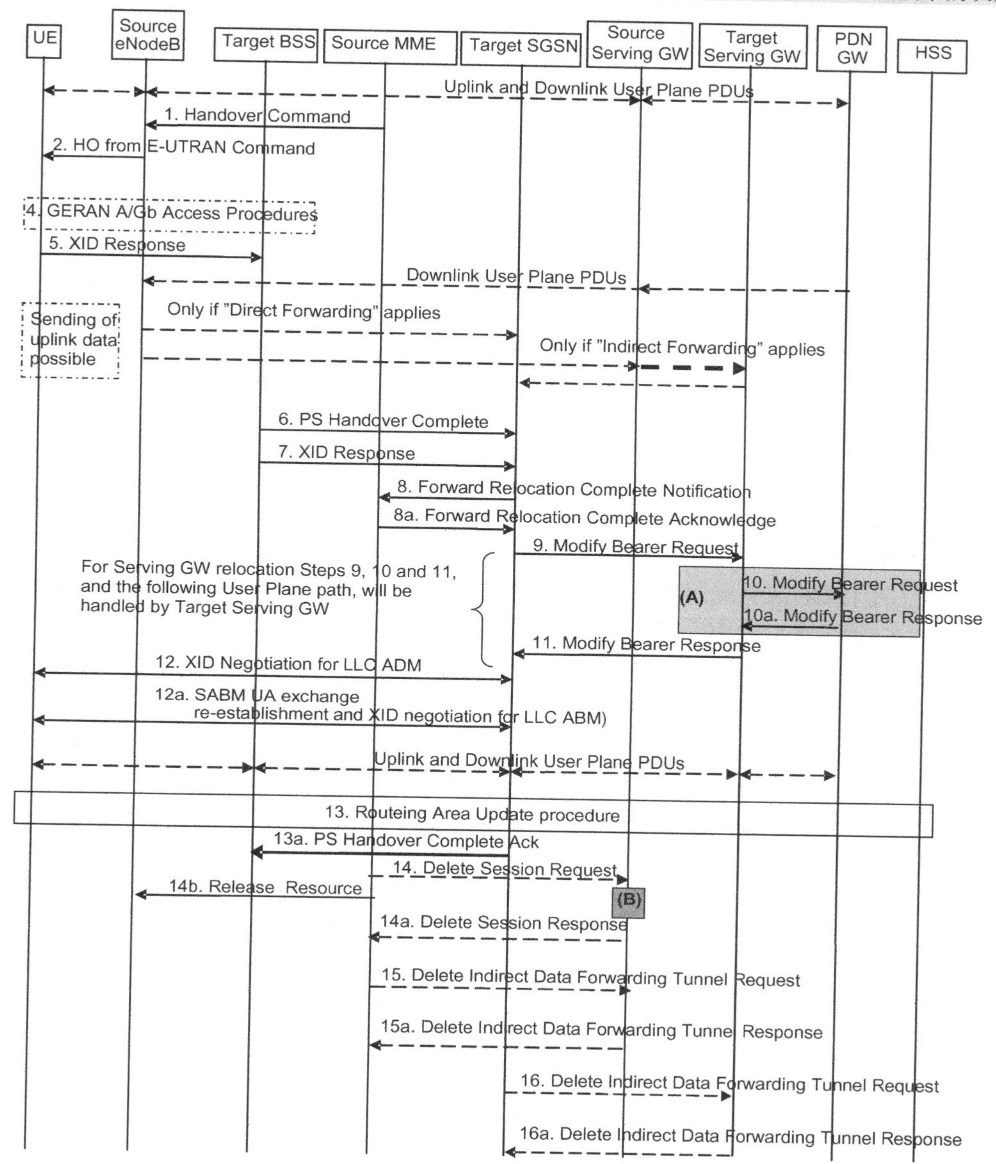

图 2-63　UTRAN 向 E-UTRAN 切换,执行阶段

【知识链接 9】 寻呼

寻呼是空闲状态 UE 与网络建立会话的过程，此时网络不知 UE 所在的小区，网络仅知道 UE 所在的 TA；因此网络需要向整个 TA 内的小区广播寻呼消息，UE 收到寻呼消息后通过寻呼响应来建立网络的连接。寻呼同时用网络向 UE 通知网络信息的改变。因此寻呼可以是空闲状态，也可以是连接状态。寻呼可以是核心网发起，也可以是 eNB 发起，如图 2-64 所示。

核心网触发：通知 UE 接收寻呼请求（被叫，数据推送）。

eNodeB 触发：通知系统消息更新以及通知 UE 接收 ETWS 等信息。

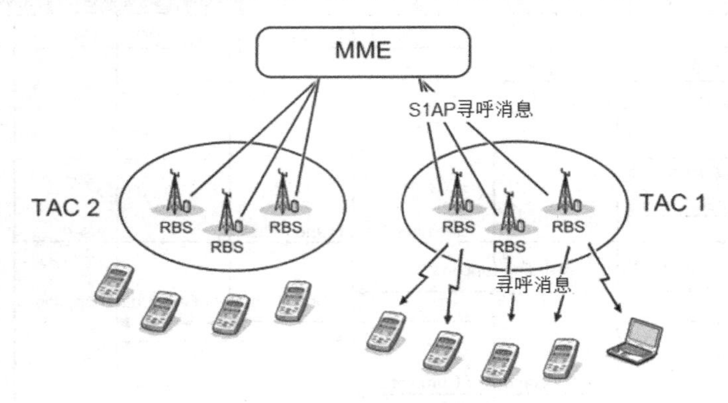

图 2-64 LTE 寻呼示意图

在 S1AP 接口消息中，MME 对 eNB 发 Paging 消息，每个 Paging 消息携带一个被寻呼 UE 信息；eNB 读取 Paging 消息中的 TA 列表，并在其属于该列表内的小区进行空口寻呼。若之前 UE 已将 DRX 消息通过 NAS 告诉 MME，则 MME 会将该信息通过 Paging 消息告诉 eNB，如图 2-65 所示。

空口进行寻呼消息的传输时，eNB 将具有相同寻呼时机的 UE 寻呼内容汇总在一条寻呼消息里。寻呼消息被映射到 PCCH 逻辑信道中，并根据 UE 的 DRX 周期在 PDSCH 上发送。

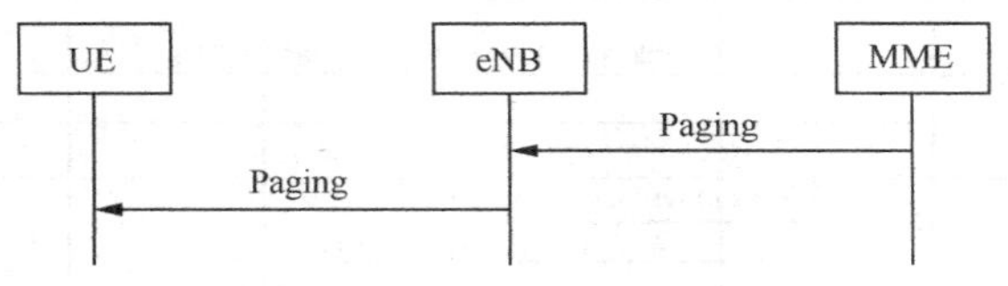

图 2-65 LTE 寻呼消息

UE 对寻呼消息的接收采用非连续接收（DRX）模式，UE 根据 DRX 周期在特定时刻根据 P-RNTI 读取 PDCCH；UE 根据 PDCCH 的指示读取相应 PDSCH，并将解码的数据通过寻呼传输信道（PCH）传到 MAC 层。PCH 传输块中包含被寻呼的 UE 标志（IMSI 或 S-TMSI），若未在 PCH 上找到自己的标志，UE 再次进入 DRX 状态。

【实战技巧】

LTE 核心技术是 OFDM 技术和 MIMO 技术，掌握了 OFDM 和 MIMO 就掌握了 LTE 最核心的东西，但这并不代表其他内容就不重要。在其他知识中，LTE 的网络架构、信道结构和主要过程却是更加与优化紧密相连的，需要重点理解和记忆。它们能帮助分析问题，理解为什么会产生问题以及解决问题的办法。

LTE 理论知识不仅是优化的理论基础，同时也是上岗的理论基础。现在所有的运营商、设备厂商甚至优化公司会对员工进行考核，只有考核通过才能从事 LTE 优化工作。但是 LTE 基础优化工作并不需要太多理论作为支撑，只要掌握其基本原理即可，并不需要深入的去研究如何计算和推导。但如果想提升能力，要做高级优化工程师、优化专家，那么就需要深入地理解 LTE 原理，熟悉 LTE 所有过程，熟悉基站原理、天线知识、无线传播知识，甚至需要了解相关协议规范。

优化基础篇

【项目内容】

从 LTE 优化思想和优化流程展开，介绍优化工作中最常用的手段和方法，并从体验路测工具章节认识 LTE 常见的指标和了解其含义。

【知识目标】

了解 LTE 的优化思想、优化流程以及优化的主要方法。
理解 LTE 中 PCI 自优化原理和 LTE 最小化路测的实现方法。

【技能目标】

了解路测软件的功能；学会如何安装路测软件，如何制作软件相关的参数文件，以及连接测试设备、保存文件、拨打测试并对测试文件进行回放；从路测软件中深入理解常见的 LTE 指标及含义。

任务 1　分析 LTE 网络优化流程

无线网络优化是一项长期而艰巨的任务，它对于网络的稳定、性能的提升、用户感知度的提高有着很大的影响。LTE 优化与其他无线网络优化非常相似，在优化手段上也有很多相同之处，但由于系统原理不同，在优化手段上仍有较多差别，指标的含义也有所区别；另外优化的对象和优化的参数也不一样。

【知识链接 1】 LTE 网络优化思想

中国移动在 3G 规划和优化时提出了 C^4QU 的指导思想，即在投入一定的成本下和满足网络服务质量的前提下，建设一个容量和覆盖范围都尽可能大的无线网络，并适应市场竞争、未来网络发展和扩容的要求。具体的 C^4QU 内容为 C-Cost，C-Coverage，C-Capacity，Q-Quality，C-Competition，U-Upgradeable。这 6 项内容对于 LTE 优化来说仍然适

用，但从较窄面的优化角度来说 LTE 优化的指导思想和优化原则是最佳的覆盖、合理的邻区、最小的干扰、负荷均衡。

1．最佳的覆盖

覆盖是任何一种无线网络中最重要的指标，对于终端来说没有信号就不具备利用网络的能力，不能接入到网络就享受不到任何服务；然而覆盖信号不是越远越好、越多越好，过覆盖和重叠覆盖过多都会给网络带来负面影响。覆盖优化就是利用天线调整、参数优化等手段使无线环境最优，减少网络的覆盖盲区、过覆盖、针尖效应等覆盖问题。

产生覆盖问题的原因一般有以下几方面。

（1）基站故障。

（2）缺少基站或者站址规划不合理。

（3）工程质量不合格。

（4）功率参数设置不当。

（5）基站天线过高。

（6）无线环境所致，如高大建筑、水域等影响。

对于基站故障或者工程质量导致的问题一般进行基站维护即可解决，但在实际优化中这些问题是交叉的，比如基站纠纷、市政建设等会直接对优化产生影响。覆盖优化的一般手段有天线调整和参数优化。天线调整就是利用天线的方位角、下倾角、天线的高度或者安装位置进行调整，使覆盖目标更为合适。例如可以通过增大俯仰角来改善过覆盖，减小俯仰角来改善弱覆盖。参数优化主要是利用功率参数来调整小区的覆盖范围。

2．合理的邻区

邻区过多会影响到终端的测量性能，容易导致终端测量不准确，引起切换不及时、误切换及重选速度慢等；邻区过少，同样会引起误切换、孤岛效应等；邻区信息错误则直接影响到网络正常的切换。这些现象都会对网络的接通、掉话和切换指标产生不利的影响。因此，要保证稳定的网络性能，就需要很好地来规划邻区。

一方面检查邻区漏配情况，验证和完善邻区列表，解决因此产生的切换、掉话和下行干扰等问题；另一方面进行必要的工程参数调整，解决因为不合理的参数规划导致的切换区域不合理问题。

3．最小的干扰

LTE 系统的干扰有外界干扰和系统自身引起的干扰。外界干扰包括非法使用 LTE 频段、异系统的杂散、阻塞或者互调干扰。系统内的干扰有过覆盖、参数配置错误、GPS 失败、设备故障、交叉时隙干扰（仅 TDD 有）等。

干扰处理的方法遵循“由内而外”的原则，即先从系统内开始排查，然后再排查外界干扰。在 LTE 系统内的同频组网使得小区间的干扰较大，小区载干比环境恶化，使得 LTE 覆盖范围收缩，边缘用户速率下降，控制信令无法正确接收等。对此，可采用 ICIC、功率控制、波束赋形及 IRC 等措施，可以有效解决系统内同频干扰问题。

对于外部干扰一般通过干扰仪等去排查。在不明确干扰源的情况下，由干扰小区向周边排查，一般使用八木天线进行定向定位。但在实际排查过程中难度较大，耗时较长。

4．负荷均衡

容量优化一般是在网络正式运营阶段，在工程优化期网络处于空载状态，容量是不需要考虑的。在网络正式商用后，用户达到一定的数量时容量就成为影响无线网络性能和用户感

知的一个重要因素。负荷均衡就是利用网络参数、天线调整等手段控制基站的负荷，使其尽量均衡，保障用户分布地具有较高的信号质量，提升资源的利用率和频谱效率。

【知识链接 2】 LTE 网络优化流程

LTE 网络优化从工程角度分为单站优化、簇优化、全网优化；等网络正式转入商用后优化工作进入日常优化。LTE 整体优化流程概况如图 3-1 所示。

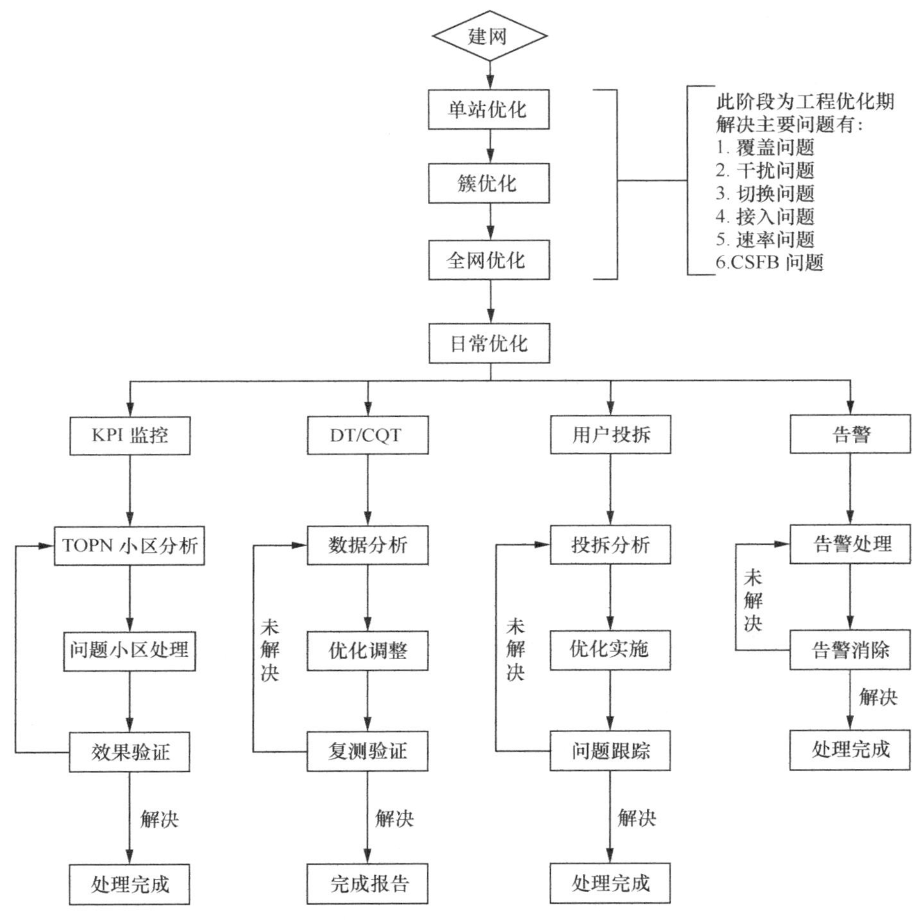

图 3-1　LTE 优化流程概况

【知识链接 3】 LTE 网络优化项目组织

一个优化项目一般分为三级结构，即项目负责人、优化组、优化工程师，项目越大每个优化组配置的工程师数量越多。优化项目的组织架构如图 3-2 所示。

项目负责人负责项目的实施，包括制定网络优化计划，负责项目优化的进度、监控优化的质量、负责各类报告报表的汇总、整理和归档，同时负责整个项目的沟通工作。

技术支撑组一般由设备厂家工程师组成，主要对技术方面进行支持，制定重要优化方案和策略，定期对项目工程师进行技术培训和技术交流。

工程优化组主要为网络建设初期工程服务，负责单站优化、簇优化和全网优化，工程优化结束后，大部分工程师转为日常优化工程师，留下少许人员继续做工程优化，主要负责新站入网相关工作。

日常优化组主要分为 RF 优化小组、性能统计小组和投诉处理小组，RF 优化主要进行路测和路测分析，处理覆盖、切换、干扰等方面问题；性能统计小组负责 KPI 监控、问题小区处理、告警监控和配合处理一些投诉问题；投诉处理小组主要完成与用户的沟通，解决用户所反映的网络问题。

专项优化组主要是对一些特殊场景、性能专项提升等进行优化工作，专项优化的名目较多，主要根据网络实际情况或者运营商要求开展专项优化。

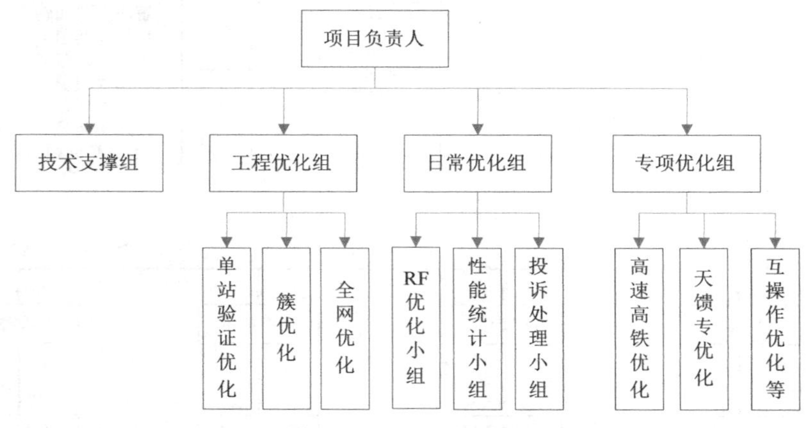

图 3-2　LTE 优化流程概况

任务 2　应用 LTE 网络优化手段

【知识链接】 LTE 无线网络全网优化评估手段

LTE 无线网络全网优化评估是通过 DT、CQT、MR、STS 等手段对网络性能进行综合分析，找出网络发展的瓶颈和影响用户的感知因素，得出整改和优化方案。全网优化评估是对网络基本性能、结构合理性、规则合理性、可靠性、运行效率、先进性的客观评价，具有非常强的专业性和指导意义。由于全网优化评估是一个非常庞大的项目，需要投入较多的人力、财力，耗费较长时间，因此运营商往往会根据人员配置、设备资源、时间因素等设定估计内容，如仅做 DT 全网分析、仅对 MR 进行整体分析等。

1．DT 测试分析

LTE 建成后运营商同时运行的网络制式较多，对于 DT 测试来讲必须兼顾多网之间的协调，同时也要求 DT 测试更加贴近用户使用情况，以最接近用户行为为宜。

典型的 DT 测试包括语音短呼和数据业务的串行下载；语音短呼考查的是网络主叫接入成功率、被叫寻呼成功率以及接入时长，数据业务的串行测试考查的是上网接入成功率、下载速率及接续时延，通过对不同类型业务的测试，保证主流应用的正常，如图 3-3 所示。

语音短呼的测试方法一般为每次通话时长 20 秒，接入超时为 15 秒，呼叫间隔 20 秒，

如出现未接通或者掉话，应间隔 20 秒进行下一次试呼。数据业务串行测试一般为网盘下载（持续 120 秒）-间隔 15 秒、网盘上传（持续 120 秒）-间隔 15 秒、网页浏览（持续 120 秒）-间隔 15 秒、视频播放（持续 120 秒）-间隔 15 秒；每项测试对文件大小、无速率时长、接入超时等都有相关规定。

DT 测试文件的分析比较复杂，将在项目 7 单个介绍。

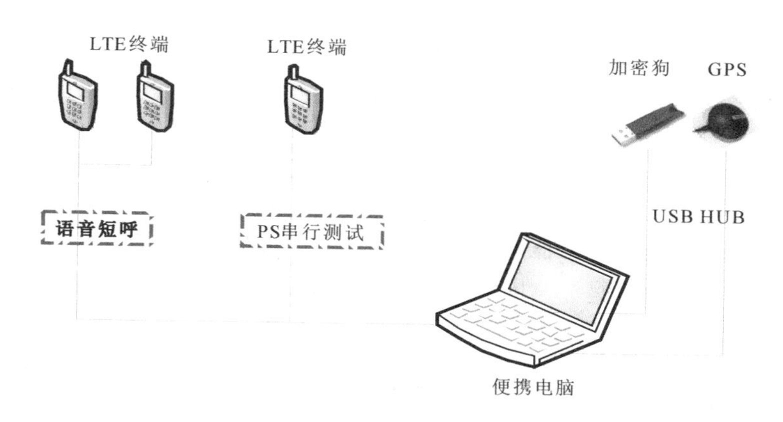

图 3-3　LTE DT 测试典型方案

2．CQT 测试分析

LTE CQT 测试的方法与 DT 一致，CQT 是对 DT 的补充和延伸，主要是在室内测试或者其他 DT 不能完成的区域进行测试。

3．话务统计性能分析

话务统计分析是根据话务统计报表，监控网络性能、判断和定位网络问题、解决优化问题指标、提升网络质量。

LTE 话务统计报表内容包括业务量、接入类、保持类、移动类；具体如表 3-1 所示。

表 3-1　LTE 话务统计报表

类　别	指　标	说　明
业务量	平均在线用户数	平均每小时在线用户数
	数据业务流量（GB）	下行和上行数据业务流量
接入性	RRC 连接建立成功率（Service）	RRC 连接建立成功率=RRC 连接建立成功次数/ eNodeB 收到的 RRC 连接请求次数×100%
	E-RAB 建立成功率	E-RAB 建立成功率=E-RAB 指派成功个数 /E- RAB 指派请求个数×100%
保持性	掉线率	eNodeB 发起异常释放的次数 / 业务释放的总次数×100%
移动性	切换成功率	切换成功次数/切换尝试次数×100%
	TD LTE↔LTE　FDD 间切换成功率（移动无此项）	切换成功次数/切换尝试次数×100%
	CSFB 成功率	成功率（切出）=成功次数 / 尝试次数× 100%
	PS 异系统切换成功率	成功率（切出）=成功次数 / 尝试次数× 100%

以上列举的是当前常用的指标类型，随着网络的完善和市场的发展，将引入更多的统计

指标，如拥塞率、资源利用率、丢包率等。

4．MR 分析

LTE MR 是基于物理层测量。物理层上报的测量结果可以用于系统中无线资源控制子层完成诸如小区选择与重选及切换等事件的触发，也可以用于系统操作维护，观察系统的运行状态。LTE 的测量报告数据主要来自 UE 和 eNodeB 的物理层、RLC 层，以及在无线资源管理过程中计算产生的测量报告。

LTE 测量方式分为与 UMTS 一致，有两种报告方式：周期测量和事件触发测量。LTE 测量报告内容包括小区的覆盖情况、业务质量、上行与下行链路干扰水平、小区或载波发射功能等。MR 数据可以进行多种分析。如无线覆盖评估，通过采集到的 MR 数据，得到小区无线覆盖情况，指导进行功率调整、天线调整，指导网络建设等，减少日常路测工作。小区话务分布分析，MR 测量上报的数据可以解析出用户位置，获取用户分布及话务集中区域，可指导进行针对性优化，提高用户整体感知。当然，MR 数据分析也是存在较大困难的，MR 是 UE 上报的测量信息，数据是非常庞大的，需要强大的工具进行解析和分析，往往针对典型的时段进行解析和分析，以提高效率。

【知识拓展 1】 LTE 网络 PCI 自优化

LTE 系统一共包括 504 个 PCI（Physical Cell Indentifier）。这些 PCI 分为 168 个组，每组包括 3 个 PCI。PCI 决定小区信号同步、信号解调是否成功。当 LTE 网络中的小区数目较多时，PCI 将得到利用，即多个同频小区使用同一个 PCI。PCI 复用不合理将会产生 PCI 冲突或者 PCI 混淆。通常 PCI 规划不合理、邻区调整、手动修改小区 PCI 都可能会产生 PCI 冲突或者 PCI 混淆。

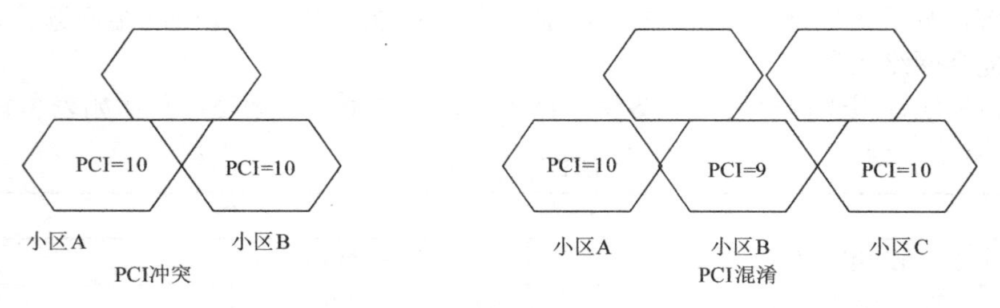

图 3-4　PCI 冲突与混淆

PCI 冲突是指 LTE 网络中两个相邻区使用了相同频率相同 PCI，PCI 混淆是指 LTE 网络小区的两个相邻小区使用了相同频率相同 PCI。PCI 冲突时往往会伴随 PCI 混淆。PCI 冲突的两个小区重叠覆盖区域，UE 不能正常的实现信号同步、解码；PCI 混淆会导致 UE 识别小区错误，产生切换失败和掉话。

PCI 自优化分为两个部分，冲突检测和 PCI 分配，PCI 自优化的结构如图 3-5 所示。

目前设备厂商均推出了 LTE 系统的 PCI 自优化功能，在总体设计上是相同或者相似的。PCI 冲突检查有三种方式，即基于 ANR 检测、基于 X2 检测和人工触发。基于 ANR 的 PCI 检测其实是 LTE 系统自动邻区功能，它自动改变邻区后会触发 PCI 冲突检测；基于 X2 接口的 PCI 检测是存在 X2 接口的两个 eNB 间，若参数发生变化会触发 PCI 冲突检测；人工触发是指人为修改 PCI、频点、邻区关系后会触发 PCI 检测。总的来说邻区关系的添加和删

除、外部小区 PCI 变化、本小区 PCI 变化、X2 接口的建立均会触发 PCI 的检测。一旦检测到 PCI 冲突或者混淆，即上报 OSS。OSS 根据冲突的优先级进行 PCI 新的分配。

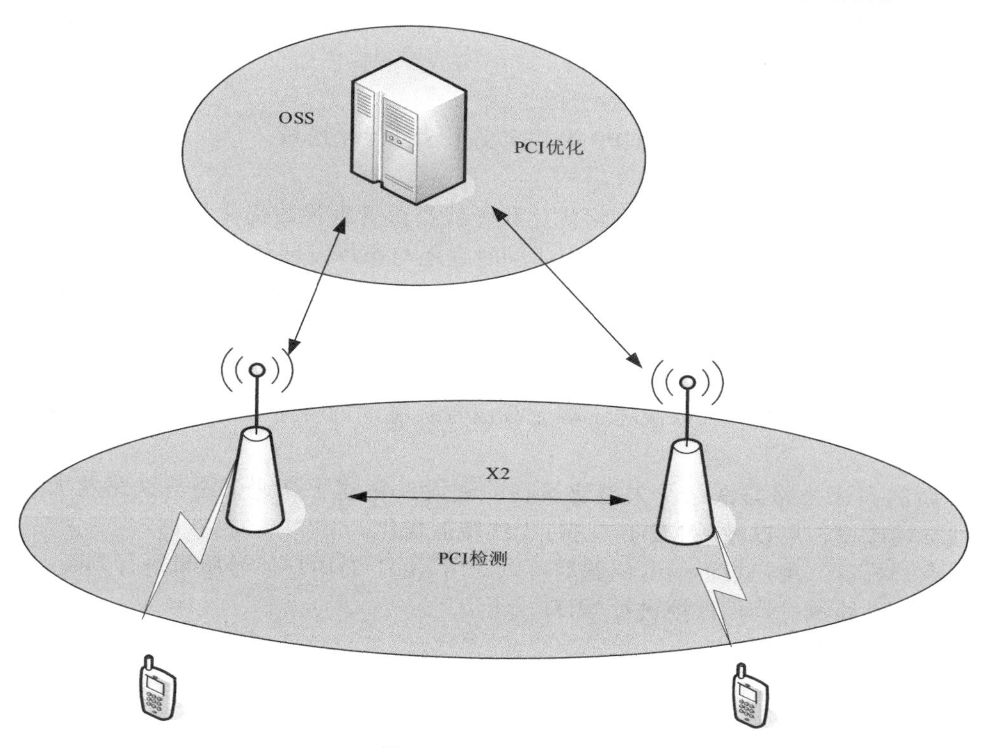

图 3-5　PCI 自优化结构

PCI 冲突优先级划分原则如下。

（1）PCI 冲突严重的小区优先重分配 PCI，即与当前小区发生 PCI 冲突小区越多，冲突优先级越高，修改当前小区的 PCI 可以更大程度地消除 PCI 冲突。

（2）优先为邻区少的冲突小区分配 PCI，这样能有效地改善 PCI 的混淆。

（3）优先为室分小区分配 PCI，室分小区覆盖范围内的小区，PCI 分配后小区倒闭时间影响的用户更少。

【知识拓展 2】 LTE 最小化路测（MDT）

路测是最直观的优化手段，但由于道路和测试时间的限制，路测只能反映道路面测试时间范围的信号质量情况，对于道路测试不能达到的区域，传统优化用 CQT 进行补充。这种方式数据采集费时费力，优化持续时间长，优化效率低。为了有效地降低运维优化的成本、提高数据采集的全面性和提升优化效率，引入了最小化路测（MDT）。最小化路测在 R9 版本中引入，其基本原理为通过基站配置具有 MDT 功能的商用终端进行 MDT，终端自动进行数据收集并上报。

MDT 解决方案的基本要求如下。

（1）UE 测量配置：可以根据 RRM 进行配置测量。

（2）UE 连接状态和报告：可以报告 UE 产生的相应事件，如无线链路失败。

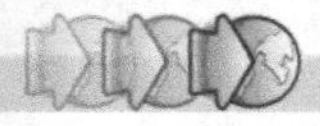

（3）地理位置测量记录：可以测量记录相应的位置信息。

（4）位置信息记录：可以记录可用的位置信息。

（5）时间信息：需要包含时间。

（6）设备信息：需要知道终端能力等。

（7）从属于 SON：MDT 从属于 SON。

MDT 应用的场景较为广泛，3GPP 中共定义了 5 种优化场景。

1．覆盖优化

无线覆盖信息对于网络规划、网络优化和无线资源管理参数优化是必不可少的，如空闲状态移动性参数设置与公共信道参数设定；同时它还与市场发展和网络设计相关。

通过商用终端上报无线测量项，便于网络分析，诊断各种网络覆盖问题，如覆盖空洞、弱覆盖、干扰等。具体可以分为如下几类。

（1）新基站与小区的部署：当新基站与新小区进行部署时，需要路测对周边无线环境进行测试；此时使用 MDT，可以快速了解无线信号质量，为新基站与新小区部署提供无线环境信息参考。

（2）新的高速公路与铁路及大型建筑物的建设：新建了高速公路与铁路及大型建筑物后，无线环境改变，可以激活 MDT，进行无线覆盖优化。

（3）客户投诉：用户投诉信号问题后可以应用 MDT 对用户信号质量进行判断。

（4）周期性路测：周期性地进行 MDT 分析。

2．移动性优化

通过 MDT 可以对网络中局部覆盖欠佳小区的网络参数设置进行调整，并通过调整网络参数避免过早或过晚切换、切换到错误小区等切换问题；提高全网切换成功率和网络性能。

3．容量优化

通过 MDT 可以判断网络中某些部分是否存在容量过剩或容量不足的问题，如检测哪些位置上业务分布不均匀或者用户吞吐量低，同时 MDT 有助于判断如何建立新小区、配置公共信道和优化与容量相关的其他网络参数。

4．公共信道优化

网络中公共信道配置不合理会降低用户体验或网络性能，例如用户解码广播信道失败，解码寻呼信道失败；通过对公共信道流程相关的问题检测（如上行或下行公共信道覆盖）或性能分析（如连接建立时延）可以帮助设置网络参数和更改网络配置，从而优化系统性能。

5．QoS 优化

网络中造成低 QoS 的原因有很多，常见的有覆盖问题、负载问题、移动性问题等；QoS 低的场景多发生于小区边界或存在特殊传播环境、流量分布不均匀地区，仅通过分析小区级别的统计数据不能完全了解用户分布或者分布地理位置信息，通过周期性的 MDT 收集测量信息，即便只是短时间或者有限数量 UE，都更为有效和可靠；MDT 最大的优势是可以获得不能进入区域或者室内的数据，为针对性的 QoS 优化提供准确的数据支撑。

如图 3-6 所示传统路测只能在道路上进行测量，针对狭窄道路、公园、室内等区域无法进行无线信号采集；MDT 可以进行全面的数据采集，包括 DT 测量不能完成的地方，MDT 数据采集的范围将远远大于 DT 测量的数据。DT 测量仅能对有限的终端进行数据采集，而 MDT 可以进行海量终端的数据采集，多样本的采集使得 MDT 的数据更为全面和准确。DT 需要花费较长时间，MDT 可以仅对某个时段进行分析。DT 需要专人去数据采集而 MDT 仅

需要后台进行配置即可。

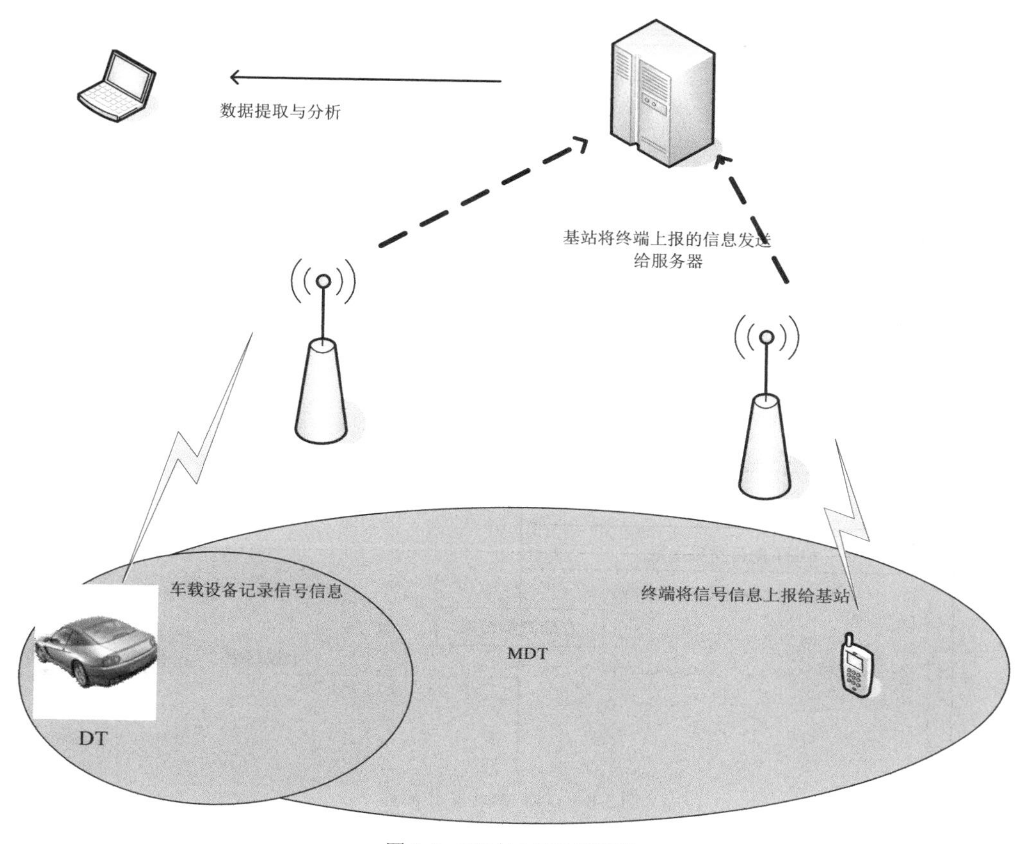

图 3-6 DT 与 MDT 示意图

MDT 测量分为测量配置、测量和测量上报三个过程，如图 3-7 所示，由于存储 MDT 和立即 MDT 有着明显的差异，下面分开描述。存储 MDT 过程如图 3-8 所示。

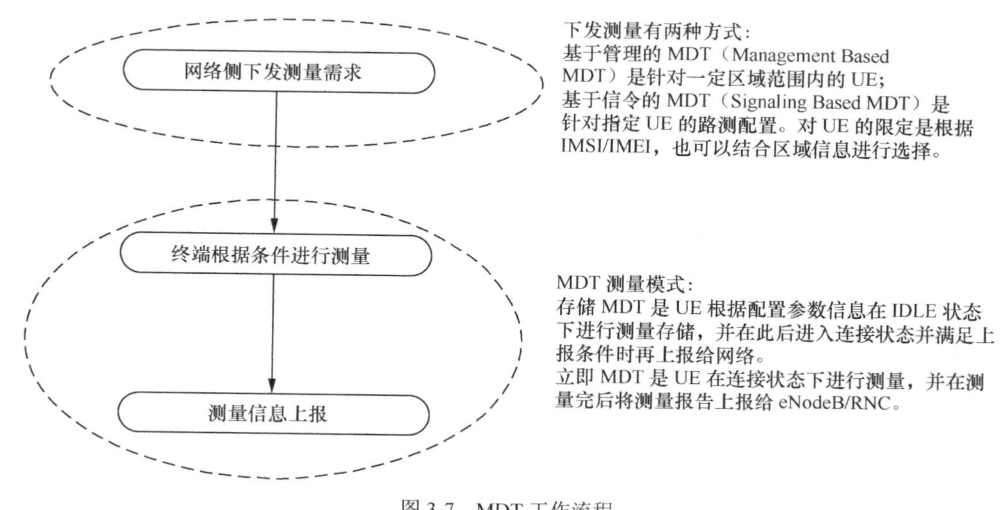

图 3-7 MDT 工作流程

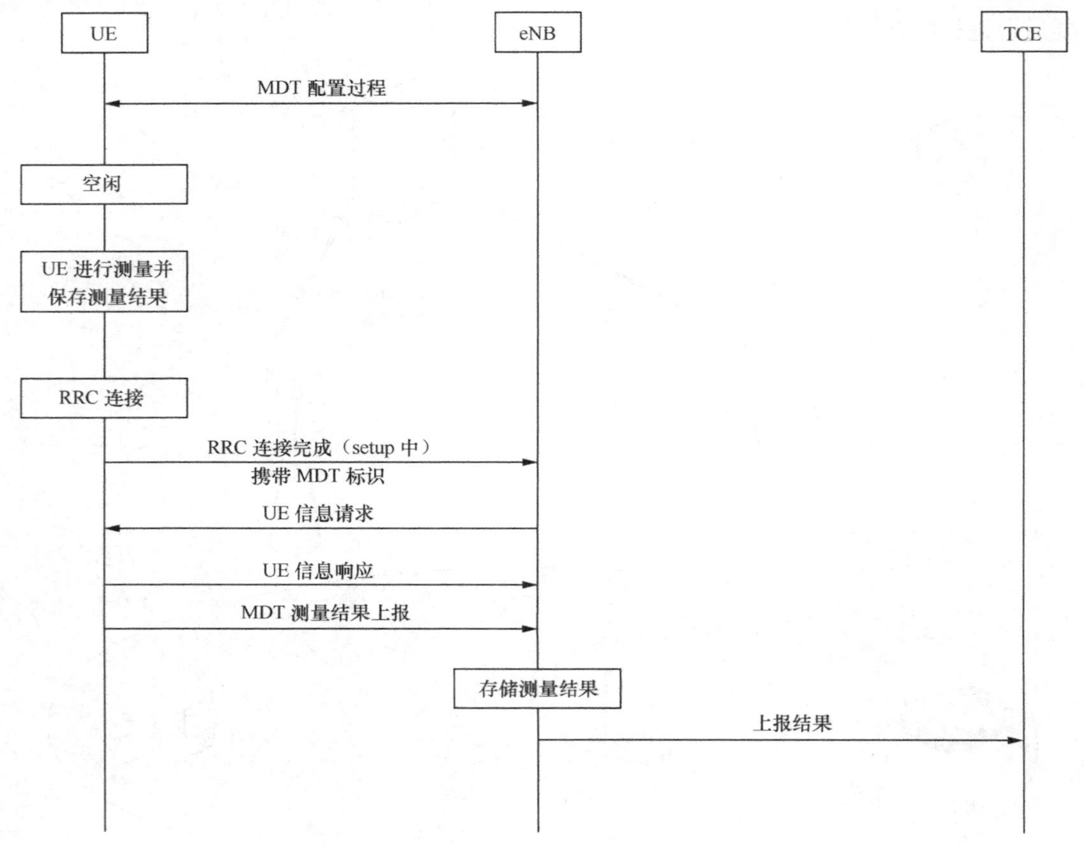

图 3-8　存储 MDT 工作流程

1．测量配置过程

连接状态时，网络通过 LoggedMeasurementConfiguration 消息发送 Logged MDT 的配置信息给 UE；在 DLE 状态时，UE 根据配置信息进行测量记录。配置的参数有以下几项。

（1）测量触发的配置：周期性下行导频强度测量。

（2）配置有效时间。

（3）网络侧的绝对时间：UE 测量记录的参考时间。

（4）测量区域的配置（可选）：GCI 列表（最多 32 个）TA/LA/RA 的列表（最多 8 个）。

MDT 并非在所有时刻所有场景有效，它仅在 MDT 配置信息中的 PLMN 有效，对于 LTE 网络，UE 在 IDLE 模式下的配置有效时间内有效。MDT 的配置和测量不会因 UE 状态的迁移而丢弃，即 UE 经历 IDLE→CONNECTED→IDLE 时，配置和记录仍然有效；对于每个 UE 仅有一套系统的 MDT 配置，网络侧下发新的配置时，会替换之前的配置，且之前配置对应的 Log 也被清除。在下发配置之前，由网络侧决定是否索要 UE 的 MDT Log。

2．测量过程

UE 根据网络测下发的配置信息进行测量，测量包括的内容如下。

（1）服务小区的 RSRP 和 RSRQ。

（2）邻区的 RSRP 和 RSRQ，可以测量 6 个同频邻区，3 个异频邻区，3 个 SGM 邻区，3 个 UTRAN 邻区。

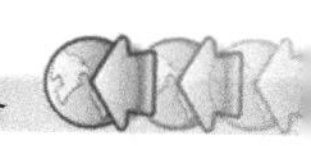

3．测量上报过程

UE 通过 LogMeasAvailable 这个指示位来通知网络 logged MDT 测量结果可用，网络侧收到 UE 的测量报告指示后，可通过 RRC 信令 UE Information Request 要求 UE 发送收集的测量 log 给网络，UE 通过 Information Response 将测量报告上报给网络，可以分块上报。测量结果上报给网络后，UE 就可以删除测量记录，再次回到 IDLE 状态，如果配置周期有效，仍可以继续测量，如果测量配置有效时间超时，UE 可以保存已经测量的记录 48 小时。在 48 小时内，网络侧仍可以要求 UE 上报 MDT 测量记录，当 UE 进入关机状态或者 detach 时，相关的测量记录和配置信息都将清除。

UE 上报的内容包括服务小区的和邻小区的测量信息、时间戳信息、位置信息等；同时 UE 需要上报获得详细位置信息的时间，以便网络侧判断该位置信息的有效性。位置信息上报有三种形式。

（1）所测量服务小区的 ECGI 或 Cell-id。

（2）可用的详细位置信息，包含经度信息、纬度信息、高度信息。

（3）如无可用的详细位置信息，上报 RF fingerprint 信息（最多六个同频邻区的 PCI/PSC + RSRP/CPICH RSCP）。

立即 MDT 过程如图 3-9 所示。

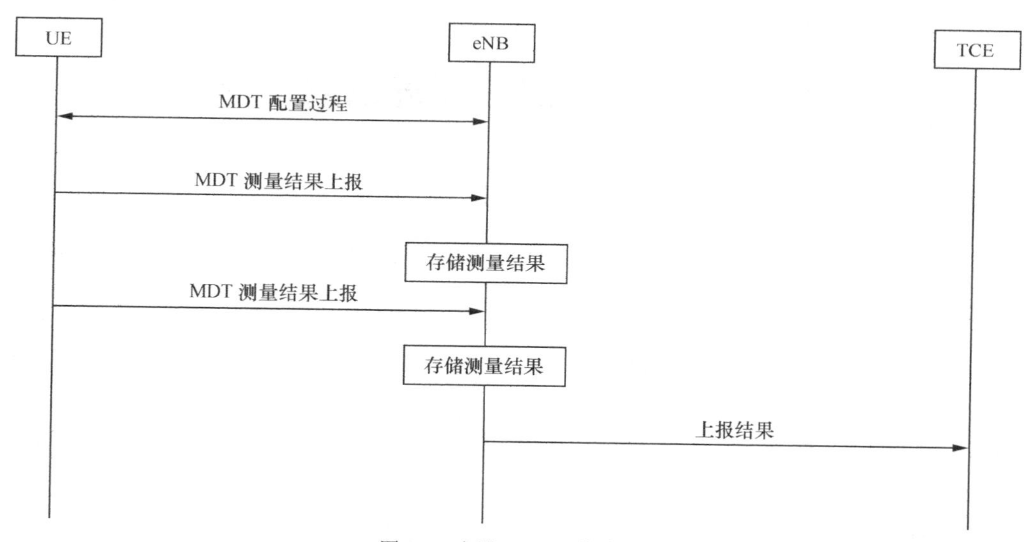

图 3-9　立即 MDT 工作流程

1．测量配置过程

立即 MDT 测量配置是基于现有的 RRC 测量，相对于存储 MDT，它的测量配置下发方式和内容处理的方式是不相同的。

对于基于信令的 MDT 模式，在切换过程中 MDT Context 需要转发传输；对于基于管理的 MDT 模式，在切换过程中不需要转发 MDTContext。

2．测量过程

立即 MDT 测量触发分为周期性触发、A2 事件触发（服务小区低于阈值）、无线链路失败（RLF）后触发。测量的内容仍为 RSRP 和 RSRQ 测量。

3．测量上报过程

立即 MDT 沿用现有 RRM 测量上报机制：UE 在测量条件满足的情况下，直接上报测量结果给网络侧；此过程与存储 MDT 相同。

MDT 对网络和终端的影响分析内容如下。

立即 MDT 重用现有的测量，立即上报测量结果，不会对 UE 的耗电和存储产生太大影响。存储 MDT 需要存储相应的测量报告，要将这些测量报告存储在基带/L2 实体并不能现实，因此考虑将测量报告存储在其他实体当中（如外部设备等），就会涉及与外部设备之间的信息交互，也必然会增加 UE 的耗电；在网络没有取走相关 MDT 测量报告前，UE 必须要负责存储，以保证在特定时间或网络侧需要时进行上报，所以对 UE 存储空间有一定要求。

对于网络来说，立即 MDT 重用现有测量，上报内容仅增加了位置信息，对网络的负荷影响较小。存储 MDT 采用 UE 告知网络当前是否有可用的测量结果，然后由网络自行决定是否索要测量结果。这样，网络就可以综合考虑目前的负荷情况，挑选网络负荷较低时要求终端上报 MDT 的测量结果，以使得对网络负荷的影响最小化。

MDT 引进后，隐私和安全显得尤为重要，无论是存储在 UE 侧的 MDT 日志，还是存储在网络侧的 MDT 日志都应视为个人信息，都需要被保护。因此，在应用 MDT 技术时，为了满足 MDT 技术的要求，同时兼顾到用户的安全和隐私性，需要对 MDT 数据进行特别的处理，如仅采集必要数据、数据信息匿名、数据加密等。

任务 3　体验 LTE 网优路测工具

【知识链接】 LTE 路测优化工具介绍

路测优化拥有悠久的历史，早在 2G 初起就开始使用此优化方法。路测优化即通过驾车的方式采集信号质量、业务性能等数据，然后通过对路测数据的分析，解决网络中出现的覆盖、干扰、切换、接入、掉话等问题。数据采集和分析需要使用相应的工具，其基本的工具有笔记本电脑、测试分析软件、测试终端；随着测试软件功能越来越多，软件越来越复杂，对电脑性能的要求也越来越高。至于测试软件，从以前的测试分析一体发展到现在测试和分析分离，相当于测试是一套软件，测试终端一般为手机，有时也会使用专用数据卡分析是另一套软件。

由于每种软件都有相应的版权，为了维护知识产权和保护自身的作品，现在主流软件都使用加密狗的方式对软件进行加密。即在没有授权的情况下，软件是无法使用的。

目前用于测试 LTE 系统软件较多，常见的有 TEMS（Ascom）、CDS（惠捷朗）、Navigator（鼎力）、probe（华为）等。它们的功能都非常全面，图形化的界面也很友好，能够完成 DT 和 CQT 的测试、回放、分析和 KPI 统计。本文重点介绍一款主要应用于教学的测试软件 UltraOptim；它同样用于采集 GSM/GPRS/EDGE 和 LTE 网络的空中接口测试数据，评估网络性能，指导网络的优化调整，帮助排除故障。

UltraOptim 的基本概念包括外部设备、Logfile、测试计划、信令、空口参数等，了解这些基本概念可以帮助读者更好地使用 UltraOptim 软件采集、观察和分析空中接口测试数据；以及工程、路测日志、信令、IE 等信息，了解这些基本概念信息可以帮助读者更好地使用软件进行路测数据分析。

UltraOptim 软件的主界面，包括菜单栏、工具栏、操作界面、状态栏等，整体外观设计简洁，使用方便，功能也相当全面，如图 3-10 和表 3-2 所示。

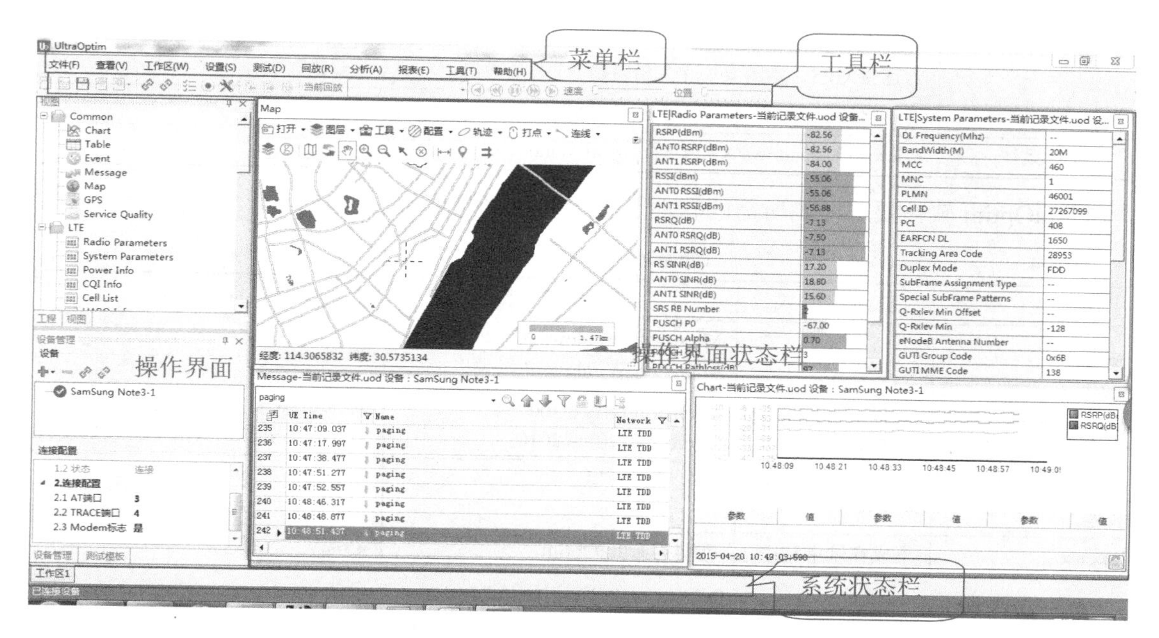

图 3-10　UltraOptim 主界面

表 3-2　UltraOptim 主界面说明

名　　称	说　　明
菜单栏	系统主菜单，文件、测试、回放、分析、报表、工具、帮助等
工具栏	提供系统常用操作的快捷图标
系统状态栏	显示系统的状态信息，包括当前系统所处的状态、设备状态等
操作界面状态栏	显示用户添加的工作表单
操作界面	显示各种视图窗口及配置界面

【技能实训 1】 LTE 路测工具的安装

1. 安装前的准备

安装 UltraOptim 软件前，需要检查安装条件是否满足，包括 UltraOptim 软件安装包是否提供、PC 机的配置是否具备安装条件等。

UltraOptim 硬件要求即 PC 机的配置要求如表 3-3 所示。

表 3-3　UltraOptim 硬件配置要求

配　置　项	配 置 要 求
CPU	推荐 Intel Core2 1.8GHz
内存	最小内存 1GB，推荐 2GB 及以上
硬盘	建议可使用的硬盘空间为 10GB 及以上

续表

配 置 项	配 置 要 求
PC 端口	若连接测试终端，则至少需要一个 USB 接口、一个 USB Hub、一个串口或一个 PCI 插槽
	若连接 GPS，则需要一个 USB 接口或一个串口
	若连接硬件狗，则至少需要一个 USB 接口
操作系统	Microsoft Windows XP 或 Microsoft Windows 7 及以上

UltraOptim 软件要求即测所需的软件及各软件配置要求如表 3-4 所示。

表 3-4　UltraOptim 软件配置要求

配 置 项	获 取 方 式	配 置 要 求	备 注
操作系统	-	Microsoft Windows XP 或 Microsoft Windows 7 以及以上	必选
操作软件	-	Microsoft Office 2007 或 Microsoft Office 2010	若未安装 Office 软件，则无法导入 xls 或 xlsx 格式的工程参数文件
UltraOptim 软件安装包	UltraOptim 软件安装光盘		必选
License	集成在硬件狗中	已购买 UltraOptim	必选

2．软件安装

UltraOptim 主程序需要正确安装在测试用的 PC 机中，并在整个测试过程中运行。

操作步骤

（1）获取 UltraOptim 软件安装包；

（2）双击“setup.exe”，启动安装界面；

（3）选择安装路径；

（4）按照要求依次安装；

（5）一直到系统提示安装完成为止；

（6）在安装文件内找到 Driver 文件夹运行其中的加密狗驱动、手机驱动、GPS 驱动。

3．加密狗连接

硬件狗是授权用户使用 UltraOptim 软件的硬件装置，License 集成在硬件狗中。因此，要使用 UltraOptim 就必须安装加密狗。在安装完加密狗驱动后，插入加密狗到 PC 上，等待计算机安装好设备后，驱动即安装完成。

【技能实训 2】 LTE 小区工程参数文件的制作

路测软件都需要使用小区工程参数，而这些工程参数根据软件的不同有着格式上的差异。但基本都会要求有站名、站号、方位角、下倾角等。UltraOptim 软件要求的 LTE 工作参数格式如表 3-5 所示，按照格式制作一份工程参数。

表 3-5　UltraOptim　LTE 工程参数

字 段	说 明	取 值	是否必选
eNodeBID	基站标志	数据类型：整型，取值范围：0～65535	是
eNodeBName	基站名称	数据类型：字符串	是

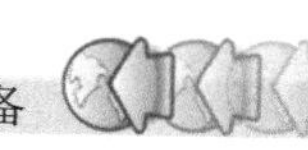

续表

字　段	说　明	取　值	是否必选
SectorID	扇区标志	数据类型：字符串	是
Local CellID	本地小区标志	数据类型：字符串	是
CellID	小区标志	数据类型：整型，取值范围：0～533	是
EARFCN	载波频点	数据类型：整型，取值范围：0～65535	是
PCI	物理小区标志	数据类型：整型，取值范围：0～503	是
Longitude	经度	数据类型：double，取值范围：-180.0～180.0	是
Latitude	纬度	数据类型：double，取值范围：-90.0～90.0	是
Azimuth	方位角（度）	数据类型：float，取值范围：0～360	是
eNodeBType	基站类型	数据类型：字符串	否
CellName	小区名称	数据类型：字符串	否
DownTilt	下倾角（度）	数据类型：float，取值范围：0～90	否
E-DownTilt	内置电下倾角（度）	数据类型：float，取值范围：0～90	否
M-DownTilt	机械下倾角（度）	数据类型：float，取值范围：0～90	否
GroudHeight	天线地面高度	数据类型：float	否
Altitude	天线海拔高度	数据类型：float	否
AntennaType	天线型号	数据类型：字符串	否
AntennaGain	天线增益	数据类型：float	否
TAC	位置区域码	数据类型：整型，取值范围：0～65535	否

大家可以在测试或回放之前，导入测试区域的工程参数。工程参数导入后，系统将根据 UltraOptim 当前提供的网络参数值从导入的基站信息中查找出最佳匹配的基站信息。

根据业务的需要，工程参数分为必选字段、可选字段，具体说明请参见不同制式支持的工程参数。大家可以从导航栏“工程”的“基站小区”右键“导入”工程参数，在 UltraOptim 提供的默认路径下，查看各种网络制式的工程参数模板，以便使用工程参考模板修改当前工程参数表的格式，使工程参数表的格式符合 UltraOptim 的要求。

【技能实训 3】 LTE 终端的连接

（1）连接外部设备至 PC，接好所有的测试连接线。

（2）检查外部设备放置是否合理。避免外部设备与 PC 的接口松动；确保外部设备连接线自然弯曲；确保测试终端和 GPS 放置位置的接收信号不被遮挡，避免因接收信号不足而影响数据采集。

（3）在 UltraOptim 主窗口的导航栏找到“设备管理”窗口。

（4）在“添加设备”选项里面添加对应的外部设备。

（5）将设备管理器中的 AT 口对应测试终端的调制解调器端口，TRACE 端口对应测试终端串口。

（6）单击“连接设备”选项，即可完成设备的连接。

【技能实训 4】 LTE 测试文件保存

单击“开始记录”，系统将自动保存到安装目录的通信信息\UltraOptim\Logs 文件下。

一、分割 Logfile

分割 Logfile，即将不同时间段或不同大小的 Logfile 记录在不同的文件中，以便更好地管理 Logfile。UltraOptim 提供的分割方法包括自动分割和手动分割。自动分割 Logfile 适用于记录 Logfile 前操作，手动分割 Logfile 适用于记录 Logfile 过程中操作。

操作步骤如下。

1. 自动分割 Logfile

建议分割文件的大小小于 10MB。

（1）选择菜单栏“测试”选项，打开“记录设置”窗口；

（2）根据需求设置相关参数；

（3）单击“确定”下次记录 LOG，在人为干涉下，会按照该设置进行 LOG 的切换；

2. 手动分割 Logfile

手动分割 LOG，对象是一个完整的 LOG，需要对其进行分割。

（1）选择菜单栏“工具”，单击“文件分割”

（2）根据需求，可以通过时间、大小方式来进行分割；

（3）文件分割后，会自动保存在被分割的 LOG 文档下。

文件分割后，LOG 文件还是存在，只是多了所需要分割出来的文件。

二、合并 Logfile

合并 Logfile，即将不同时间段或不同大小的 Logfile 记录在统一的文件中，以便更好地管理 Logfile。

操作步骤如下。

（1）选择菜单栏“工具”，单击“文件合并”；

（2）在“文件合并“目录选择需要合并的文件，并选择“确认”；

（3）文件合并后，会自动保存在被合并的 LOG 文档下。

文件合并后，LOG 文件还是存在，只是多了所需要合并出来的文件。

【技能实训 5】 LTE 测试文件回放

文件回放是将测试到的文件重新在软件中展示出来，可以方便的进行统计和分析问题

操作步骤

（1）选择菜单栏“回放”，单击“导入文件”；

（2）在“文件导入”窗口选择需要合并的文件，并选择“确认”；

（3）选择文件后，在窗口中单击“开始导入”，会自动将文件导入到当前工程。

导入文件完成后就可以查看相应的文件事件、信号质量等信息。

【技能实训 6】 LTE 测试流程编辑

UltraOptim 支持多业务并行、串行测试。通过编辑测试管理可以完成 CALL、Attach、FTP Download、FTP Upload、HTTP Page、HTTP Down、POP3、SMTP、Video Streaming。

1. Call

Call 业务是对语音通话过程进行的测试，常用来验证网络语音业务的接入和保持性能等，是传统网络最常用的测试，支持长呼、短呼、循环测试等功能。

在导航栏测试模板管理框中，双击“编辑测试模板”→【Call】移动到使用测窗口，然后打开 Call 测试模板配置窗口，界面介绍如图 3-11 所示。

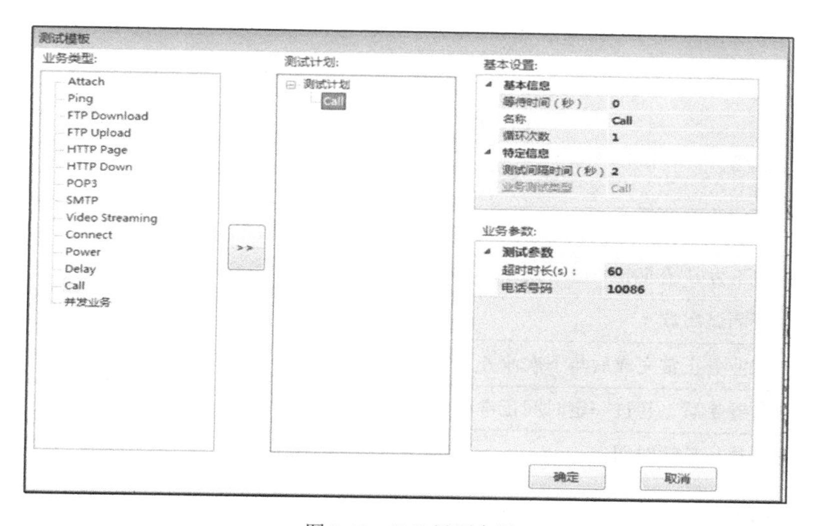

图 3-11　Call 界面介绍

Call 模板的栏位名称及功能描述如表 3-6 所示。

表 3-6　Call 模板内容介绍

功能名称	功能描述
等待时间（s）	指从下发开始业务的指令到真正开始做业务的时间
循环次数	CALL 业务执行次数
测试间隔时间	重新拨号的间隔时间，指本次通话正常结束到下次业务拨号的时间。单位：秒
超时时长	拨号失败的间隔时间，指本次通话失败到下次业务拨号的时间。单位：秒
电话号码	拨打出去的电话号码

2. Attach

Attach 业务是手机开机后与网络联系注册的过程，只有完成注册的终端才能正常进行业务。在导航栏测试模板管理框中，进入“编辑测试模板”添加“Attach”业务，界面介绍如图 3-12 所示。

Attach 模板的栏位名称及功能描述如表 3-7 所示。

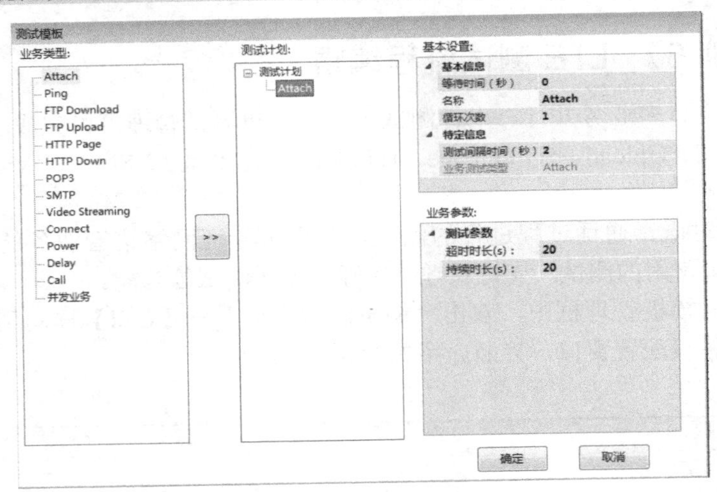

图 3-12　Attach 界面介绍

表 3-7　Attach 模板内容介绍

功 能 名 称	功 能 描 述
等待时长	指从下发开始业务的指令到真正开始做业务的时间
循环测试	循环测试次数
测试间隔时间	本次业务正常完成后与下次业务开始前的时间间隔
超时时长	业务开始后，超过一定时间正常释放命令，超时未完成会记为一次失败
持续时间	业务执行持续时间

3. FTP Download

FTP Download 业务是使用 FTP 协议把文件从远程计算机上复制到本地计算机的测试。

在导航栏测试模板框中，单击“编辑测试模板”→“添加”FTP Download 测试模板配置窗口。界面介绍与模板的栏位名称及说明如图 3-13 和表 3-8 所示。

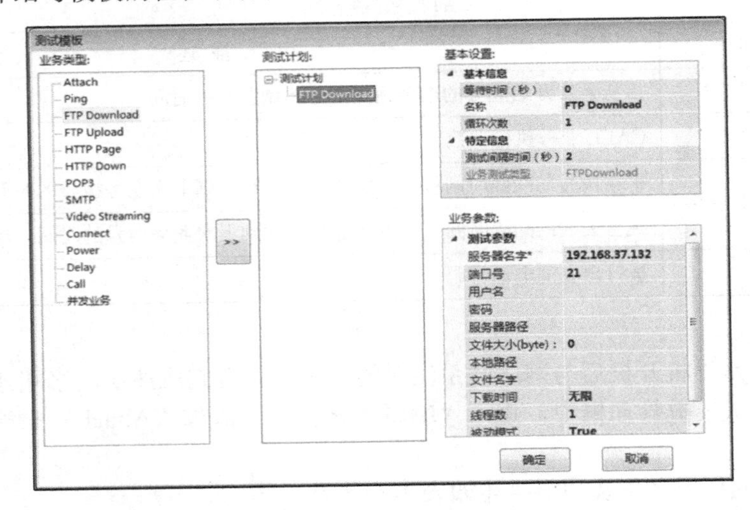

图 3-13　FTP Download 界面介绍

表 3-8　　FTP Download 模板内容介绍

参 数 名 称	说　　明
等待时间	指从下发开始业务的指令到真正开始做业务的时间
循环次数	循环测试次数
测试间隔时间	本次业务正常完成后与下次业务开始前的时间间隔
服务器名称	FTP 服务器 IP 地址
端口号	服务器端口
用户名	用户名。注：必须确保该用户拥有相应业务测试权限
密码	密码
服务器路径	FTP 服务器中下载文件的路径
文件大小	自动获取
线程数	多线程使用
被动模式	勾选表示使用被动方式接入服务器

4．FTP Upload

FTP Upload 业务是使用 FTP 协议把文件从远程计算机上复制到本地计算机的测试。

在导航栏测试模板框中，单击“编辑测试模板”→添加“FTP Upload”测试模板配置窗口。详细内容介绍及说明如图 3-14 和表 3-9 所示。

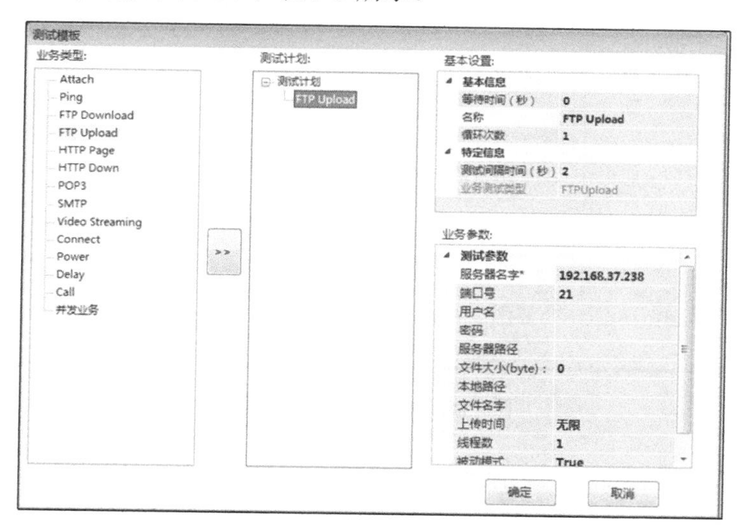

图 3-14　FTP Upload 界面介绍

表 3-9　　FTP Upload 模板内容介绍

参 数 名 称	说　　明
等待时间	指从下发开始业务的指令到真正开始做业务的时间
循环次数	循环测试次数
测试间隔时间	本次业务正常完成后与下次业务开始前的时间间隔

续表

参数名称	说明
服务器名称	FTP 服务器 IP 地址
端口号	服务器端口
用户名	用户名（必须确保该用户拥有相应业务测试权限）
密码	密码
服务器路径	FTP 服务器中下载文件的路径
文件大小	自动获取
线程数	多线程使用
被动模式	勾选表示使用被动方式接入服务器

5. HTTP Page

HTTP Page 业务业务是基于 HTTP 协议的网络页面测试。在导航栏测试模板框中，单击“编辑测试模板”→添加“HTTP Page”测试模板配置窗口。详细内容介绍及说明如图 3-15 和表 3-10 所示。

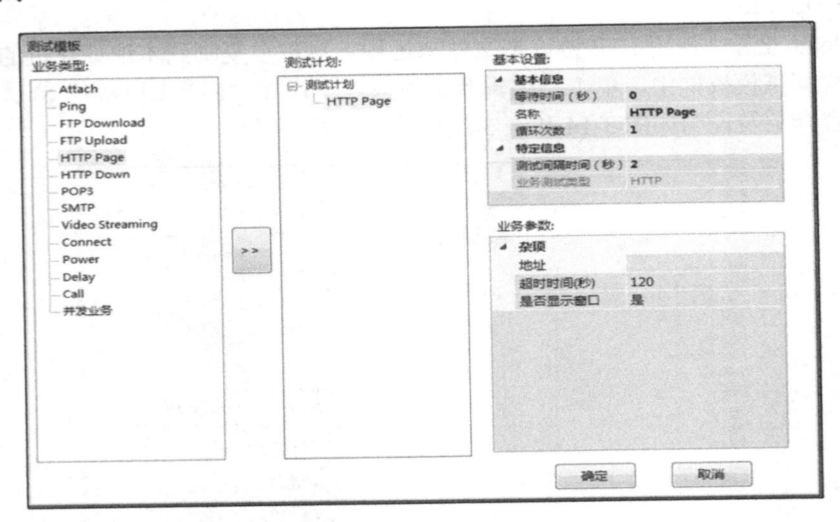

图 3-15 HTTP Page 界面介绍

表 3-10 HTTP Page 模板内容介绍

参数名称	说明
等待时间	指从下发开始业务的指令到真正开始做业务的时间
循环次数	循环测试次数
测试间隔时间	本次业务正常完成后与下次业务开始前的时间间隔
地址	HTTP 网页地址
超时时间	业务开始后，超过一定时间正常释放命令，超时未完成会记为一次失败

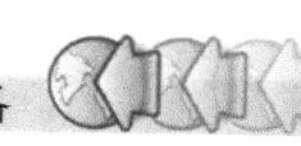

6．HTTP Down

HTTP Down 业务是基于 HTTP 协议下载指定 ULR 地址的测试。在导航栏测试模板框中，单击“编辑测试模板”→添加“HTTP Down”测试模板配置窗口。详细内容介绍及说明如图 3-16 和表 3-11 所示。

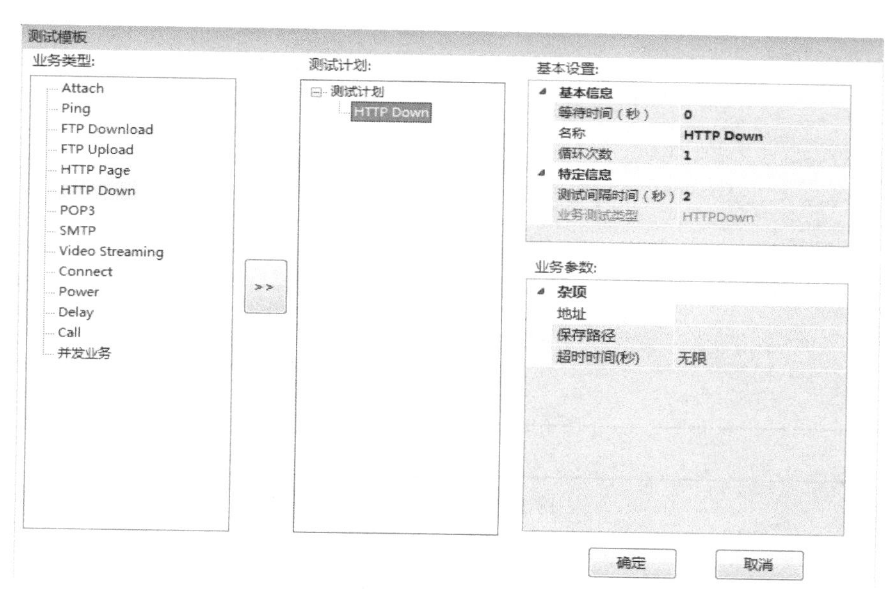

图 3-16　HTTP Down 界面介绍

表 3-11　HTTP Down 模板内容介绍

参数名称	说　　明
等待时间	指从下发开始业务的指令到真正开始做业务的时间
循环次数	循环测试次数
测试间隔时间	本次业务正常完成后与下次业务开始前的时间间隔
地址	HTTP 网页地址
超时时间	业务开始后，超过一定时间正常释放命令，超时未完成会记为一次失败
保存路径	下载文件保存的本地路径

7．POP3

POP3 业务就是 Point-to-Point Protocol 点到点协议，为在同等单元之间传输数据包这样的简单链路设计的链路层协议。在导航栏测试模板框中，单击“编辑测试模板”→添加“POP3”测试模板配置窗口。详细内容介绍如图 3-17 和表 3-12 所示。

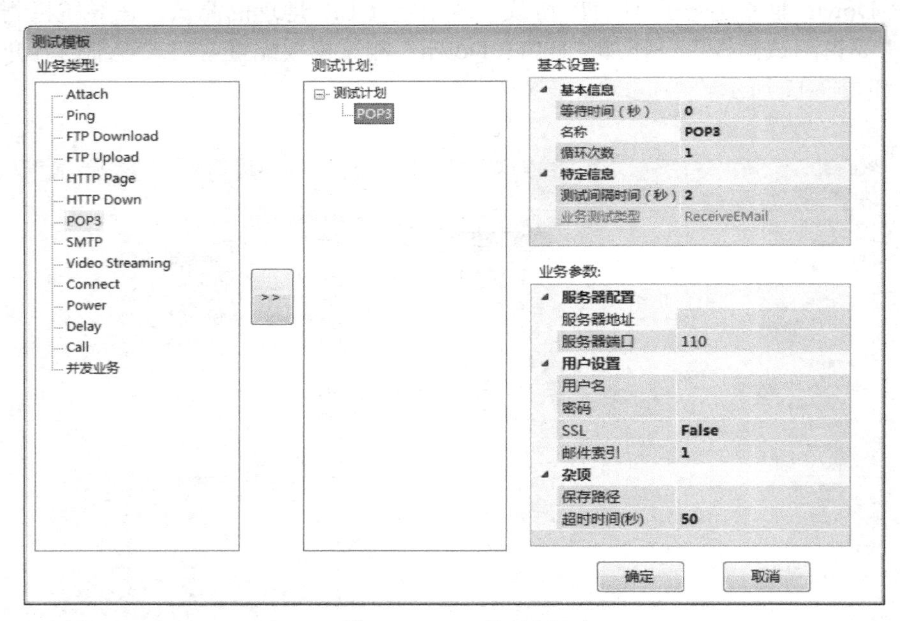

图 3-17　POP3 界面介绍

表 3-12　POP3 模板内容介绍

参数名称	说　明
等待时间	指从下发开始业务的指令到真正开始做业务的时间
循环次数	循环测试次数
测试间隔时间	本次业务正常完成后与下次业务开始前的时间间隔
服务器地址	FTP 服务器 IP 地址
服务器端口	服务器端口
用户名	用户名。注：必须确保该用户拥有相应业务测试权限
密码	密码
保存路径	下载文件保存的本地路径
超时时间	业务开始后，超过一定时间正常释放命令，超时未完成会记为一次失败

8．SMTP

SMTP 业务是发送邮件。主要是根据相应的设置，发送邮件（可有附件）到相应的接收人。在导航栏测试模板框中，单击“编辑测试模板”→添加 “POP3”测试模板配置窗口。详细内容如图 3-18 和表 3-13 所示。

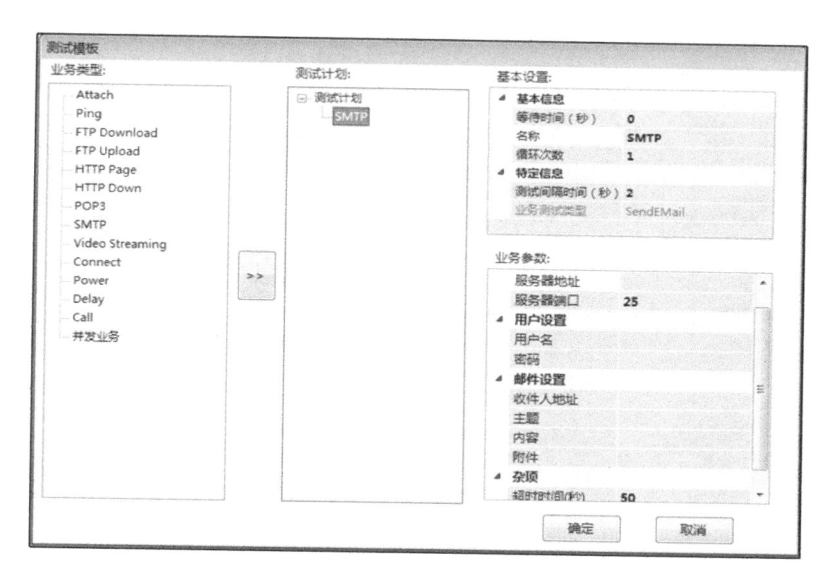

图 3-18　SMTP 界面介绍

表 3-13　　SMTP 模板内容介绍

参 数 名 称	说　　明
等待时间	指从下发开始业务的指令到真正开始做业务的时间
循环次数	循环测试次数
测试间隔时间	本次业务正常完成后与下次业务开始前的时间间隔
服务器地址	FTP 服务器 IP 地址
服务器端口	服务器端口
用户名	用户名。注：必须确保该用户拥有相应业务测试权限
密码	密码
收件人地址	收件人邮箱地址
主题	邮件主题
内容	邮件内容
附件	邮件附件
保存路径	下载文件保存的本地路径
超时时间	业务开始后，超过一定时间正常释放命令，超时未完成会记为一次失败

9. Video Streaming

Video Streaming 业务是流媒体业务，模拟用户通过手机浏览一些.3gp/mp4/rm 等格式视频的行为。在导航栏测试模板框中，单击“编辑测试模板”→添加 “Video Streaming”测试模板配置窗口。详细内容如图 3-19 和表 3-14 所示。

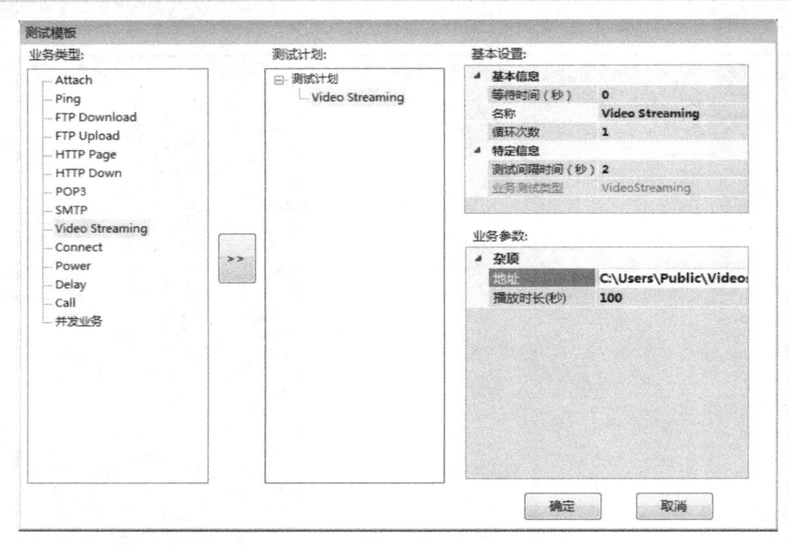

图 3-19　Video Streaming 界面介绍

表 3-14　Video Streaming 模板内容介绍

参数名称	说　明
等待时间	指从下发开始业务的指令到真正开始做业务的时间
循环次数	循环测试次数
测试间隔时间	本次业务正常完成后与下次业务开始前的时间间隔
地址	流媒体存放地址
超时时间	业务开始后，超过一定时间正常释放命令，超时未完成会记为一次失败

10．复合模板节点

测试功能，作为一个测试项目的自循环系统存在，如图 3-20 所示。

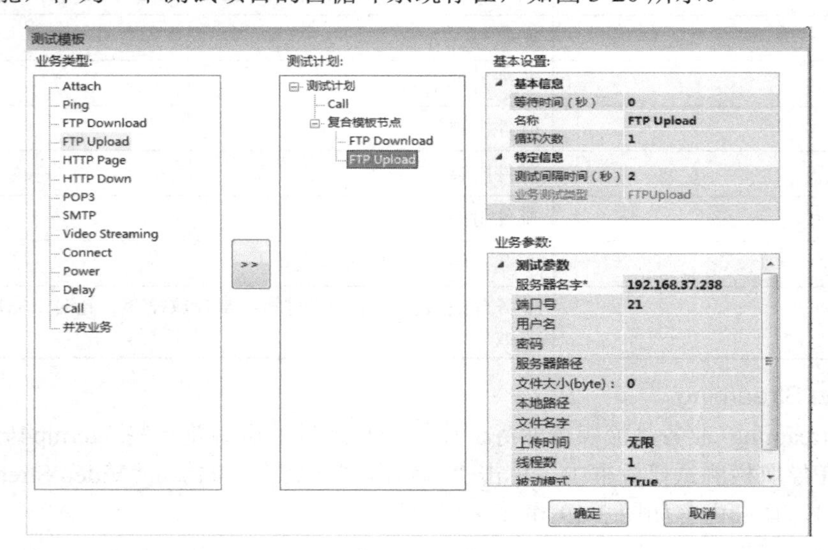

图 3-20　复合模板节点界面介绍

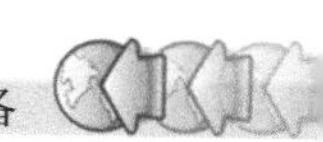

任务 4　LTE 常见指标

【知识链接】 LTE 常见指标及含义

（1）物理小区标志（Physical-layer Cell Identity，**PCI**），PCI 是由主同步信号（PSS）与辅同步信号（SSS）组成。计算公式如下：PCI=PSS+3*SSS，其中 PSS 取值为 0…2（3 种不同 PSS 序列），SSS 取值为 0…167（168 种不同 SSS 序列），利用上述公式可得 PCI 的范围是从 0…503,因此在物理层存在 504 个 PCI。由于 PCI 与同步信号相关，因此在每个小区使用时需要避免模 3 干扰，即相邻区小区的 PCI 取模 3 的结果不是相同的。

（2）参考信号接收功率（Reference Signal Receiving Power，RSRP）用来衡量小区的参考信号的强度，它是在某个 Symbol 内承载 Reference Signal 的所有 RE 上接收到的信号功率的平均值。它可以用来估计 UE 离扇区的大概路损，是 LTE 系统中测量的关键对象。在小区选择重选、切换、接入方面中起重要作用。

通常说的 RSRP 是指 CRS 的 RSRP，CRS 指 Cell-Specific Reference Signals，具体资源单元映射情况如图 3-21 所示。

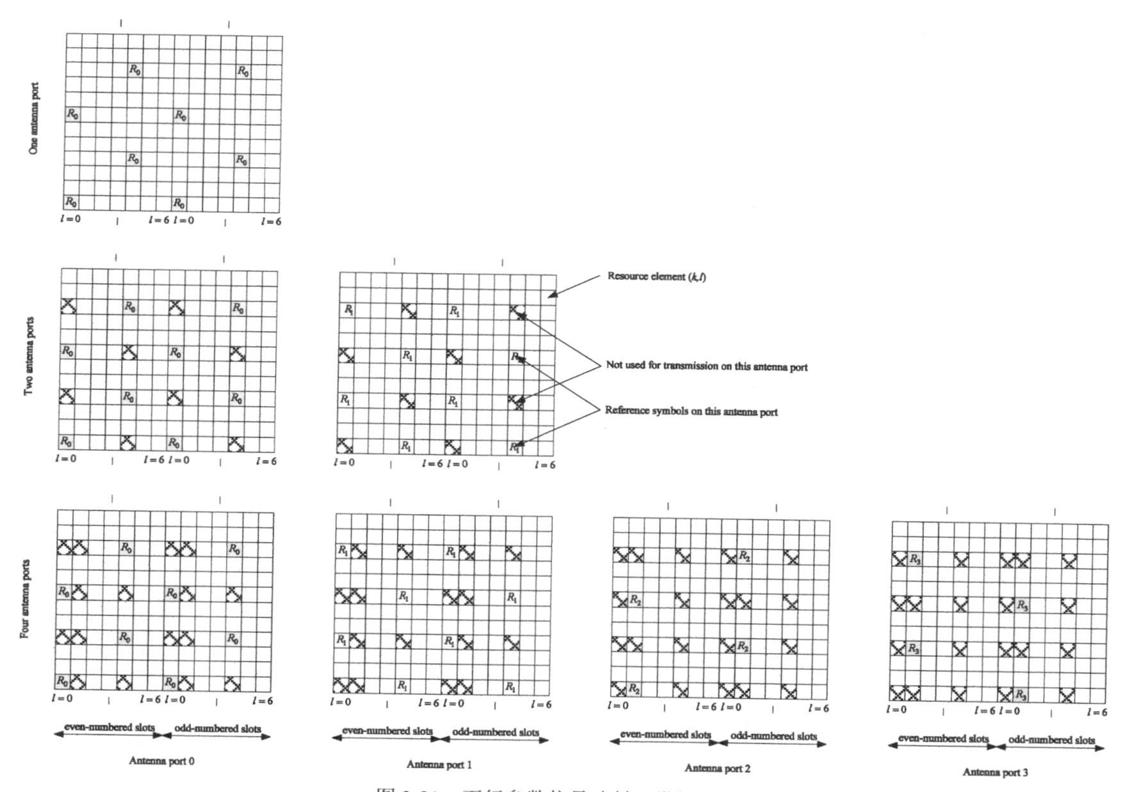

图 3-21　下行参数信号映射（常规 CP）

单位：dBm，取值范围：−140dBm 至-40dBm

（3）接收信号的强度指标（Received Signal Strength Indicator，RSSI）：是指天线端口 0

上所有承载参考信号的 OFDM 符号功率的线性平均值，包含同邻频干扰信号、外部干扰和热噪声。

（4）参考信号接收质量（Reference Signal Receiving Quality，RSRQ）：是 RSRP 和 RSSI 的比值，当然因为两者测量所基于的带宽可能不同，会用一个系数来调整，也就是 RSRQ = N*RSRP/RSSI。单位：dB，取值范围：−40dB 至 0dB。

（5）载波干扰噪声比（Carrier to Interference plus Noise Ratio，RS-CINR）：RS-CINR 在终端定义为 RS 有用信号与干扰（或噪声或干扰加噪声）相比强度，路测中由 UE 测得。RS-SINR 没有在 3GPP 进行标准化，所以目前仅在外场测试中要求厂家提供 RS-CINR，且不同厂家在实现中可能会有一定偏差。具体计算公式为 RS-CINR=RSRP/（RS RSSI-RSRP）。

（6）信号与干扰加噪声比（SINR）：是指承载参考信号的 RE 上，被测参考信号的码功率与所有干扰的功率比值，SINR=RSRP/（I+N），由于邻小区 PCI 规划时尽可能规避了模 3 和模 6 影响，所以 SINR 的测量值受邻小区业务信道的影响较小。

单位：dB，取值范围：−20dB 至 50dB。

（7）跟踪区（Tracking Area，TA）：是 LTE/SAE 系统为 UE 的位置管理新设立的概念。其被定义为 UE 不需要更新服务的自由移动区域。TA 功能为实现对终端位置的管理，可分为寻呼管理和位置更新管理。UE 通过跟踪区注册告知 EPC 自己的跟踪区。

（8）是信道质量指示（Channel Quality Indication，CQI）：CQI 由 UE 测量所得，所以一般是指下行信道质量。（即 UE 测量后上报，参考协议 36.213）

由表 3-15 中看到，编码方式越高（QPSK<16QAM<64QAM），依赖的信道条件需要越好，所以在好点的 CQI 会高于差点。

表 3-15　　CQI 介绍

CQI index	modulation	code rate x 1024	efficiency
0	out of range		
1	QPSK	78	0.1523
2	QPSK	120	0.2344
3	QPSK	193	0.3770
4	QPSK	308	0.6016
5	QPSK	449	0.8770
6	QPSK	602	1.1758
7	16QAM	378	1.4766
8	16QAM	490	1.9141
9	16QAM	616	2.4063
10	64QAM	466	2.7305
11	64QAM	567	3.3223
12	64QAM	666	3.9023
13	64QAM	772	4.5234
14	64QAM	873	5.1152
15	64QAM	948	5.5547

（9）上行 PRB 数：为 ENodeB 根据当前资源调度情况，以及 UE 的数据发送需求，调度给 UE 可用的物理资源数。对于单 UE 测试来说，假设上行发送数据的需求量足够大，那么

上行的 PRB 数开始下降，代表上行的覆盖开始急剧恶化。

（10）上行 MCS：为基站根据 UE 的数据发送需求，调度的 PRB 数、UE 的发射功率能力以及上行的干扰水平，计算得到的 UE 可用的编码等级。

（11）UE TX Power：为根据上行预期的接受功率谱密度、上行调度的 PRB 数量以及上行的 MCS、基站指定 UE 发射的功率。在 ENodeB 参数设置合理的情况下，UE TX Power 开始变为满功率的时候，代表上行覆盖开始首先的起点，所以一般分析上行覆盖，就以 UE TX Power 来衡量。

单位：dbm，取值范围：−40dbm 至 23dbm。

【实战技巧】

优化准备里面对 LTE 优化工作整体上进行了介绍，然后重点对路测工具进行了介绍。因为在 LTE 优化中，路测仍是最基本的手段。无论是工程优化期还是日常优化期，路测优化是最直接反映网络性能的手段，对路测工具的使用便成了无线网优行业入门的技能。因此对路测工具进行了较全面的介绍，目前商用的路测工具较多，基本功能和使用方法相似。掌握 UltraOptim 路测工具虽然不代表就掌握了所有路测工具，但能起到非常好的引导作用，能够快速掌握其他路测工具的使用。

项目 4

LTE 网络的单站优化

【项目内容】

全面介绍 LTE 中单站优化的目的和流程，以实训的方式介绍单站优化的工具、方法、报告和注意事项。

【知识目标】

了解 LTE 单站优化意义和单站优化的流程；
理解 LTE 单站优化指标体系和意义；
掌握 LTE 单站优化的测试方法和分析方法。

【技能目标】

学会单站优化的站点查勘与单站优化的测试数据采集，掌握分析单站优化的数据并能出网络性能指标 KPI，能够完成路测参数轨迹图和输出报告。

任务 1　了解 LTE 单站优化的流程

【知识链接 1】 LTE 单站优化的背景

单站优化是通过对基站功能验证，保障基站设备工作状态、信号质量及各种业务正常；同时通过对基站基础数据的采集，为后期优化提供准确的基础信息和无线环境信息，有利于提高后期优化的效率。

单站优化分为三个阶段，前期准备、单站测试和勘查、问题处理。前期准备阶段需要对测量站点工作状态进行核查，保证基站工作正常，无告警和各项功能正常；对测试工具进行检查；对测试车辆进行申请和合理安排。单站测试和勘查时，需要采集基站经纬度、天线挂高、天线方位角和下倾角、无线环境拍照信息；对小区参数进行检查，TA、PCI、频点设置是否与规划一致；对业务进行验证，对接入性能、数据业务速率、小区内切换以及覆盖范围进行验证。

【知识链接 2】 LTE 单站优化的流程

单站优化流程一般是根据运营商的要求进行针对性的制定，但总的要求是相同或者相似的；其中基础数据采集和业务验证是必须的内容。以下整理出较为通用的单站优化流程，如图 4-1 所示。

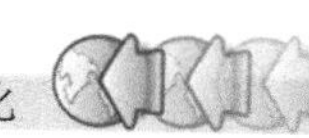

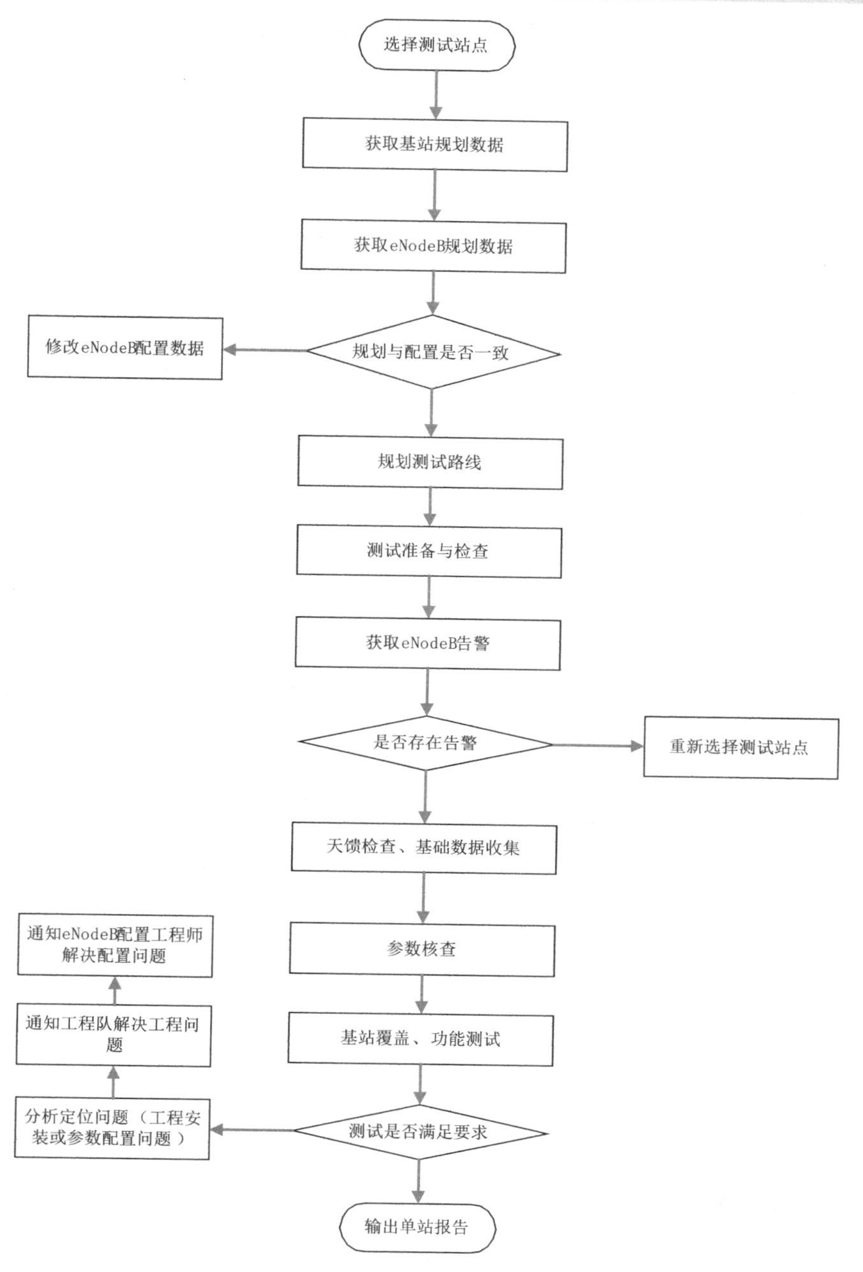

图 4-1　LTE 单站优化流程

任务 2　体验 LTE 单站优化

【知识链接 1】　LTE 单站优化指标体系

LTE 单站优化指标可以分为参数准确性、信号质量和业务质量三大类，根据宏站和室分

的特点，对于指标的细项和要求存在部分差别（以下指标来源路测），如表 4-1 所示。

表 4-1　　LTE 单站优化指标内容

指标类别	指　标　项	宏站指标	室分指标	指 标 说 明
信号质量	RSRP	Y		距离基站 50～100 米，近点 RSRP 值（尽量可视天线）
	SINR	Y		距离基站 50～100 米，近点 SINR 值（尽量可视天线）
	小区覆盖测试	Y		沿小区天线主覆盖方向进行拉远测试
	RSRP 分布		Y	例如：RS-RSRP>-100dBm 的比例≥90%
	SINR 分布（双通道）		Y	例如：RS-SINR>6dB 的比例≥90%
	SINR 分布（单通道）		Y	例如：RS-SINR>5dB 的比例≥90%
参数准确性	PCI	Y	Y	是否与设计值一致
	上行频点	Y	Y	是否与设计值一致
	下行频点	Y	Y	是否与设计值一致
	TA	Y	Y	是否与设计值一致
业务质量	Ping 时延（32Byte）	Y	Y	从发出 PING Request 到收到 PING Reply 之间的时延平均值
	FTP 下载	Y	Y	空载，信号好点（RS_RSRP>-90dBm 且 RS_SINR >20dB）测试，记录峰值和均值速率
	FTP 上传	Y	Y	空载，信号好点（RS_RSRP>-90dBm 且 RS_SINR >20dB）测试，记录峰值和均值速率
	CSFB 建立成功率	Y	Y	覆盖好点（RS_RSRP>-90dBm 且 RS_SINR >20dB）
	CSFB 建立时延	Y	Y	UE 在 LTE 侧发起 Extend Sevice Request 消息开始，到 IRAT 侧收到 ALERTING 消息
	切换情况	Y	Y	同站小区间切换，能正常切换
	连接建立成功率		Y	连接建立成功率=成功完成连接建立次数/终端发起分组数据连接建立请求总次数
	PS 掉线率		Y	掉线率=掉线次数/成功完成连接建立次数
	VoIP（可选）	Y	Y	测试 VoIP 成功率

【知识链接 2】 LTE 单站优化测试方法

LTE 单站测试内容分为覆盖测试和性能测试两个方面。覆盖测试时，对于宏站，采用围绕基站路测的方式；测试时车速一般保持在 30 公里/小时～40 公里/小时。在移动过程中，记录 RSRP、RSRQ、SINR 等参数。通过接收的参数来确认是否存在功放异常、天馈连接异常、天线安装位置设计不合理、周围环境发生变化导致建筑物阻挡、硬件安装时天线倾角或方向角与规划时不一致等问题。对于室分站点，需采用步测的方式；首先需要获取室内平面图。其次，根据步行测试的轨迹记录 RSRP、RSRQ、SINR 等参数。业务测试时主要关注 FTP 上传/下载吞吐率、PING 时延、小区间切换、接入性能和 CSFB 成功率。

LTE 单站优化测试项目和方法如表 4-2、表 4-3、表 4-4、表 4-5、表 4-6 和表 4-7 所示。

表 4-2　　CQT PING 测试

测 试 项 目	CQT PING 测试
测试内容	PING 包成功率及 PING 包时延测试
测试条件	1. UE、测试小区、业务服务器正常工作
	2. 天线配置：上行 SIMO 模式；下行自适应 MIMO 模式
	3. 测试区域：选择一个主测小区，在该小区内进行测试
	4. 在室外选择好点（RS_RSRP>-90dBm 且 RS_SINR >20dB）进行测试
测试方法	终端发起 Ping 包（32byte）业务，采 DOS ping 方式，记录 RTT 作为测试样值。再次重复，直到测试结束, ping 包不少于 100 次
测试指标	ping 时延（32Byte）

表 4-3　　CQT 好点下载测试

测 试 项 目	CQT 好点下载
测试内容	测试单用户下行速率（Cat3 终端）
测试条件	1. UE、测试小区、业务服务器正常工作
	2. 测试终端为 Cat3
	3. 天线配置：上行 SIMO 模式；下行自适应 MIMO 模式
	4. 测试区域：选择一个主测小区，在该小区内进行测试
	5. 在室外选择好点（RS_RSRP>-90dBm 且 RS_SINR >20dB）进行测试
测试方法	终端发起 FTP 下载业务，待数据业务稳定后，连续测试 2 分钟，记录下行峰值速率和平均速率
测试指标	下行峰值速率、下行平均速率

表 4-4　　CQT 好点上传测试

测 试 项 目	CQT 好点上传
测试内容	测试单用户上行速率（Cat3 终端）
测试条件	1. UE、测试小区、业务服务器正常工作
	2. 测试终端为 Cat3
	3. 天线配置：上行 SIMO 模式；下行自适应 MIMO 模式
	4. 测试区域：选择一个主测小区，在该小区内进行测试
	5. 在室外选择好点（RS_RSRP>-90dBm 且 RS_SINR >20dB）进行测试
测试方法	终端发起 FTP 上传业务，待数据业务稳定后，连续测试 2 分钟，记录上行峰值速率和平均速率
测试指标	上行峰值速率、上行平均速率

表 4-5　　CQT 数据业务接入延时测试

测 试 项 目	CQT 数据业务接入时延
测试内容	测试数据业务接入时延
测试条件	1. UE、测试小区、业务服务器正常工作
	2. 测试终端为 Cat3
	3. 天线配置：上行 SIMO 模式；下行自适应 MIMO 模式
	4. 测试区域：选择一个主测小区，在该小区内进行测试
	5. 在室外选择好点（RS_RSRP>-90dBm 且 RS_SINR >20dB）进行测试

续表

测 试 项 目	CQT 数据业务接入时延
测试方法	1. 测试设备正常开启，工作稳定
	2. 终端发起数据业务连接，连接完成后断开
	3. 重复步骤 2，统计 10 次接入
测试指标	数据业务接入时延

表 4-6　　CQTCSFB 测试

测试项目	CQTCSFB 测试
测试内容	CSFB 的成功率和时延
测试条件	1. UE、测试小区、业务服务器正常工作
	2. 测试终端为 Cat3
	3. 天线配置：上行 SIMO 模式；下行自适应 MIMO 模式
	4. 测试区域：选择一个主测小区，在该小区内进行测试
	5. 在室外选择好点（RS_RSRP>-90dBm 且 RS_SINR >20dB）进行测试
	6. 连接 4 部测试终端，其中 1 号终端和 2 号终端测试 LTE 到 LTE 的 CSFB 性能，1 号为主叫，2 号为被叫；3 号终端和 4 号终端测试 LTE 到 WCDMA 的 CSFB 性能，3 号为主叫，4 号为被叫
测试方法	1. 测试设备正常开启，工作稳定
	2. LTE 用户做主叫呼叫 WCDMA 用户
	3. 主叫与被叫挂机，通话正常释放
	4. 记录 CSFB 用户发起呼叫到 WCDMA CS 用户振铃的时间
	5. 重复以上步骤，测试 20 次，记录成功率
	6. LTE 用户做主叫呼叫 LTE 用户
	7. 主叫与被叫挂机，通话正常释放
	8. 记录 CSFB 用户发起呼叫到 LTE 用户振铃的时间
	9. 重复以上步骤，测试 20 次，记录成功率
测试指标	CSFB 呼叫成功率（LTE 主叫，WCDMA 被叫）、CSFB 呼叫成功率（LTE 主叫，LTE 被叫）、CSFB 接入时延（LTE 主叫，WCDMA 被叫）、CSFB 接入时延（LTE 主叫，LTE 被叫）

表 4-7　　DT 切换测试

测试项目	DT 切换测试
测试内容	基站内切换功能
测试条件	1. UE、测试小区、业务服务器正常工作
	2. 天线配置：上行 SIMO 模式；下行自适应 MIMO 模式
	3. 测试区域：选择一个主测小区，在该小区内进行测试
测试方法	1. 系统根据测试要求配置，正常工作
	2. 在距离基站 50～300 米的范围内，驱车绕基站一周，将该基站的所有小区都要遍历到
	3. 如果本站任意两个小区间可以正常切换，切换点在两小区的边界处。则验证切换正常，小区覆盖区域合理。如果切换点不在两小区边界处，各小区覆盖区域与设计有明显偏差，则需要检查天线方位角是否正确，将天线方位角调整到规划值，再进行测试
测试指标	切换功能、RSRP 覆盖测试、RS-SINR 覆盖测试

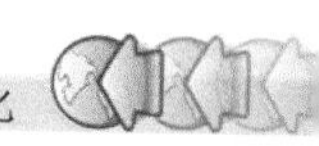

【知识链接 3】 LTE 单站优化分析方法

如图 4-2 所示，LTE 单站优化分析分为施工类、覆盖类和业务类三个方面。施工类即基站的安装、馈线接法、GPS 位置等符合规范，它会对覆盖质量和业务性能产生直接影响。覆盖类考查的是网络信号质量水平，业务类考查的是单站的性能。只有覆盖和业务均达到运营商的要求才能算单站优化通过。

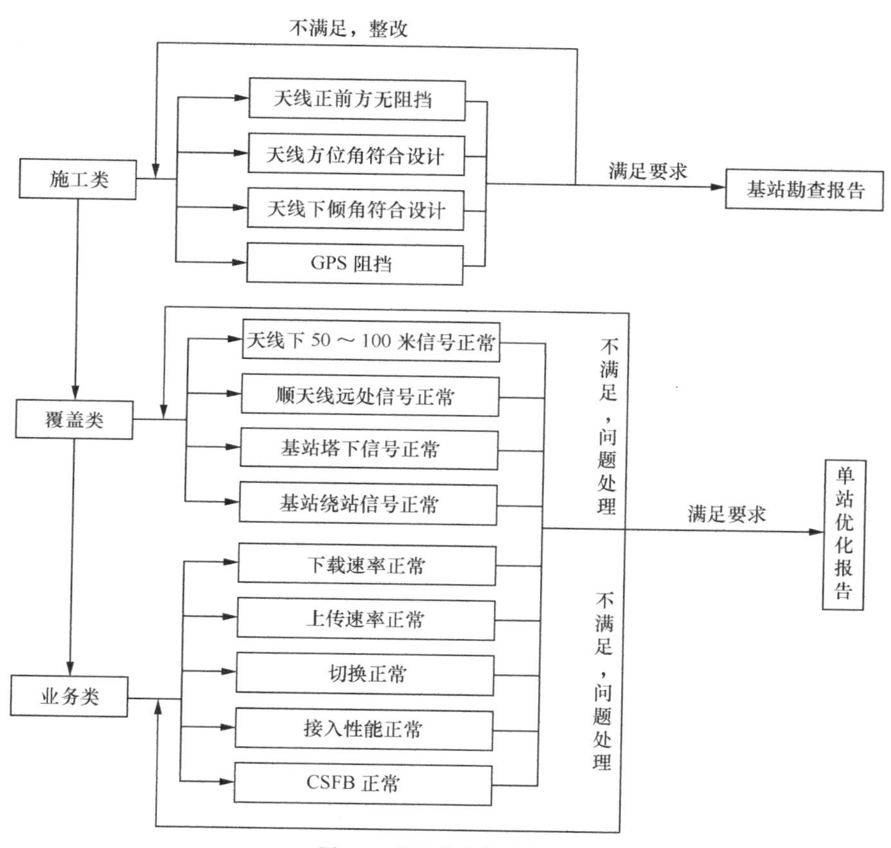

图 4-2　单站优化分析流程

1. 施工类问题优化

施工类问题优化，也称为工程遗留问题排查，常见的问题有以下几类。

（1）天线正面被阻挡

天线受安装位置的影响，其正面可能会被广告牌、楼体墙面、自身楼面、正面高大建筑等阻挡，这样的情况下基站的覆盖效果将受到严重影响，可能产生覆盖空洞或者弱覆盖，直接降低网络的覆盖水平，影响用户对网络的感知。

（2）RRU 光纤接反

RRU 光纤接反使两个小区覆盖区域交换，与原规划不相符，容易造成 MOD3 干扰而降低小区间交界处的数据吞吐率，同时其导致邻区关系的混乱也会使移动用户有可能无法迁移至最佳覆盖小区，优化过程中应纠正 RRU 光纤的接反问题，如图 4-3 所示。

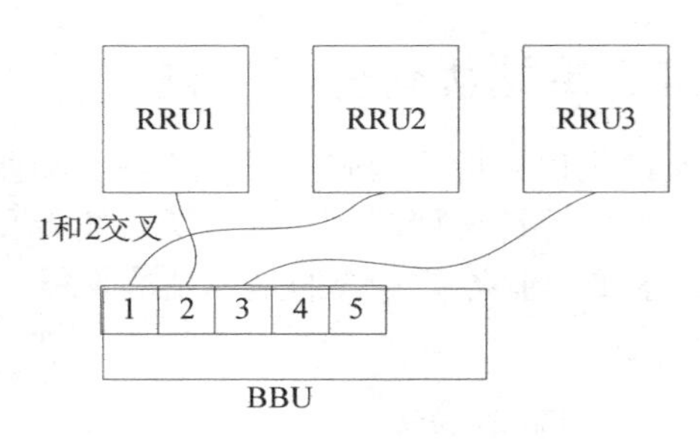

图 4-3　RRU 光纤接反

（3）馈线接反

馈线接反与 RRU 光纤接反类似，产生的后果相同，只是馈线接反发生在天线与 RRU 之间，如图 4-4 所示。

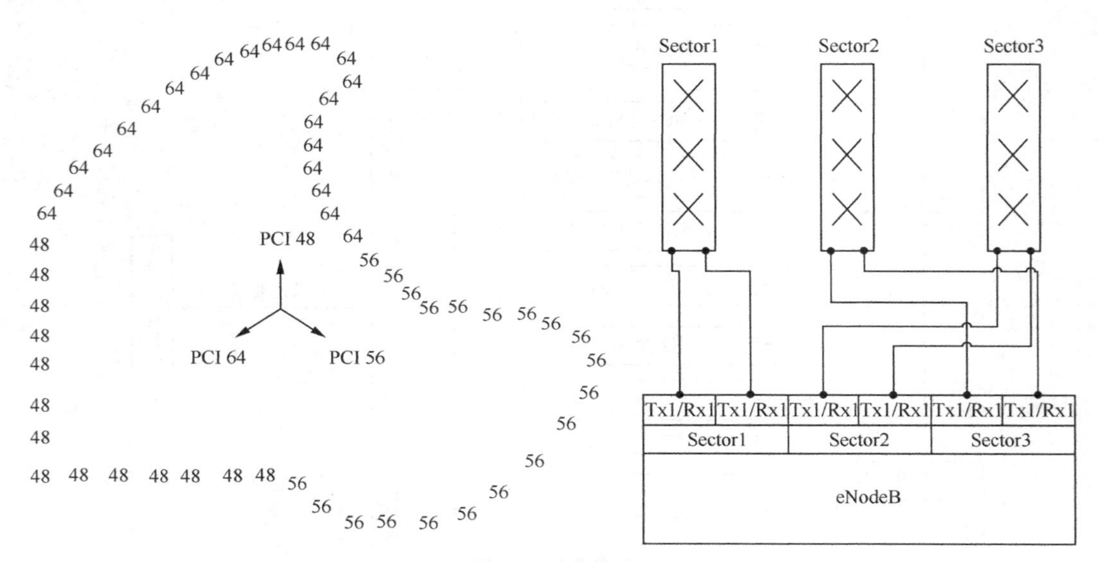

图 4-4　馈线接反

（4）馈线鸳鸯

馈线鸳鸯是指某个扇区的两路输入分别连接至两个不同扇区，如图 4-5 所示。馈线接错导致测试过程中不规则的 PCI 交错覆盖，这样会造成业务性能的严重劣化，在馈线接错的 PCI 交替区域，除了移动性能异常外，还会造成 MIMO 无法实现。馈线鸳鸯也是常见工程问题之一，但馈线鸳鸯有较强的隐蔽性，在实际测试中很难被发现，需要仔细分析。

（5）天线端口接错

LTE 的 MIMO 是通过两个通道的不相干性实现的。考虑到天面资源的珍贵，这种不相干性通过极化正交来实现。如果一个小区的两个发射分支错误的接到了相同极化方向的接口上时，会造成两个发射分支相互干扰（高相关性）和降低 MIMO 使用率，速率也会下降。所以如果测试过程中 MIMO 占比不正常地偏低，且覆盖区域天线使用的是 4 个端口天线时，应该重点排查是否有 LTE 的两路馈线接入了相同极化的输入端口。

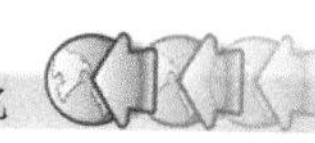

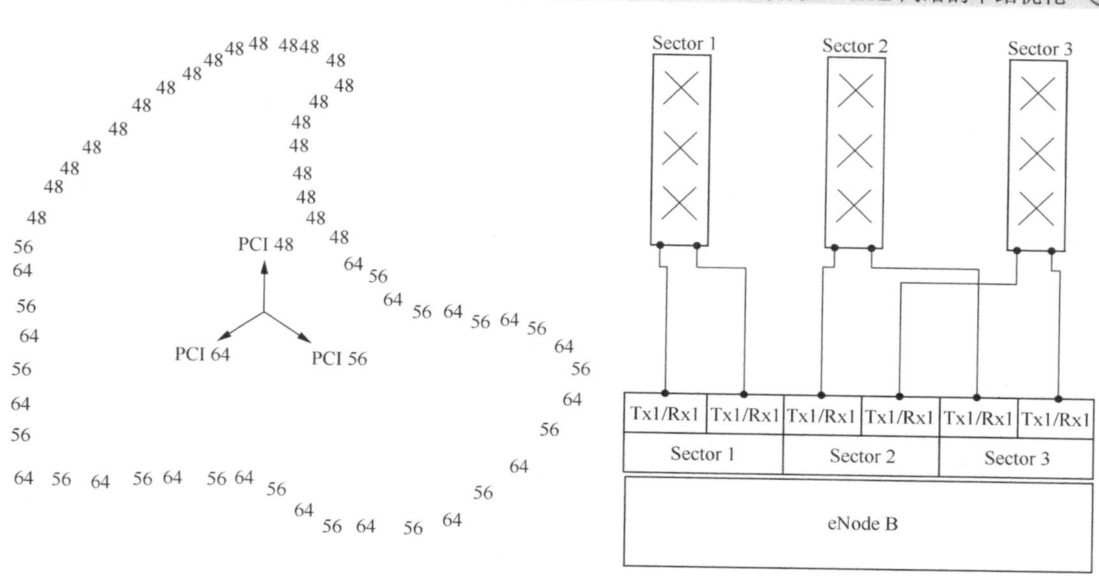

图 4-5　馈线鸳鸯

2．覆盖类问题优化

基站无信号或者弱信号

在单站优化过程中，可能测试时测不到此站信号或者某一小区信号；排查方法和步骤如下。

① 确认基站位置，找到的基站位置是否和原计划测试站点相符。若信息正确进入步骤 2。

② 基站或小区是否解开。如果基站或者小区是锁闭状态，解开基站或者小区即可。

③ 查询基站告警，主要检查基站是否掉站、RRU 是否掉电、是否有天线方面的告警。若基站或者小区存在告警，通知维护人员修复基站。

④ 基站无告警、工作状态正常的情况下仍无信号，检查小区功率参数设置是否正常。

⑤ 观察天线安装周边环境，天线是否被阻挡，若天线被阻挡，更换测试地点，在能直视天线覆盖的区域测试，若信号正常，通知工程整改。若仍无信号，做接下来的工作。

⑥ 检查天馈是否与其他系统合路，合路后的异系统信号是否正常。去掉合路器后若信号 LTE 正常，则进行测试；若仍无信号，进入步骤 7。

⑦ 重启基站，基站若仍不能恢复正常，报告项目组处理。

3．业务类问题优化

此处的业务类优化仅列举基站速率低和切换问题，更详细的业务类优化介绍见项目 6 相关内容。

（1）基站速率低

单站优化测试时，会遇到测试速率不达标的情况，常见影响速率的原因有以下几种。

① 测试点信号不够理想。CQI 较差，64QAM 比例较低，一般这种情况下 SINR 较差。遇此情况更换一个信号良好的点进行测试。

② 测试点无线环境良好，调度较低导致的速率不高，此时应开启多线程进行业务测试，一般开启线程数为 20 个，测试速率可以达到 100M。如果速率仍不够理想，可以关闭此项测试，重新测试。

③ 传输质量差或者传输带宽不足。基站的传输质量差，有大量误码或闪断会导致速率低下；传输带宽不足也将导致速率不达标。

④ 终端问题。SIM 卡注册签约的服务等级较低或者终端质量问题导致速率较低。一般来说，SIM 卡等级可以通过软件查询，终端问题可以通过更换排查。

⑤ 测试工具问题。测试电脑受系统设置、防火墙或者杀毒软件等的限制导致速率低，关闭相应的软件即可。

⑥ 干扰问题。外部或者内部的干扰导致速率低，需要对干扰进行排查解决。

（2）切换类问题优化

切换的步骤包括测量控制、测量报告、切换命令、在目标小区接入、终端反馈重配完成几个过程。任何一个过程出现问题，都会导致切换失败。切换失败常见原因及分析内容如下。

① 邻区漏配：漏配邻区会导致源小区无法得知目标小区的基本信息，终端检测的源小区信号越来越差，可能会多次上报测量报告。这种情况补全邻区即可。

② 干扰：外部或者内部干扰会导致切换失败。干扰产生的接入失败往往会伴随接入差和掉话高，此时终端的发射功率较高，检测到的底噪也会较高，遇到此情况需要对干扰进行处理。

③ 上行失步：上行失步时终端可以收到基站下发的测量控制，但基站无法收到测量报告。这种现象对于路测来说较难定位，需要通过后台进行排查基站状态和信令跟踪来定位问题。

④ 基站故障：基站工作异常产生的切换问题往往也会伴随接入和掉话问题，基站会出现告警。处理基站故障即可。

⑤ 传输故障：传输闪断、传输不同步也会导致切换问题。

⑥ 导频污染：信号过多而没有主导小区也会导致切换失败，这需要对无线环境情况优化解决。

⑦ 终端问题：终端不响应，死机也会导致切换异常。

【技能实训 1】 LTE 站点查勘

基站查勘分为设计阶段和优化阶段，设计阶段的查勘主要由设计人员对周边基站分布、无线环境等情况进行了解，包括确定基站建设位置、容量规划、基站工程参数、基站土建、电源设计等；优化阶段的查勘内容主要是对周边无线环境的描述、天线工程参数的采集、天线安装位置记录等。

1. 基站查勘工具

（1）GPS：主要用于测量经纬度和海拔高度。为保证 GPS 测量的准确性，测量时 GPS 至少接收到 3 颗卫星信号，且使 GPS 开机保持在 10 以上。现在手机均集成了 GPS，可用于进行经纬度测量，在没有专用 GPS 情况下，可用手机代替。

（2）数码相机：数码相机主要用于对周边环境和天线安装情况进行拍照。在对周边环境进行 360° 拍照时，拍摄的位置尽量选择天线挂高的平台。如果受条件限制，无法到达天线安装的平台，需要选择能正确反应周边环境的位置，记录下拍摄点与天线的相对位置。在实际拍照时，一般选择每 60° 一张照片，或者根据运营商的要求进行拍照。无专用数码相机可用手机代替。

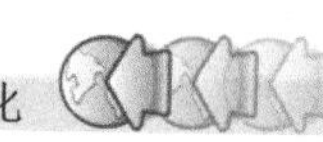

（3）指北针：指北针用于测量天线的方位角。使用指北针时，需要对使用的指北针水平操持，通过镜面上的标线与天线平直；受条件限制，可以正向或者反向测量。使用指北针时尽量远离金属物，同时不能靠天线太近，避免受磁化影响。

（4）坡度仪：坡度仪用于测量天线的机械下倾角。使用坡度仪时，需要将坡度仪贴在天线背面，水平珠保持正中央进行读数。

2．基站查勘步骤

（1）工具准备：携带 GPS、数码相机、指北针、坡度仪、基站勘查表、基站基本信息、手机，并确认这些工具工作正常。

（2）采集天线的基本信息：即方向角、下倾角、经纬度、天线类型、馈线等信息；共天线的需采集共天线的信息。

（3）采集无线环境信息：对周边环境进行 360° 拍照，每 60° 拍一张照片，天线安装情况整体照片；针对天线受阻挡，LTE 天线与其他天线相对位置进行描述。

（4）GPS 安装位置信息：检查并记录 GPS 安装信息，要求 GPS 上空（至少 75%面积）无遮挡。

注意：基站查勘中天线信息采集具有一定的危险性，需要专业的登高人员处理。单站优化过程中，优化工程师需要与天线工程师一起配合工作，基本分工为天线工程师采集天线信息，优化工程师记录信息并对所有采集的数据进行核实，要求做到信息准确无误。

【技能实训 2】 LTE 单站优化测试数据采集

单站优化中测试数据采集非常重要，它完成的质量直接关系到单站优化是否通过。单站优化测试分为 CQT 和 DT 测试两个部分，在记录测试文件时一般会有统一的要求，包括测试基站名、测试时间、测试人员及测试内容等。

1．测试工具

包括测试手机、笔记本电脑、电子地图、测试软件（前台、后台、加密狗）、GPS（测试软件配套）、车载电源（逆变器）、LTE 数据卡、测试车辆。

2．测试要求和方法

CQT 要求在近点环境下进行（需要和客户具体确定），每个扇区均需验证。内容包含接入性能测试、上下行速率性能测试、PING 时延测试等。近点要求 SINR>23dB，有时受限于地理环境等因素，较难选点，可以通过网管的动态管理功能闭塞周围小区信号，变相实现。如果客户不认同闭塞小区的做法，可以和客户商讨采用中点验证测试的方式，但是相应的验收标准需要降低。单站验证阶段 DT 测试只验证各扇区的覆盖性能和天馈连接情况，一般不对路测 KPI 指标作要求。单站优化测试内容有以下几种。

（1）初始接入（附着）测试

① 连接测试终端和测试软件；

② 使 UE 驻留在待测小区的近点位置，开始记录数据；

③ 控制 UE 重新发起 Attach 流程附着到测试小区（可手动控制或者软件自动设置）；

④ 在电脑端使用 ping 刷新网页或者下载资源均可；

⑤ 间隔 15 秒；

⑥ 控制 UE 做 Detach；

⑦ 重复 10 次 3～6 步骤；

⑧ 结束，保存测试数据。

（2）上下行速率测试

① 连接测试终端和测试软件；

② 使 UE 驻留在待测小区的近点位置

③ 控制 UE 成功接入网络中；

④ 利用 FTP 软件分别做上行、下行的 FTP 业务测试 3 分钟（建议同时 10 线程，也可多开几个软件窗口同时进行业务）；

⑤ 使用 DU Meter 或 Net Meter 记录上、下行 FTP 速率峰值和平均值，并截图保存；

⑥ 移动 UE 使其驻留在待测小区中点的位置（可选项，根据项目具体要求而定）

⑦ 重复步骤 3 和步骤 5；

⑧ 移动 UE 使其驻留在待测小区远点的位置（可选项，根据项目具体要求而定）；

⑨ 重复步骤 3 和步骤 5；

⑩ 记录并保存测试数据。

（3）CSFB 测试

① 连接测试终端和测试软件；

② 使 UE 驻留在待测小区的近点位置

③ 通过软件设置相应脚本（也可手动控制）进行语音主叫与被叫测试；

④ 通话时长为 15 秒，间隔 15 秒，循环拨打 20～30 次；

⑤ 验证 CSFB 功能正常，接入时延正常；

⑥ 记录并保存测试数据。

（4）用户面 PING 时延测试

① 连接测试终端和测试软件；

② 使 UE 驻留在待测小区的近点位置

③ 控制 UE 成功接入网络中；

④ 在 UE 侧的电脑上打开 MS-DOS 界面；

⑤ 使用命令 ping 授权的服务器：ping <application server IP address> -l 32 –n 60>；

⑥ 通过截图或者保存 MS-DOS 输出结果方式记录 ping 结果；

⑦ 记录并保存测试数据。

（5）扇区覆盖及切换测试

① 连接测试终端和测试软件；

② UE 发起呼叫，接入网络；

③ 开始下行 FTP 测试；

④ 车辆围绕测试站点做移动测试，要求测到站点周围的主要道路；

⑤ 检查站点覆盖是否基本正常，并根据 PCI 分布来分析判断是否有天馈接反问题；

⑥ 检查该基站的不同扇区间切换是否正常；

⑦ 记录并保存测试数据。

（6）VoIP 语音业务测试（可选）

① 连接测试终端和测试软件；

② 开机使 UE Attach 在待测小区的近点位置；

③ 控制 UE 成功接入网络中；
④ 用测试终端呼叫其他用户并进行通话，时长 3～5 分钟；
⑤ 重复步骤 3，重复次数 5 次；
⑥ 用测试终端作为被叫，与其他用户进行通话，时长 3～5 分钟；
⑦ 重复步骤 5，重复次数 5 次；
⑧ 记录并保存测试数据。

【技能实训 3】 LTE 单站优化数据分析与报告

单站优化分析首先需要填写单站优化测试过程中的相应结果，如表 4-8 所示，测试中覆盖水平、PCI、上传下载速率等相关信息，要求必须真实准确；其次是进行图 4-6 所示分析，完成单站优化测试数据中 RSRP、SINR、上传下载速率等图示；然后是进行问题分析，如覆盖差、天线接反、速率低、无法切换等；最后是完成单站优化报告。

1．单站优化统计表

表 4-8　单站优化测试结果统计

类　别	No.	Activity/Process 测试项目	cell 1 小区 1	cell 2 小区 2	cell 3 小区 3	Result 结论
CQT 覆盖测试	1	距离基站 50～100 米，近点 RSRP 值	-55.5	-53.7	-64.6	OK
	2	距离基站 50～101 米，近点 SINR 值	24.1	18.1	18.4	OK
	3	CI	1	2	3	OK
	4	PCI 正确（和设计完全相符）	183	184	185	OK
CQT 数据业务	5	CQT FTP 下载吞吐量（峰值）（空载，RSRP>-90dBm，SINR>20dB，FDD：≥85Mbit/s；TDD：≥75Mbit/s）	118.7M	109.6M	128.3M	OK
	6	CQT FTP 上传吞吐量（峰值）（空载，RSRP>-90dBm，SINR>20dB，FDD：≥45Mbit/s；TDD：≥9Mbit/s）	53.4M	56.1M	53.3M	OK
	7	Ping 时延测试（32byte）（空载，RSRP>−90dBm，SINR>20dB，时延应小于 30ms）	29	27	28	OK
	8	CSFB 建立成功率	100%	100%	100%	OK
	9	CSFB 呼叫建立时延（空载，RSRP>−90dBm，SINR>20dB，主叫和被叫时延应均小于 6.2s）	6.1s	5.9s	6.0s	OK
	10	CQT FTP 下载吞吐量（均值）（空载，RSRP>-90dBm，SINR>20dB，FDD：≥50Mbit/s；TDD：≥30Mbit/s）	90.8M	94.1M	95.8M	OK
	11	CQT FTP 上传吞吐量（均值）（空载，RSRP>-90dBm，SINR>20dB，FDD：≥30Mbit/s；TDD：≥5Mbit/s）	51.2M	51.4M	39.4M	OK

续表

类　别	No.	Activity/Process 测试项目	cell 1 小区 1	cell 2 小区 2	cell 3 小区 3	Result 结论
DT 切换	12	切换正常（同站内各小区间切换成功）	OK	OK	OK	OK
DT 覆盖	13	覆盖正常，不存在严重阻挡及天馈接反问题	OK	OK	OK	OK

2. 单站优化图示分析

RSRP 图示分析

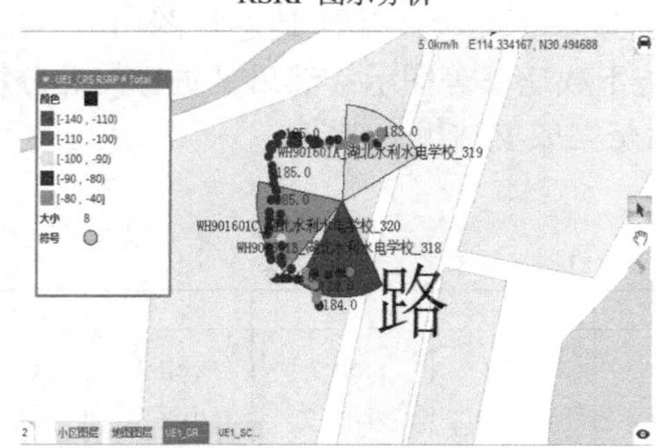

SINR 图示分析

FTP 下载

FTP 上传

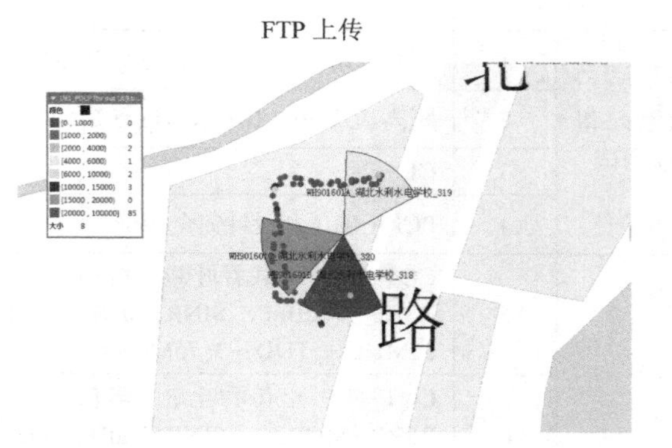

切换

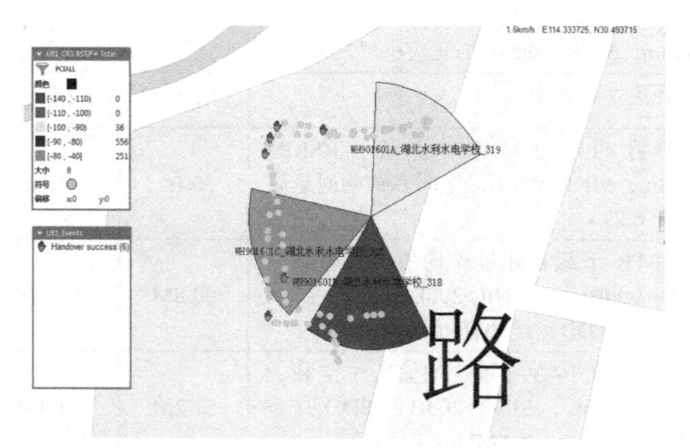

图 4-6　单站优化测试数据分析

3. 单站优化问题分析

案例 4-1：馈线接反

【问题描述】

在对 L9003 号站进行单站优化 DT 测试过程时发现三个小区信号与规划不一致，天线顺时针接反（1 小区方向收到 3 小区信号、2 小区方向收到 1 小区信号、3 小区方向收到 2 小区信号），如图 4-7 所示。

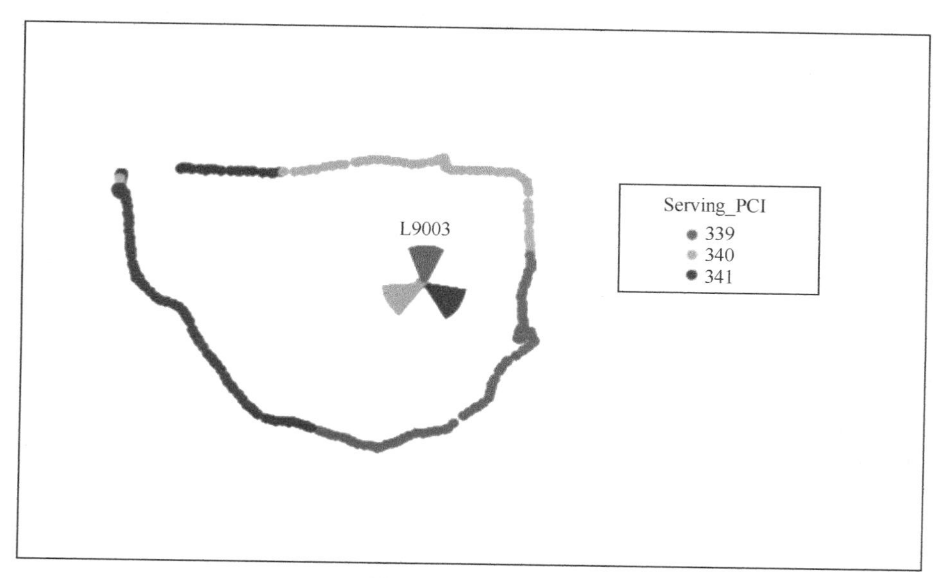

图 4-7　馈线接反结果

【问题分析】

根据测试数据所反映的现象，此站属于明显的天线交替接反，一般产生此问题的原因为基站安装时天馈线接错或者 BBU 至 RRU 的光纤接错。针对上述现象，上站进行如下步骤排查。

（1）在 BBU 上面拔掉第三根光纤（对应的是天线上面第 3 小区即 240° 方向），然后与施工队一起去楼顶天面查看 RRU 状态不正常的是哪个小区。结果证明，天面上确实为第 3 小区（240° 方位下）RRU 出现故障，说明施工队光纤没有接错。随后 1、2 小区做同样操作，也均为正常。由此可以认定，光纤接错的可能性已经排除。

（2）由于 RRU 至天线端口仍有馈线相连接，对此让天线工上塔对 RRU 至天线的馈线接法进行确认，发现 RRU 与天线之间的馈线未作明显标记，馈线布线杂乱，对馈线进行摸排后发现，A 小区 RRU 下的馈线接到 120° 天线，B 小区 RRU 下的馈线接到了 240° 天线，C 小区 RRU 下的馈线接到了 0° 天线。至此天线接反的原因确定为馈线接错。

【解决方案】

重新对 RRU 至天线的馈线进行连接。

【复测结果】

调整完成后，天线接反现象消失，结果如图 4-8 所示。

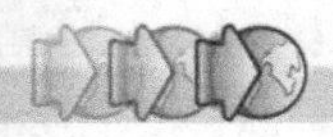

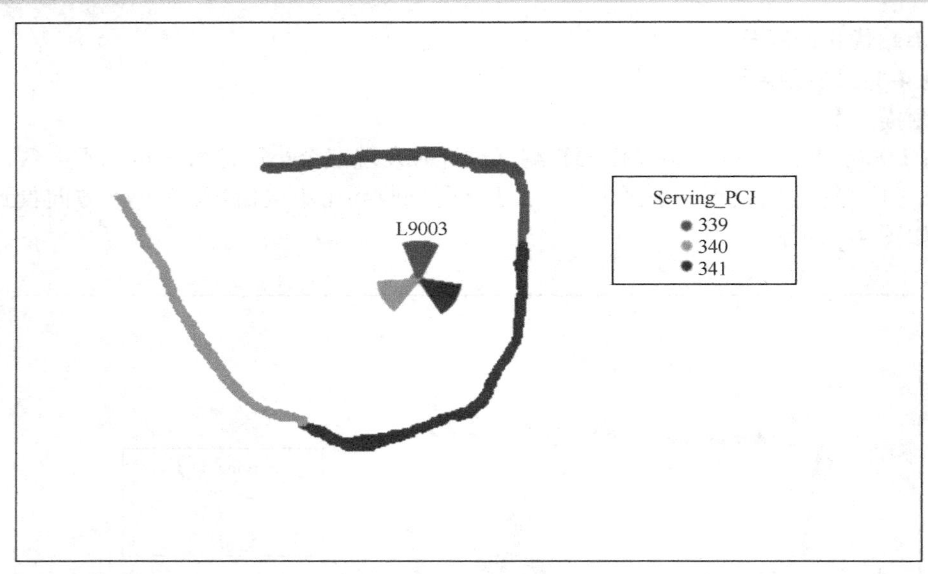

图 4-8　馈线调整后结果

案例 4-2：PCI 与规划不一致

【问题描述】

在对 L1332 单站优化测试时，发现 A 小区 PCI 为 72，与规划数据 69 不符，如图 4-9 所示。

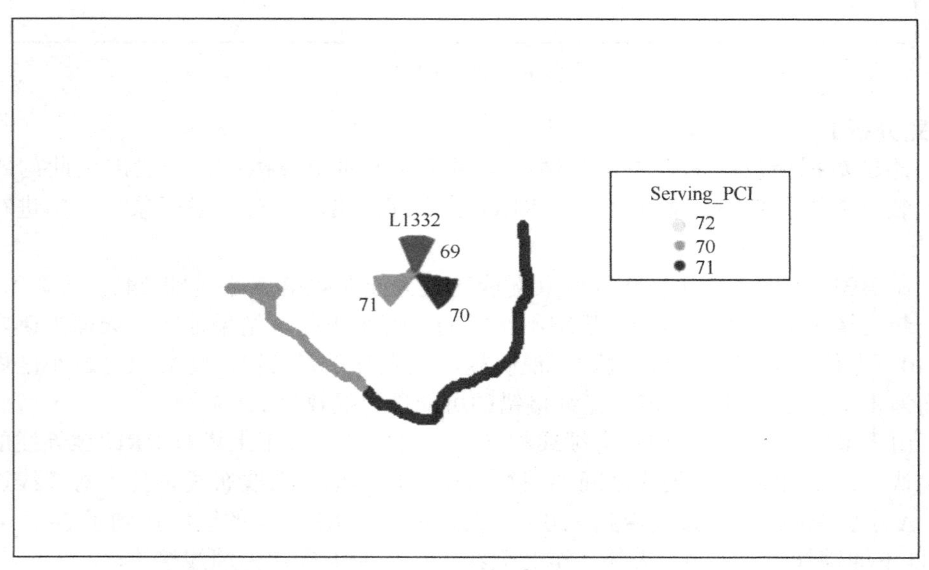

图 4-9　与规化数据不符

【问题分析】

在对 L1332 站点测试时，一直未收到 PCI 为 69 的信号，但收到一个 PCI 为 72 的信号，然后进入以下步骤进行排查。

（1）因为收到 A 小区对应的 PCI 信号，初步怀疑 A 小区 RRU 故障。但在进一步观察并

对基站状态检查时发现基站无任何问题，排除硬件问题。

（2）进一步从测试软件查看小区 CID（可通过系统消息查看），发现 PCI 为 72 的信息解出小区 CID 为 13321，正是 L1332 的 A 小区，由此证实 L1332A 小区是有信号的，只是与规划不一致。

（3）后台查询 PCI 配置，A 小区 PCI 配置的 physicalLayerCellIdGroup 为 24，而其他两个小区均为 23，不一致。结果如图 4-10 所示。

```
==============================================================================
MO
                                              Attribute          Value
==============================================================================
EUtranCellFDD=L133211A                        physicalLayerCellIdGroup 24
EUtranCellFDD=L133211A                        physicalLayerSubCellId 0
EUtranCellFDD=L133211B                        physicalLayerCellIdGroup 23
EUtranCellFDD=L133211B                        physicalLayerSubCellId 1
EUtranCellFDD=L133211C                        physicalLayerCellIdGroup 23
EUtranCellFDD=L133211C                        physicalLayerSubCellId 2
==============================================================================
```

图 4-10　PCI 配置查询结果

【解决方案】

将 A 小区的 physicalLayerCellIdGroup 改为 23。

【知识拓展】 LTE 单站查勘优化报告

完整的单站查勘优化报告，一般由单站勘察报告以及单站验证报告组成。输出形式以 EXCEL 为主。

1．单站勘察报告

单站勘察报告以输入周围无线环境为主，主要呈现方式是图片，一般需要插入以下图片：基站远景、基站入口、近景、天馈正反面、扇区覆盖方向拍照、周围环境每隔 45° 拍照，如图 4-11 所示。

（1）小区及阻挡图，完成天线方位角以及扇区图片输入。

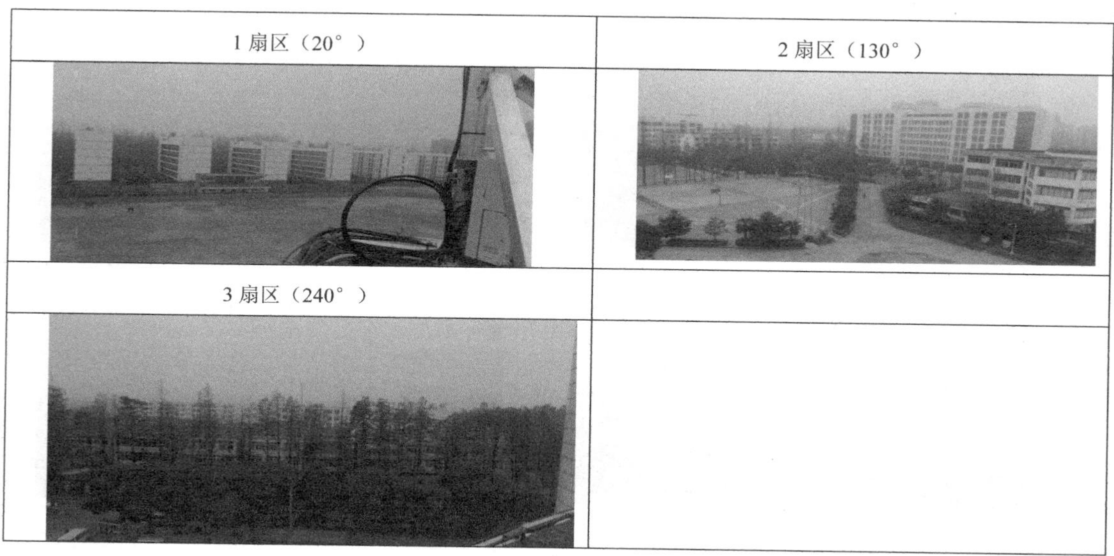

（a）

（2）站点、天面及天线信息。

（b）

（3）无线环境全景图。

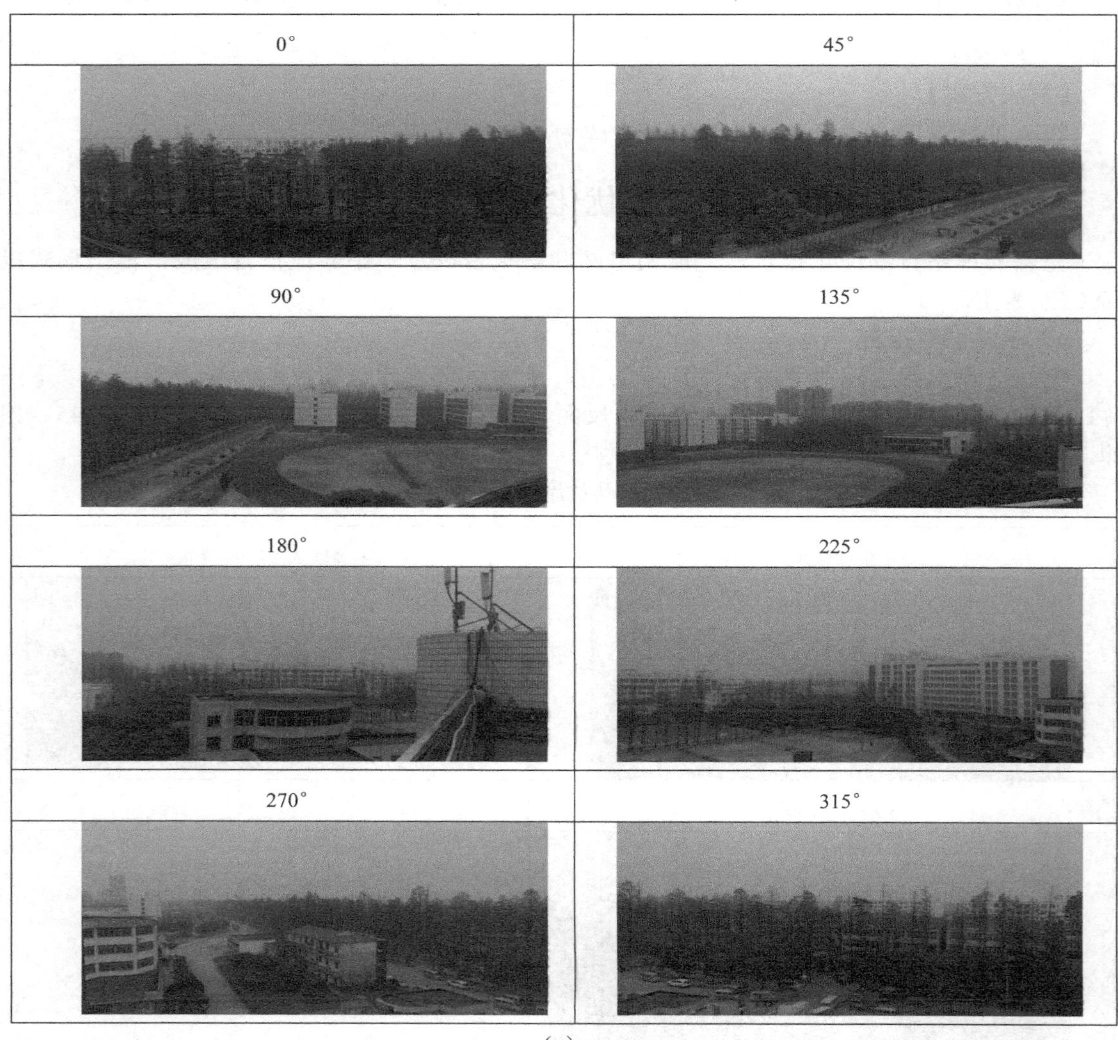

（c）

图 4-11　单站勘察所呈现图片

2．单站验证报告

单站验证报告主要内容包括站名、Cellid、基站类型、单验日期、测试终端、优化工程师、站址、基站经纬度、天线挂高、机械下倾角、电子下倾角、PCI、TAC、各个小区的近点测试 Attach 成功率、FTP 下行吞吐率、FTP 上行吞吐率、ping 时延（32 字节）、站点切换测试结果、该站的无线网络规划参数以及测试截图，如图 4-12 和图 4-13 所示。

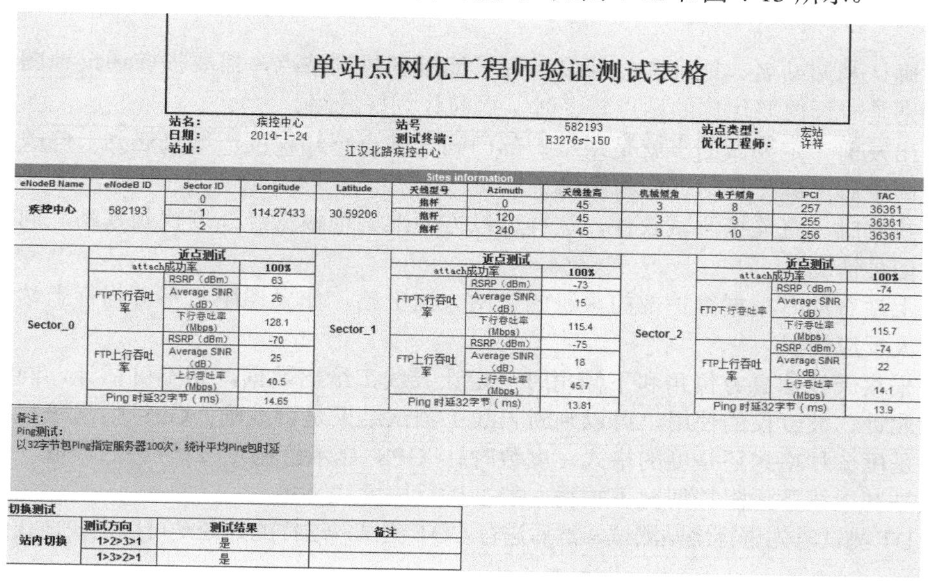

单站点网优工程师验证测试表格

站名：疾控中心　　站号：582193　　站点类型：宏站
日期：2014-1-24　　测试终端：E3276s-150　　优化工程师：许祥
站址：江汉北路疾控中心

Sites information

eNodeB Name	eNodeB ID	Sector ID	Longitude	Latitude	天线型号	Azimuth	天线挂高	机械倾角	电子倾角	PCI	TAC
疾控中心	582193	0	114.27433	30.59206	抱杆	0	45	3	8	257	36361
		1			抱杆	120	45	3	3	255	36361
		2			抱杆	240	45	3	10	256	36361

近点测试		Sector_0	Sector_1	Sector_2
attach成功率		100%	100%	100%
FTP下行吞吐率	RSRP（dBm）	63	-73	-74
	Average SINR（dB）	26	15	22
	下行吞吐率（Mbps）	128.1	115.4	115.7
FTP上行吞吐率	RSRP（dBm）	-70	-75	-74
	Average SINR（dB）	25	18	22
	上行吞吐率（Mbps）	40.5	45.7	14.1
Ping 时延32字节（ms）		14.65	13.81	13.9

备注：
Ping测试：
以32字节包Ping指定服务器100次，统计平均Ping包时延

切换测试

	测试方向	测试结果	备注
站内切换	1>2>3>1	是	
	1>3>2>1	是	

图 4-12　单站验证测试表格

覆盖效果图：

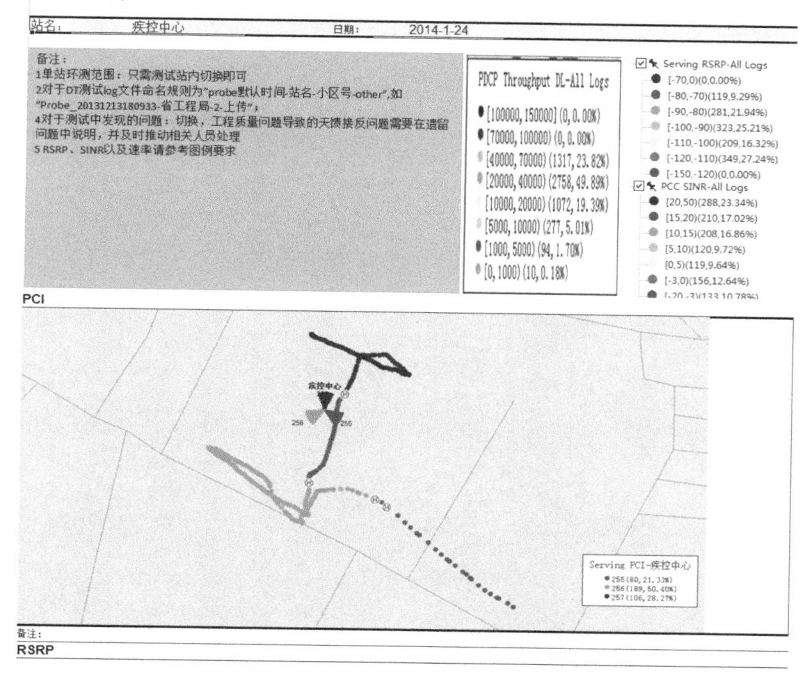

图 4-13　单站验证测试覆盖效果图

【实战技巧】

单站优化是网络优化最初阶段，也是问题最多的阶段。为了提高单站优化效率和单站优化通过率，给出如下建议。

（1）出发前认真检查网络参数，确认规划数据与现网参数是否一致，若遇到不一致的提前修改。

（2）确认基站站名、地址和经纬度，为了能顺利找到站点，需要提前通过地图观察站点位置，特别是一天内要优化的站点较多时，提前计划好线路。

（3）出发前一定要做的事就是跟维护部门确认站点感知程度，如果遇到一些敏感站点一定与客户商量后再进行基站查勘和优化。

（4）找站时一直连接测试软件，这样可以方便准确地根据经纬度找到基站。同时可以先了解基站信号情况。

（5）上站查勘时根据维护部门来源的进站方法上站，如果遇阻，不可强行上站，及时向相关负责人反应情况。

（6）采集天线信息方位角和下倾角时一定让天线工给出数据，切不可估计，同时自己需要掌握指北针、坡度仪的使用，可以判断天线工测试结果是否准确；GPS 信息采集需要注意显示信息是度分秒格式还是度的格式，度数时让 GPS 显示值稳定 2 分钟后读取。无线环境照片需要站在天线下无阻挡情况下拍得，能准确反应无线环境。

（7）DT 测试时先进行绕站测试，然后进行 CQT 测试，这样的好处是可以更快地找到好点。

项目 5 LTE 网络的簇优化和全网优化

【项目内容】

对簇优化和全网优化进行系统介绍，包括路线规划、数据采集和数据分析，并以实例介绍的方式对 LTE 路测优化进行深入解读。

【知识目标】

了解簇优化和全网优化的概念，以及二者的区别和联系；
理解 LTE 簇优化和全网优化的流程，掌握 LTE 路测优化的分析方法。

【技能目标】

学会进行簇的划分、测试线路规划、簇和全网测试数据采集，掌握分析路测数据、撰写簇优化和全网优化报告的技能。

任务 1　认知 LTE 簇优化和全网优化

【知识链接 1】 LTE 簇优化和全网优化概况

簇优化是通过连片的区域性测试，验证和优化此区域的覆盖、切换、接入、移动性能水平。簇的大小一般是 15～30 个站点。根据基站开通情况，对于密集城区和一般城区，选择开通基站数量大于 90%的簇进行优化，对于郊区和农村，只要开通的站点连线，即可开始簇优化。簇优化往往是一个反复的、持续时间较长的优化过程。

全网优化是网络商用前的全面优化，它把所有的簇结合起来，通过不断的 DT 和 CQT，结合后台统计，发现和解决簇优化过程未发现的问题，使性能达到商用的标准，并交付运营商进行商用和日常优化。全网优化流程与簇优化流程类似，也可以把全网优化看做一个超大的簇优化。

【知识链接 2】 LTE 簇优化和全网优化的流程

簇优化与全网优化就是通过不断的路测，发现并处理问题的过程，簇优化与全网优化流程相似。相比于全网优化，簇优化多了簇的划分、文档收集过程；全网优化是在簇优化基础上进行的，将簇优化中采集的数据进行整理、合并和对现网数据进行重新收集，形成完备的全网优化数据库，如图 5-1 所示。

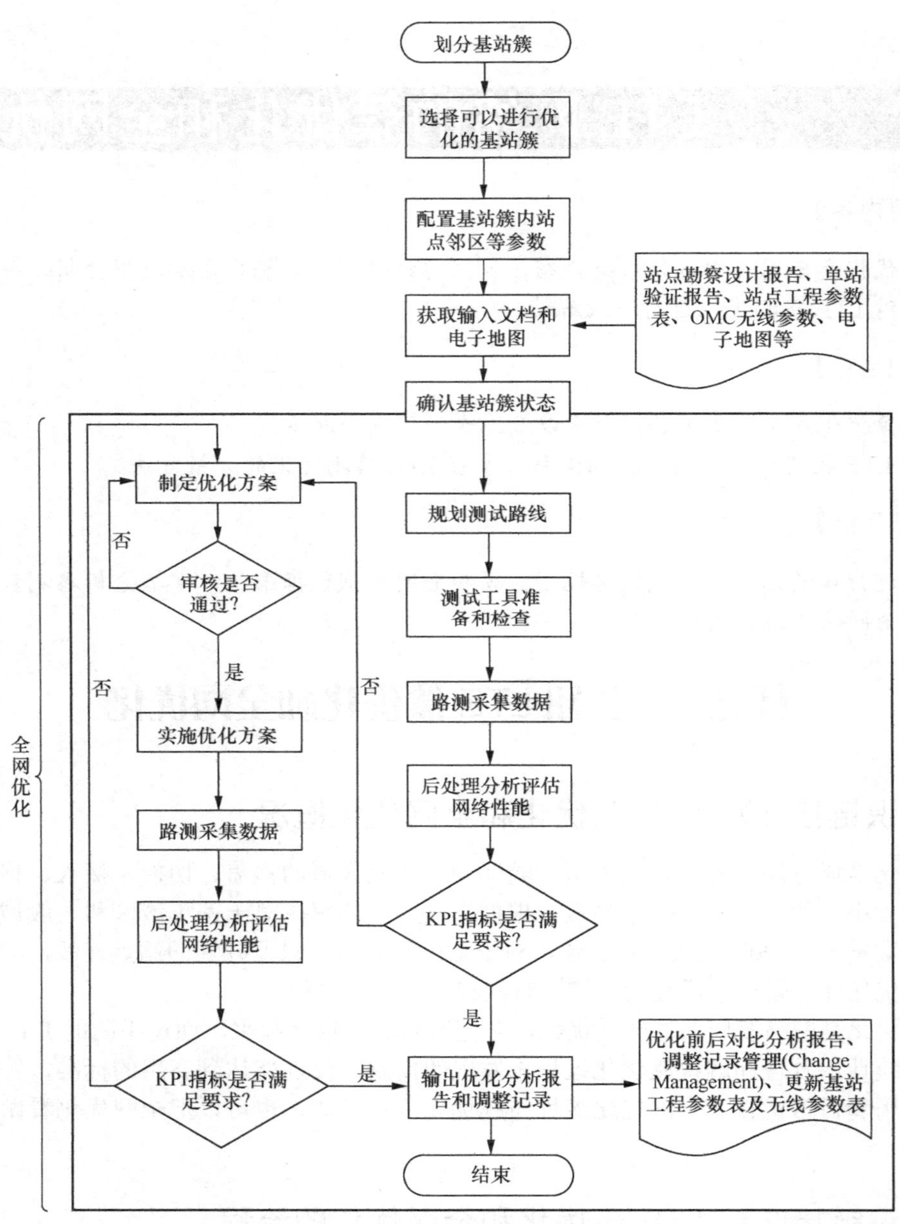

图 5-1　LTE 簇优化流程

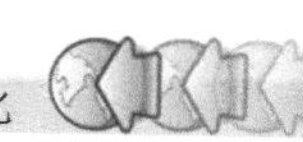

【知识链接 3】 LTE 路测优化分析方法

1．无覆盖和弱覆盖优化

无覆盖即那些 LTE 终端因信号强度不足无法与 eNB 建立连接的区域，弱覆盖指虽然 UE 可以与网络建立连接，但不能保障正常业务实施的区域。通常将 RSRP 低于最低接入电平（−125dBm 以下）的区域称为无覆盖区域，RSRP 低于−110dBm 的区域称为弱覆盖区域。此标准并非绝对，如果信号稳定且无干扰时，依旧可能提供数兆的业务速率，所以对 LTE 来说，把排除干扰因素后依旧不能稳定提供 512Kbp 业务速率的区域定为弱覆盖区域。

在保证所有基站工作正常的情况下，可以采用较多的手段进行无覆盖和弱覆盖优化，根据优化实施的难易程度，列出表 5-1 所示优化方法。

表 5-1　无覆盖和弱覆盖优化

优化技术	描述
天线下倾角调整	下倾角用于控制小区覆盖并防止干扰和过覆盖。天线下倾角根据垂直波瓣宽度、天线高度和站间距来设定
	作为一个经验法则,覆盖受限的情况下,建议天线倾角对准小区边缘,而在干扰受限的情况下,倾斜对准小区边缘再加上半功率波束宽度除以 2（小区边界*HPBW/2）是合适的
	机械和电气的倾角对天线模式有不同的影响。RET 是一个快速和有效成本低的调整天线倾角方式
天线方位角调整	为了更好地对准业务，闭合覆盖间隙或最小化干扰，可以改变天线方位角。基站上扇区间维持适当的分离以避免过度的重叠和明显的空洞
增大 RBS 功率	增大功率后通过功率因子的增加促进了覆盖范围。这在农村地区是有用的
改变馈线或用 RRU 替换	改用损耗更低的天线或用 RRU 替换馈线可增加天线参考点的输出功率
	远端无线单元（RRU）也被用于天线安装在远离 RBS 的情形下
改变天线类型	更换具有不同的波束宽度，模式，或增益因子的天线类型可以在某些具体场景下提供改善。例如，使用高增益，波束宽度较窄的天线覆盖高速公路
配置额外的天线	配置额外的天线。使更先进的接收分集特性和高阶 MIMO 成为可能
改变天线高度	在允许的情况下，增加屋顶之上的天线高度用以提高覆盖。在无法控制下倾角时必须注意不要造成太大的干扰
	降低安装很高天线的高度，在许多情况下用以减少干扰，这可能会增加吞吐量和覆盖范围
	天线的位置，特别是在屋顶的基站，会影响其性能。例如，一个壁挂天线与屋顶上方的天线相比，降低了后瓣干扰
添加新的基站	对较大面积弱覆盖或者无法通过其他手段解决弱覆盖问题，可以通过增加新的基站解决覆盖问题

2．越区覆盖优化

由于基站天线挂高过高或俯仰角过小引起的该小区覆盖距离过远，从而覆盖到其他站点覆盖区域的现象叫越区覆盖，如图 5-2 所示。越区覆盖处手机接收到的信号电平较好。通常会因基站建设的高低不一、天线下倾角设置不合理、沿江河湖或者沿道路面覆盖和直放站的引入等产生基站越区覆盖现象。

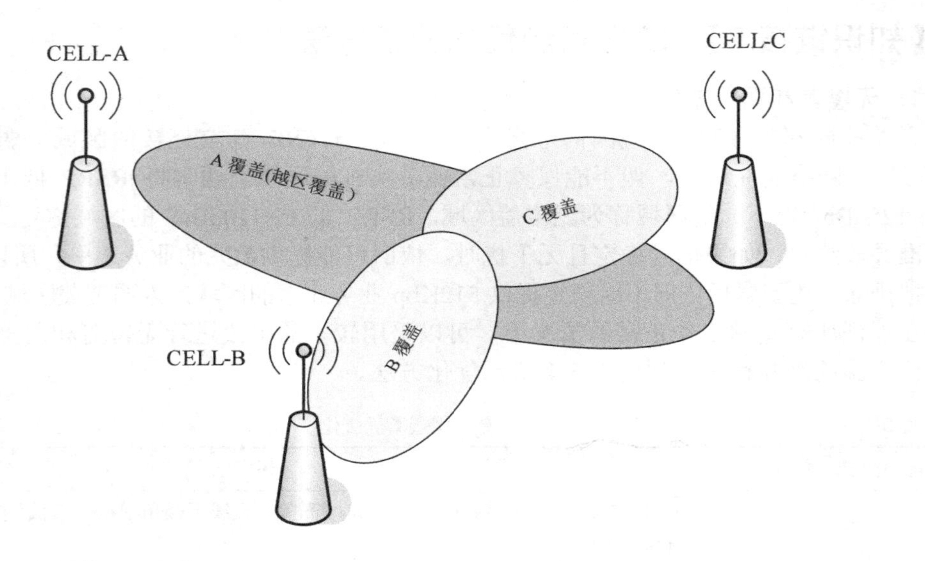

图 5-2 越区覆盖

越区覆盖对无线业务质量及无线网会造成很大的负面影响，主要有以下几点。

（1）越区覆盖容易产生孤岛效应，甚至是 PCI 混淆。引起错误的切换，产生大量的切换失败，或者无切换关系导致掉线。

（2）计费错误。现在运营商向市场推出的多种套餐在计费系统中都是以小区 ID 来计算费用的。越区覆盖会造成某一区域的业务被计入另一区域，由于错误的计费造成用户投诉。

（3）由于越区覆盖吸收额外的话务，会造成小区信道的拥塞，影响用户的使用，而且出现由于拥塞造成比较多的高掉话、低切换成功率等情况。

（4）越区覆盖还会造成相当程度的上下行不平衡，结果导致显示接收信号较强（与 minRxLev 设置有关），但无法做业务，主叫拨号后无反应，被叫可以振铃但无法通话。

越区覆盖优化措施内容如下。

（1）对于高站的情况，降低天线高度或者增大天线下倾角解决过覆盖问题。

（2）避免扇区天线的主瓣方向正对道路传播；对于此种情况应适当调整扇区天线的方位角，使天线主瓣方向与街道方向稍微形成斜交，利用周边建筑物的遮挡效应减少电波因街道两边的建筑反射而覆盖过远的情况发生。

（3）在天线方位角基本合理的情况下，调整扇区天线下倾角，或更换电子下倾角更大的天线。调整下倾角是最为有效的控制覆盖区域的手段。下倾角的调整包括电子下倾角和机械下倾角两种，如果条件允许优先考虑调整电子下倾角，其次调整机械下倾角。

（4）在不影响小区业务性能的前提下，降低载频发射功率。

3. 无主导小区优化

在某些区域，受无线环境影响会出现多个信号共同覆盖，它们的 RSRP 强度相当，这样就形成了多个小区信号交叠，形成无主服务小区。复合后的信号 RSSI 很高，众多小区信号的 RSRQ 和 SINR 值都非常低。无主导小区会导致 UE 在多个小区之间频繁重选和切换，容易产生掉线或者使业务质量降低。

在 DT 测量中，无主导小区可以检测到多个同频信号且信号强度（RSRP）相当，同时会观察到 SINR 值较低，UE 易出现频繁重选和切换，如图 5-3 所示。

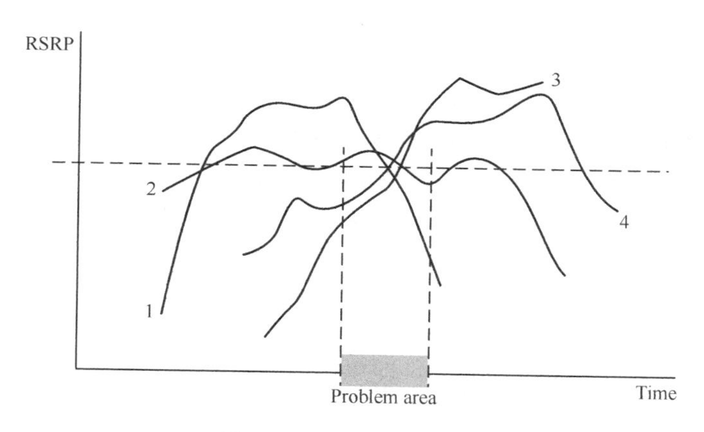

图 5-3　无主导小区示意图

对于无主导小区覆盖的区域，首先确定周边小区工作状态，排除因故障导致的主导缺失。其次确定此区域规划的主服务小区，观察周边无线环境，确定主服务小区是否受楼宇阻挡等；若主服务小区无阻挡，通过调整天线下倾角、方位角、功率等增加覆盖；若主服务小区受到阻挡，则需要选择一个新的无阻挡的小区做主服务小区，通过优化调整解决此处无主导问题。再次是在通过天线调整、参数调整无法解决相关问题的前提下，可以通过天线升高、位置改变等整改措施解决。最后是通过 RRU 拉远或者新建基站解决无主导小区问题。

4．干扰优化

LTE 的全网同频组网及硬切换特性决定了其对信号重叠覆盖的高度敏感性，LTE 中所有的重叠覆盖都是对服务小区的干扰。所以 LTE 系统的干扰控制（覆盖控制）就显得尤为重要。LTE 系统中会遇到系统内干扰、系统间干扰和系统外干扰三种情况。

（1）系统内干扰：系统内干扰的产生主要由重叠覆盖和模 3 干扰引起。

重叠覆盖是指与服务小区的 RSRP 相差小于 6dB 的小区数（含服务小区）大于 3 时所影响的区域。由于 LTE 采用同频组网，无法利用频率规划的方法来降低小区间同频干扰，所以 LTE 网络对于干扰更敏感，除了干扰规避/协调算法外，更依赖于合理的网络结构。可以通过对网络结构中重叠覆盖问题的分析来评估、定位和解决网络问题，提升网络质量。重叠覆盖的评估可以使用重叠覆盖率来计算，计算办法如下。

重叠覆盖率=与服务小区 RSRP 相差在 6dB 的小区个数大于等于 3 时采样点/总的采样点。

重叠覆盖严重影响业务性能，SINR 值和小区下载速率随重叠小区个数的增大而下降。因此在网络建设时就需要尽量避免出现超高基站（站高大于 50 米）、超近基站（站距小于 100 米）、天线夹角超小（天线夹角小于 90 度）和天线下倾角超小（下倾角小于 3 度）。针对重叠覆盖常用的优化手段有以下几方面。

① 天线调整：通过对天线下倾角和天线方位角的调整，降低某一个或几个信号电平，从而消除重叠覆盖。注意在进行天线调整时，不要产生此处重叠覆盖消除而在另一处引发重叠覆盖的现象。

② 功率调整：优化过程中会遇到天线无法调整或者与其他系统共天线的情况，此时采

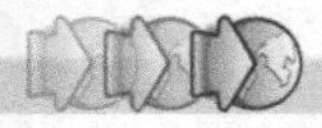

用调整发射功率来改变信号的强弱，消除重叠覆盖问题。

③ 天线系统整改：对于天线安装位置不合理产生的问题，可以对天线进行整改，使天线安装位置偏移、天线升高或者降低的方法来消除重叠覆盖。

④ 基站搬迁：对于基站位置不合理且通过天线整改无法解决问题的可以对基站进行搬迁。此方法适用在站距过近的情况下。

⑤ 加装衰减器：对其中一两个信号加装衰减器减小信号电平，实际优化中很少使用。

模 3 干扰是指服务小区与邻区使用相同的主序列（模 3 余数相同），来自邻区的参考信号（时间对齐的话）会相互干扰。在 LTE 的重叠覆盖区域中，如果重叠覆盖信号来自两个或多个 PCI 模 3 相同的小区，且它们帧同步，则参考信号会在时/频域上完全重叠，即使业务信道空载的情况下，也会造成参考信号间的严重干扰，从而使 SINR 值大幅下降，系统错判服务小区业务信道质量，导致下行吞吐率的下降。

对于模 3 干扰的优化手段非常单一，即更换小区的 PCI。对于小区更换 PCI 的工作往往需要 LTE 规划人员进行处理，避免改动一个小区 PCI 引起更多的 PCI 混淆和 PCI 冲突。

（2）系统间干扰：系统间干扰指的是 LTE 系统与其他系统（如 DSC1800）之间产生的干扰。

当前 FDD-LTE 使用的是 1.8GHz 频段，TDD-LTE 使用 1.8GHz、2.3GHz、2.6GHz 频段。与 GSM900、DCS1800、WCDMA2100、CDMA800、TD SCDMA（A 频段、E 频段）共存时，这些系统和 LTE 之间都可能产生系统间干扰，包括以下几个方面。

① 邻频干扰：如果不同的系统工作在相邻的频段，由于发射机的邻道泄漏和接收机邻道选择性能的限制，就会发生邻道干扰；

② 杂散干扰：由干扰源在被干扰接收机工作频段产生的噪声，使被干扰接收机的信噪比恶化。主要由于发射机中的功放、混频器和滤波器等器件的非线性，会在工作频带以外很宽的范围内产生辐射信号分量，包括热噪声、谐波、寄生辐射、频率转换产物和互调产物等；当这些发射机产生的干扰信号落在被干扰系统接收机的工作频带内时，抬高了接收机的底噪，从而降低了接收灵敏度；

③ 互调干扰：当两个或多个不同频率的发射信号通过非线性电路时，将在多个频率的线性组合频率上形成互调产物。当这些互调产物与受干扰接收机的有用信号频率相同或相近时，将导致受干扰接收机灵敏度损失，称之为互调干扰。种类包括多干扰源形成的互调、发射分量与干扰源形成的互调和交调干扰；

④ 阻塞干扰：阻塞干扰并不是落在被干扰系统接收带内的，但由于干扰信号过强，超出了接收机的线性范围，导致接收机饱和而无法工作，为防止接收机过载，接收信号的功率一定要低于接收机的 1dB 压缩点（增益下降到比线性增益低 1dB 时的输出功率值定义为输出功率的 1dB 压缩点，用 P1dB 表示）。

为避免系统间的干扰，天线在安装的时候，需要满足一定的隔离度要求，即天线安装的水平和垂直距离要符合一定的要求。由于频段不同、天线特性不一、安装方式有别对隔离度的要求也不尽相同，一般运营商会根据自身网络的特点针对性地提出天线安装的规范。

（3）系统外干扰：系统外干扰指的是系统外其他有源器件产生的干扰。

外干扰通常是广谱干扰，一般各频段系统都会受到同样的干扰，比如监狱、部队或开始期间的学校考场，呈区域地理化分布，通过 RSSI 抬升的时域及空间特征来辅助判断。对于如学校考试这类临时性的干扰，无需进行专项处理；而对于监狱和部队的干扰，需要与相应

的管理部门协商处理；另外还有一些如银行监控损坏、直放站损坏等产生的干扰需要进行扫频找到干扰源，并联系所属单位处理。

5．切换优化

LTE 系统内的切换分为 eNB 内切换、X2 切换和 S1 切换三种类型，在空口上仅以测量报告、RRC 重配和 RRC 重配完成三条信令标志一次切换。但在 RRC 重配消息里对切换有明确的标志，以后项目 6 切换分析的章节详细描述。

对于切换优化分析从以下几个方面进行。

（1）信道质量问题。

信道质量分为上行和下行，上行信道质量差、会导致目标小区未收到终端上报的测量报告或者重配置完成消息，使切换失败；下行信道质量差收不到 eNB 的消息使终端超时导致切换失败。信道质量差主要由干扰、覆盖导致，必须检查步骤为检查 PCI 冲突、弱覆盖、无主导小区和重叠覆盖情况。

（2）基站故障问题。

基站故障使目标小区无法接入导致切换失败或者源小区不释放导致切换失败。通过统计或者测试某小区不能切换（或者某对小区不能切换），确认故障小区或者基站，检查基站告警情况，检查 GSP 状态，对发现的问题进行处理后验证。

（3）参数配置问题。

参数问题会导致上报目标小区错误、不上报目标小区信息，或者上报了正常的目标小区后切换不响应。必须检查邻区是否漏配、切换参数是否合理、外部定义是否错误、X2 接口配置是否正常、安全加密算法是否一致等。对发现的问题进行针对性处理。

（4）拥塞问题。

目标小区拥塞导致目标小区无法接入从而造成切换失败。处理小区拥塞问题即可。

（5）传输问题。

传输问题会造成信令时延大或者信令丢失导致切换失败。对传输质量进行检查，处理传输问题。

任务 2　体验 LTE 簇优化和全网优化

【知识链接 1】 LTE 簇优化分区原则

在簇优化开始之前需要对全网基站进行分区，如果运营商的其他网络有成熟的分区，可以参考相应的分区边界。

LTE 簇在划分时，对基站数量有一定的要求，一般 15～30 个基站为一簇，不宜过多或过少。

在划分簇时要遵循片区之间的相关性越小越好，以减少区间的优化工作量。

地形因素影响：不同的地形地势对信号的传播会造成影响。山脉会阻碍信号传播，是簇划分时的天然边界。河流会导致无线信号传播得更远，对簇划分的影响是多方面的。如果河流较窄，需要考虑河流两岸信号的相互影响，如果交通条件许可，应当将河流两岸的站点划在同一簇中；如果河流较宽，更关注河流上下游间的相互影响，并且这种情况下通常两岸交通不便，需要根据实际情况以河道为界划分簇。

边界区域在划分时要遵循无线环境尽量简单的原则：比如对于有成片高楼阻挡的地方，信号的覆盖区域区分清晰，可以作为自然的簇边界。

簇的划分可以参考不同的无线环境类型进行：比如沿高速公路（铁路）周边的站点可以划分在同一簇中。

簇的划分要考虑到话务的分布状况，对于话务密集的居民区、商业区、重点覆盖区域应当划分在同一簇中，避免将重要区域和话务密集区划分在不同的簇中。

路测工作量因素影响：在划分簇时，需要考虑每一簇中的路测可以在一天内完成，通常以一次路测大约 3 小时为宜。

每个基站的簇归属划分完成后告知 NRO 的相关负责人员和客户，开站时尽量按簇成片进行、有利于簇优化的开展，从而节约工期。如遇传输、天面、机房等问题进行适当的调整。

【知识链接 2】 LTE 簇优化和全网优化试测方法

路测之前，首先应该和客户确认路测验收路线，如果客户已经有预定的路测验收路线，在路测验收路线确定时应该包含客户预定的测试验收路线。路测验收路线是 RF 优化测试路线中的核心路线，它是 RF 优化工作的核心任务，后续的优化工作，都将围绕它开展。

优化测试路线应该包括主要街道、重要地点和 VIP 地点。为了保证基本的优化效果，测试路线应该遍历簇内所有小区，可参考运营商现有网格测试路线。测试路线尽量考虑当地行车的实际情况，减少过红绿灯时的等待时间。

为了准确地比较性能变化，每次路测时最好采用相同的路测线路。在线路上需要进行往返双向测试。选择测试路线，车速为 30km/h 左右，最大不超过 80km/h；打开路测软件，开始日志文件记录；启动各项测试功能。对于长呼业务，持续业务保持至完成对整条路线的测试，当发生掉话时，应重新建立业务，直至完成对整条路线的测试；对于短呼业务，应在测试软件内设定自动循环，并设定两次业务发起间的等待时长，直至完成整条路线的测试。在测试过程中应确保测试软件与各设备的稳定连接，各测试设备工作正常，各类信息收集正常。

覆盖类的测量：使用扫频设备/测试终端对 RSRP 和 SINR 进行测量，在测试过程中扫频设备/测试终端均处于工作状态。

接入类的测量：接入类，采用短呼叫的形式，在接入后保持 60 秒，之后主动 RRC Release，等待 20 秒后再次建立业务。测试软件自动控制测试设备进行 Attach Request，在成功接入后，进行文件上传或下载，在传送时间到达后主动 RRC Release，等待一定时间后重复进行激活。按照以上步骤进行不少于 100 次的测试，在测试结束后统计接入成功率与掉话率。

保持类的测量：保持类的测量与接入类的测试结合在一起，在测试结束后统计掉话次数。

移动性的测量：移动性的测量既可以与接入和保持类测量结合进行，测试之后计算切换成功率，也可使用长呼的形式进行测量，测试之后计算切换成功率和小区更新成功率，保证切换次数不少于 100 次。

根据测试的簇、测试时间、测试轮次、测试人这些信息命名测试 log，并和记录的测试情况一并归档，以便分析。

典型的 LTE 路测要求和测试步骤如表 5-2，表 5-3 及表 5-4 所示。

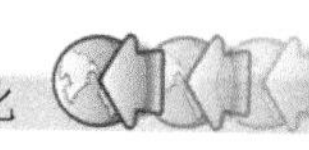

表 5-2 DT 下载测试

测 试 项 目	DT 下载测试
测试目的	覆盖性能、接入性能、速率性能、保持性能测试
测试仪表	1. LTE 终端各一台，类型为 category 3
	2. 连接测试 UE 的笔记本一台，安装路测软件，安装 FTP 客户端软件
预置条件	1. UE、测试小区、业务服务器正常工作
	2. LTE 终端最大发射功率 23dBm
	3. 连接并开启 GPS
	4. LTE 测试
	5. 系统配置并开通多个扇区
	6. 系统工作在 DL 2×2 MIMO/UL 1×2 SIMO 模式
测试步骤	1. LTE 的 UE 放置在测试车内，连接测试笔记本
	2. 测试车辆以接近 30km/h 的速度移动
	3. LTE 测试 UE 建立 QCI=8 的 Non GBR 承载，同时发起 BE 类的 FTP 下载并保持 20s；连接时长限制为 10 秒
	4. 断开数据连接，UE 进入 IDLE 状态，间隔 15 秒执行步骤 3
	5. 在测试区域重复步骤 3、4
	6. 测试路线应为连片覆盖区域范围内能够行车的所有市政道路
测试指标	重叠覆盖率、RS- RSRP、RS-SINR、小区下行边缘速率、小区下行平均吞吐率、FTP 业务下载建立成功率、FTP 业务下载接入时延、FTP 业务下载掉线率、LTE 同频切换成功率、LTE 至 WCDMA PS 切换、LTE FDD 到 TD-LTE 切换成功率、切换时延

表 5-3 DT 上传测试

测 试 项 目	DT 上传测试
测试目的	接入性能、速率性能、保持性能测试
测试仪表	1. LTE 终端各一台，类型为 category 3
	2. 连接测试 UE 的笔记本一台，安装路测软件，安装 FTP 客户端软件
预置条件	1. UE、测试小区、业务服务器正常工作
	2. LTE 终端最大发射功率 23dBm
	3. 连接并开启 GPS
	4. LTE 测试
	5. 系统配置并开通多个扇区
	6. 系统工作在 DL 2×2 MIMO/UL 1×2 SIMO 模式
测试步骤	1. LTE 的 UE 放置在测试车内，连接测试笔记本
	2. 测试车辆以接近 30km/h 的速度移动
	3. LTE 测试 UE 建立 QCI=8 的 Non GBR 承载，同时发起 BE 类的 FTP 上传并保持 20s；连接时长限制为 10 秒

续表

测 试 项 目	DT 上传测试
测试步骤	4. 断开数据连接，UE 进入 IDLE 状态，间隔 15 秒执行步骤 3
	5. 在测试区域重复步骤 3、4
	6. 测试路线应为连片覆盖区域范围内能够行车的所有市政道路
测试指标	小区上行边缘速率、小区上行平均吞吐率、FTP 业务上传建立成功率、FTP 业务上传掉线率、LTE 同频切换成功率、LTE 至 WCDMA PS 切换、LTE FDD 到 TD-LTE 切换成功率、切换时延

表 5-4　　DTCSFB 测试

测 试 项 目	DTCSFB 测试
测试内容	LTE 到 WCDMA 的 CSFB 呼叫成功率及呼叫时延，LTE 到 LTE 的 CSFB 呼叫成功率及呼叫时延
测试条件	1. UE、测试小区、业务服务器正常工作
	2. LTE 终端最大发射功率 23dBm
	3. 连接并开启 GPS
	4. 连接 2 部测试终端，其中 1 号终端和 2 号终端测试 LTE 到 LTE 的 CSFB 性能，1 号为主叫，2 号为被叫
	5. LTE 测试
	6. 系统配置并开通多个扇区
	7. 系统工作在 DL 2×2 MIMO/UL 1×2 SIMO 模式
测试方法	1. 测试设备正常开启；工作稳定
	2. 2 部终端分别配对进行 CSFB 的测试，每次通话时长为 10s，间隔时间 15s。起呼时长超过 10s 则重新开始发起呼叫
	3. 主/被叫挂机，通话正常释放
	4. 重复以上步骤，遍历所有计划测试路线
测试指标	CSFB 呼叫成功率（LTE 主叫，LTE 被叫）、CSFB 接入时延（LTE 主叫，LTE 被叫）

【技能实训 1】 LTE 簇优化和全网优化网络核查

LTE 簇优化开始之前需要对簇进行划分、基站状态检查、参数检查；簇的划分由外场工程师完成，基站状态检查和参数检查由后台工程师完成。后台工程师主要完成的工作有以下几项。

1. 基站状态检查

确认基站簇状态的目的是为了保证单站优化工程师对基站簇内的每一个站点的状态都非常了解，比如站点的地理位置、站点是否开通、站点是否正常运行（没有告警）、站点的工程参数配置、站点的目标覆盖区域等。这些信息一般都是以表格形式给出如表 5-5 和表 5-6 所示。

（1）基站基础信息表。

表 5-5　　基站基础信息

小区号	基站号	经度	纬度	方位角	站号	机械下倾角	电子下倾角	站型	波瓣宽度	站名	PCI	eNB ID	TAC
LW00221A	LW0022	114.273471	30.567211	60	32	4	5	MICRO	45	L59 中	184	98307	28954
LW00221B	LW0022	114.273471	30.567211	190	32	4	5	MICRO	45	L59 中	185	98307	28954
LW00221C	LW0022	114.273471	30.567211	210	32	4	5	MICRO	45	L59 中	183	98307	28954
LW00231A	LW0023	114.292131	30.628013	10	22	3	4	MICRO	45	L95220 部队	30	99117	28955
LW00231B	LW0023	114.292131	30.628013	120	22	3	4	MICRO	45	L95220 部队	31	99117	28955
LW00231C	LW0023	114.292131	30.628013	230	22	3	4	MICRO	45	L95220 部队	32	99117	28955
LW00241A	LW0024	114.333069	30.643016	30	18	3	2	MICRO	45	L62157 部队监控杆	377	99798	28955
LW00241B	LW0024	114.333069	30.643016	220	18	3	2	MICRO	45	L62157 部队监控杆	376	99798	28955
LW00241C	LW0024	114.333069	30.643016	300	18	3	2	MICRO	45	L62157 部队监控杆	375	99798	28955
LW00251A	LW0025	114.45034	30.581275	60	23	3	4	MICRO	45	L471 厂	127	103575	28930
LW00251B	LW0025	114.45034	30.581275	180	23	3	4	MICRO	45	L471 厂	126	103575	28930
LW00251C	LW0025	114.45034	30.581275	300	23	3	4	MICRO	45	L471 厂	128	103575	28930

（2）基站状态检查表。

表 5-6　　基站状态检查

小区号	基　站　号	小区可用率	告　警　内　容	告　警　日　期	是否影响业务
LW00221A	LW0022	100%	天馈告警	2015/5/20	是
LW00221B	LW0022	100%	无		
LW00221C	LW0022	100%	无		
LW00231A	LW0023	0%	传输告警	2015/5/20	是
LW00231B	LW0023	0%	传输告警	2015/5/20	是
LW00231C	LW0023	0%	传输告警	2015/5/20	是
LW00241A	LW0024	100%	无		
LW00241B	LW0024	100%	无		
LW00241C	LW0024	100%	无		
LW00251A	LW0025	100%	无		
LW00251B	LW0025	100%	无		
LW00251C	LW0025	100%	无		

2．基本参数检查

由于 LTE 中参数较多，同时现在的设备厂家为了限定一些功能给出了各种各样的 feature，参数检查需要检查必需的 feature 状态和重点参数设置情况。以下列举了部分参数如表 5-7 所示。

表 5-7　检查所需参数

中 文 名	参 数 名	推 荐 值
下行带宽	dlChannelBandwidth	20000
上行带宽	ulChannelBandwidth	20000
下行频点	earfcndl	1650
物理小区 ID	physicalLayerSubCellId	1
物理小区组	physicalLayerCellIdGroup	122
位置区识别码	tac	28945
时间偏移量	timeOffset	0
GPS 同步相关参数	timeOffset	0
最低接收电平	qRxLevMin	-126
最低接收电平偏置	qRxLevMinOffset	1000
服务载频低门限	threshServingLow	10
同频切换 A3 事件偏移	a3offset	30
同频切换 A3 事件迟滞	hysteresisA3	10
同频切换 A3 事件延迟触发时间	timeToTriggerA3	40
异频切换 A3 事件门限	a3offset	30
异频切换 A3 事件迟滞	hysteresisA3	10
异频切换 A3 事件延迟触发时间	timeToTriggerA3	40
天线通道数	noOfRxAntennas	2
使用的接收天线数	noOfUsedRxAntennas	2

【技能实训 2】 LTE 簇优化测试数据采集

1. 测试工具

测试手机、笔记本电脑、电子地图、测试软件（前台、后台、加密狗）、GPS（测试软件配套）、车载电源（逆变器）、LTE 数据卡、测试车辆。

2. 线路规划

测试路线应该经过基站簇内所有开通的站点。如果测试区域内存在主干道或高速公路，这些路线也需要被选择作为测试路线。如果基站簇边界的站点属于孤岛站点，也就是说相邻基站簇没有站点能够提供连续覆盖，那么在这些站点附近的测试路线应该选择导频功率大于−100dBm 的路线。测试路线应该经过与相邻基站簇重叠区域，以便测试基站簇交叠区域的网络性能，包括邻区关系的正确性。测试路线应该标明车辆行驶的方向，尽量考虑当地的行车习惯。测试路线需要用 Mapinfo 的 tab 格式保存，以便后续进行优化验证测试时能保持同样的测试路线，如图 5-4 所示。

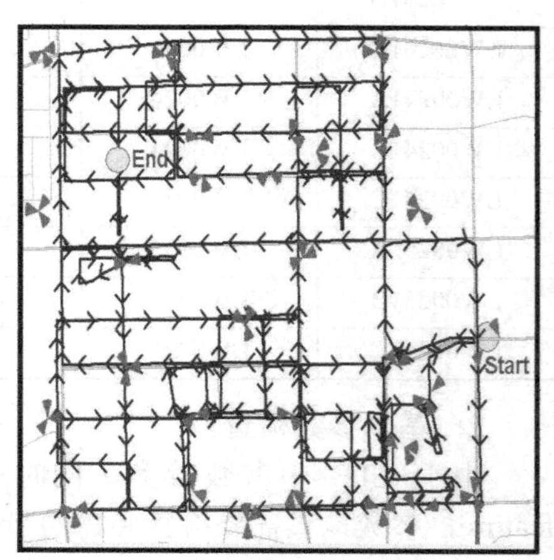

图 5-4　簇优化测试线路规划图

影响测试路线设计的一个重要因素就是基站簇内站点的开通比例。对于基站簇内站点开通比例小于 80%的条件下进行基站簇优化的情况，测试路线在设计时需要尽量避免经过那些没有开通站点的目标覆盖区域，尽量保证测试路线有连续覆盖。实际情况下，路测数据会包含一些覆盖空洞区域的异常数据，直接影响覆盖和业务性能的测试结果。对于这些异常数据，在对路测数据进行处理分析的时候需要滤除。

3．路测数据采集

准确的数据采集是优化工作的前提，没有准确的测试数据后续优化工作将无法持续；采集的数据不准确会给优化带来更多的困难，增加分析难度，甚至得到错误的优化方案使网络性能恶化。

（1）终端、业务服务器检查，确保终端和服务器正常工作；

（2）USIM 权限检查，确保 USIM 卡支持的速率、THP、ARP 正常；

（3）GPS 连接并开通，GPS 打点准确；

（4）连接终端，并观察终端采集的 RSRP、SINR、Txpower 等指标正常，未出现偏高、偏低、波动现象；

（5）确定测试的业务类型，如数据业务上传、数据业务下载、CSFB 测试，根据要求配置每部终端的运行脚本。

（6）进行预测试，确定各类指标、每部终端、GPS 正常。

（7）关闭预测试，按约定的文件名记录文件，开始测试。

（8）根据要求更换记录文件（某些测试软件会根据文件大小自动更换测试文件）。

（9）测试完成，整理相应的测试文件，归档。

【技能实训 3】 LTE 簇优化和全网优化数据分析与报告

1．路测 KPI 分析

测试采集完成的数据，导入到后台分析软件，完成 KPI 分析，如表 5-8 所示。

表 5-8　　路测 KPI 分析

指　标　项	FDD/TDD 推荐值	测试指标
平均 RSRP	≥-85dBm	−85.88dBm
RSRP（>−100dBm 比例）	>90%	82.80%
平均 SINR	≥15	14.21
SINR（>0dB 比例）	>90%	92.25%
下载速率	≥30Mb/s	45.43Mb/s
上传速率	≥15Mb/s	29.97Mb/s
连接建立成功率	≥98%	100%
掉线率	≤0.5%	0.60%
LTE 同频切换成功率	≥99%	99.99%
切换时延（控制面时延）	≤50ms	0.0162
重叠覆盖率	≤20%	25%

2．重要指标图示分析

四项重要指标分析如图 5-5 所示。

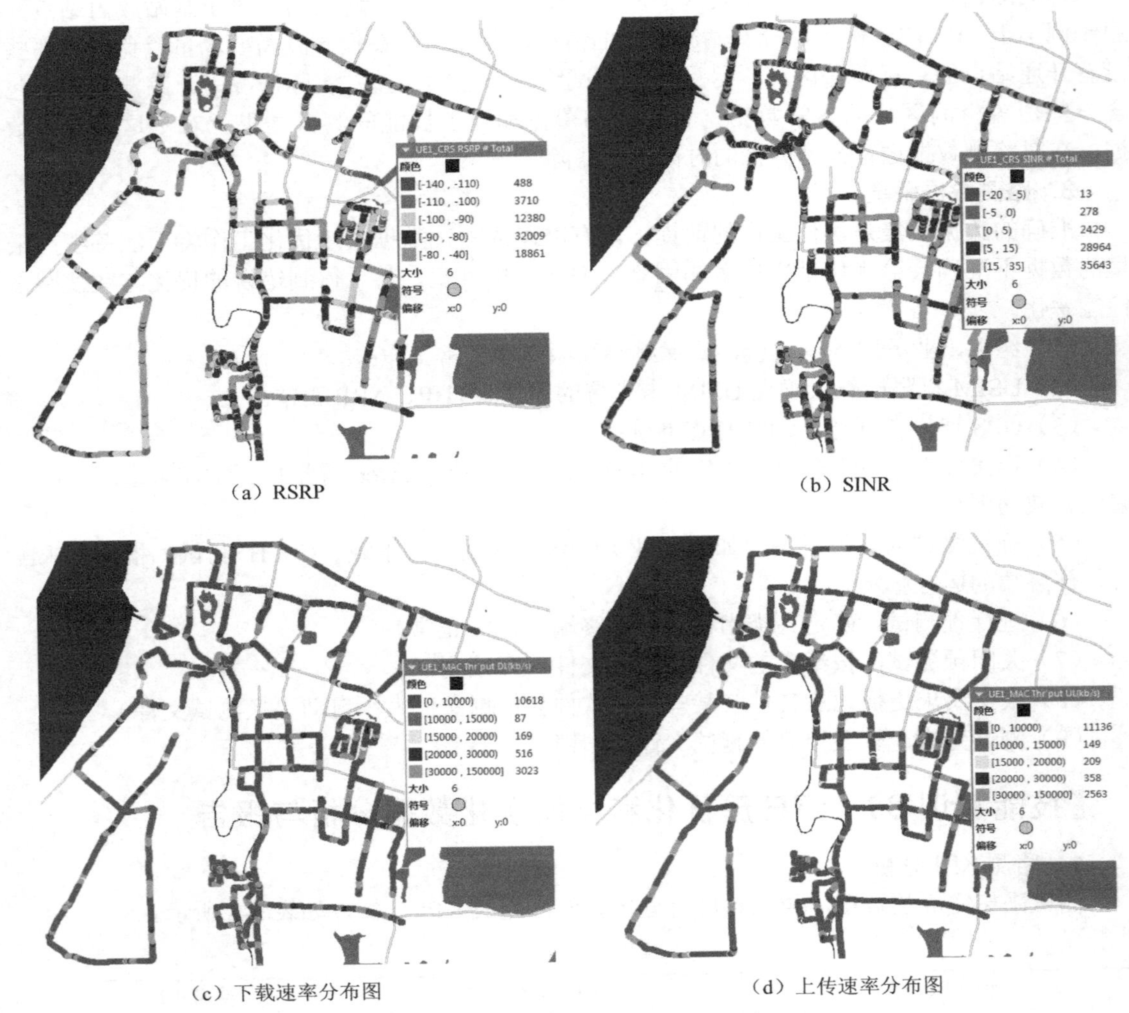

（a）RSRP　（b）SINR

（c）下载速率分布图　（d）上传速率分布图

图 5-5　路测四项指标分析

注意：以上下载和上传速率基于串行测试结果，因此在图示时指标较差。

3．问题分析

案例 5-1：覆盖问题

问题小区：WH905571A_先建村一组。

问题描述：测试车在先建村内道路行驶时，UE 占用 WH901291B_人福科技大厦，RSRP=−109dbm，SINR=−4db，THP_DL=2471kb/s，邻区 WH905571A_先建村一组，RSRP=−103dbm。该路段 RSRP 弱，SINR 低，下载速率低，如图 5-6 所示。

问题分析：UE 在该路段，无主服务小区。RSRP 过低，弱覆盖。

解决方案：: WH905571A_先建村一组，方位角 280° 到 260° 。机械下倾 7° 到 5° 。将 UE 接收 WH90567_ （PCI=118），天线下压 3 度。

复测结果：调整该路段信号有所改善，如图 5-7 所示。

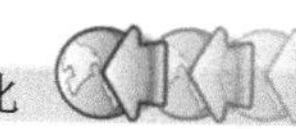

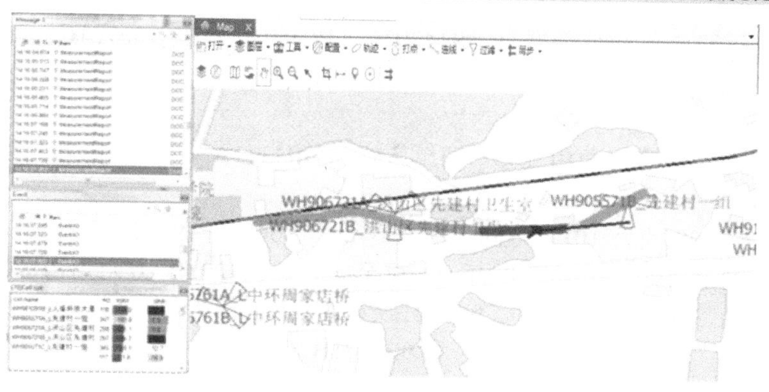

图 5-6　问题小区路段信号

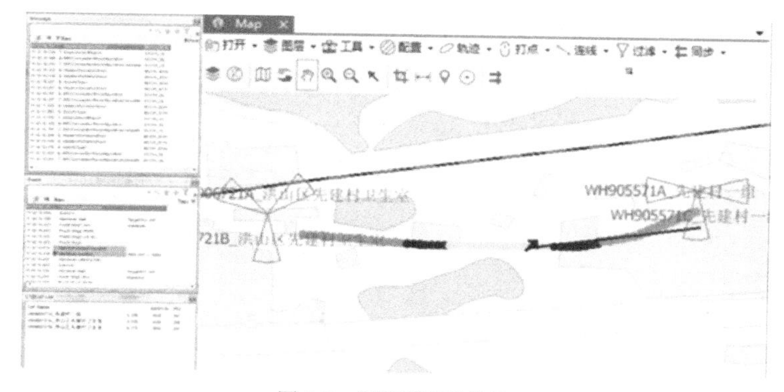

图 5-7　调整后路段信号

案例 5-2：SINR 差

问题描述：测试车在华农生猪创新中心道路向先建村方向行驶时，UE 占用 914291C（PCI=101），RSRP=-84dbm，SINR=-2db，THP_DL=15089kb/s，邻区 906721C（PCI=299），RSRP=-81dbm，904331A，RSRP=-86dbm。该路段 SINR 低，下载速率低，如图 5-8 所示。

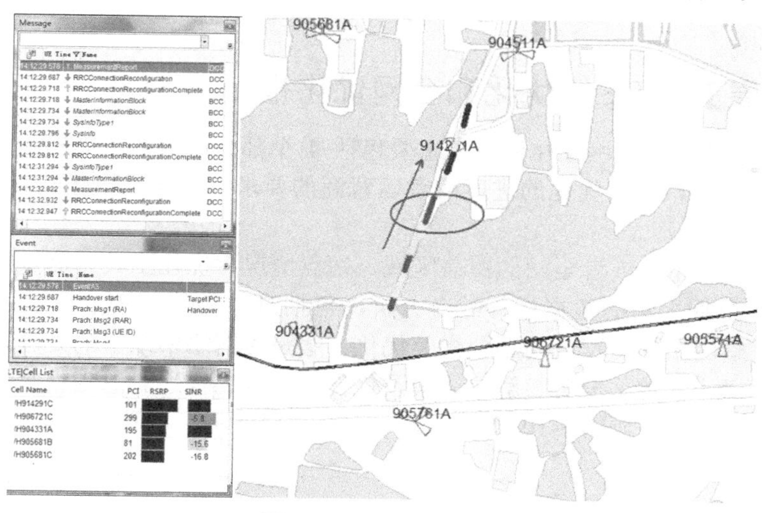

图 5-8　SINR 差测试路段

问题分析：该路段重叠覆盖严重，914291C（PCI=101）和 906721C（PCI=299）MOD3 干扰导致 SINR 值低，下载速率低。

解决方案：

将 904331AA 小区方向角由 100°调至 55°，904331A_（PCI=195 改为 56），904331C（PCI=56 改为 195）。

914291A（PCI=99 改为 101）方向角由 330°调至 300°，914291C（PCI =101 改为 99）方向角由 200°调至 190°电子下倾由 0°调至 4°，914291B 方向角由 70°调至 20°。904511A 方向角由 340°调至 20°。906721C（PCI=297 改为 298），906721A（PCI=298 改为 297），905571A（PCI=347 改为 348）和 905571B（PCI=348 改为 347）。

复测结果：有明显改善，如图 5-9 所示。

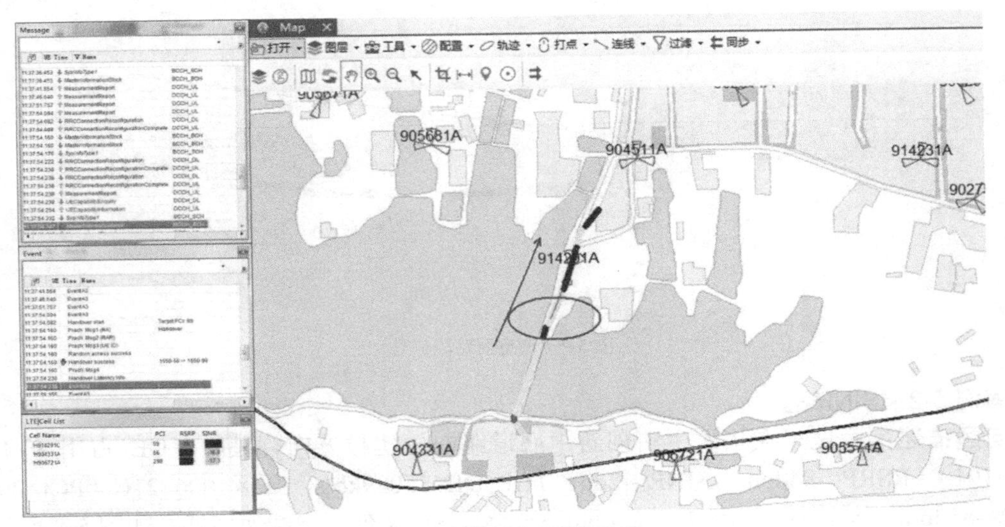

图 5-9　调整后信号明显改善

【知识拓展】 LTE 簇优化和全网优化报告

一个完整的簇优化和全网优化的报告主要包括 4 个部分：概述、优化测试指标、问题分析及优化方案、总结。根据优化的进度或者运营商的要求可能出现《优化前后对比》《遗留问题》等章节。

概述主要是对一个簇或者全网的覆盖区域、站点情况、优化工具、测试规范等的描述。优化测试指标是根据采集的数据进行综合分析，包括测试相关 KPI、测试主要指标分布图等，从整体上了解网络的情况。问题分析及优化方案是对网络中细节的处理，针对特定的区域或者事件进行逐一描述、分析、解决方案及优化实施等的描述。总结就是对网络优化问题的过程、结果进行描述，如图 5-10 所示。

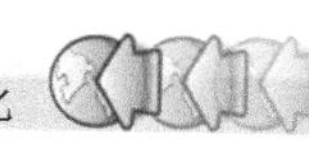

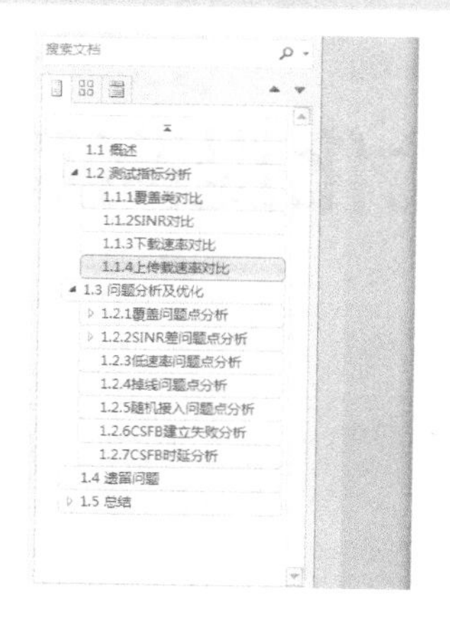

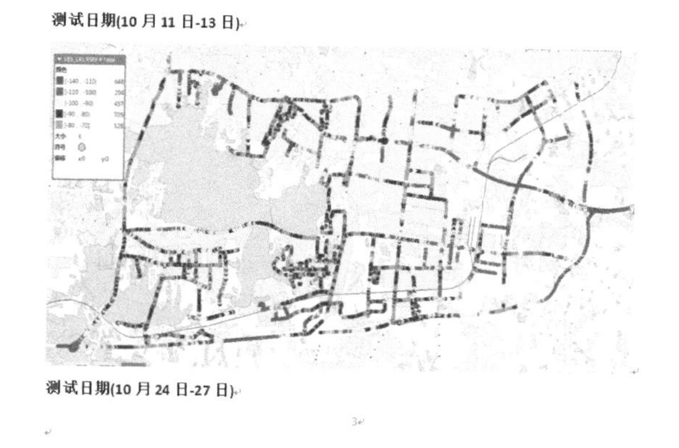

图 5-10　优化测试前后分析总结

【实战技巧】

在做簇优化（全网优化）时主要解决网络覆盖连续性和业务移动性问题，在测试阶段需要注意以下事项。

（1）检查设备状态，建议每天晚上对测试手机、笔记本电脑充电。在出发前保证手机、电脑和测试软件正常。

（2）上车后检查逆变器工作是否正常，测试过程中也需要注意观察逆变器工作状态，注意防止过热产生损毁和爆炸。

（3）上车后就连接，调试好设备，到达指定区域即可测试。

（4）测试过程观察事件，记录异常情况，写入测试日志中，方便后续分析。

（5）测试完成后记得收拾设备，防止丢失，建议对所有设备用专用工具袋收纳。

分析优化过程注意。

（1）统一管理文件，对当天测试的文件进行分析整理。按天或者区域出路测指标。

（2）对问题点分析一定要养成随手记录的习惯，记录事件产生的时间、位置、原因等，一般一个事件形成一个问题点报告。

（3）对于边界区域，给出优化调整方案后需与其他区域负责人讨论后实施。

（4）LTE 天线调整一般要求现网 2G（3G）天线下倾角大 2～3 度。这样能有效地减少重叠覆盖。

优化提高篇

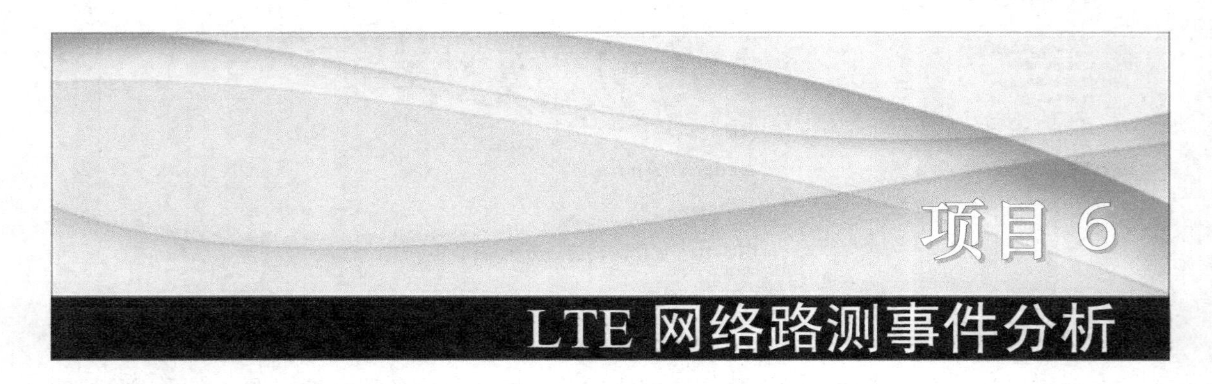

【项目内容】

本项目对 LTE 路测事件进行分析，从接入、切换、掉线、速率低、CSFB 五个方面进行介绍，首先介绍相应事件特点、详细过程和表现，然后介绍分析优化方法，最后介绍部分典型案例。

【知识目标】

深入了解 LTE 主要过程；
知晓不同事件产生的主要原因；
理解 LTE 主要过程的分析方法。

【技能目标】

清楚不同事件在路测中的表现，学会如何分析 LTE 异常事件。

任务 1　LTE 无线网络接入失败

【知识链接 1】 LTE 接入过程

LTE 接入过程中主要有随机接入、RRC 连接建立、E-RAB 建立三个过程。一般来说随机接入是 UE 与网络的同步、RRC 连接是 UE 与 eNB 间的连接、E-RAB 是 UE 与 EPC 之间的连接。根据发起接入的类型不同，在接入过程中会有些细微差别，如 Attach 流程中，在 RRC 连接建立后会有 NAS 过程；在被叫过程中 RRC 接入之前会有寻呼过程。随机接入过程在前面的章节已经详细描述，下面仅对 RRC 建立和 E-RAB 建立过程做个介绍。如图 6-1 所示。

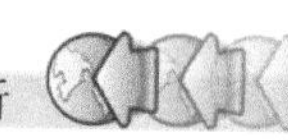

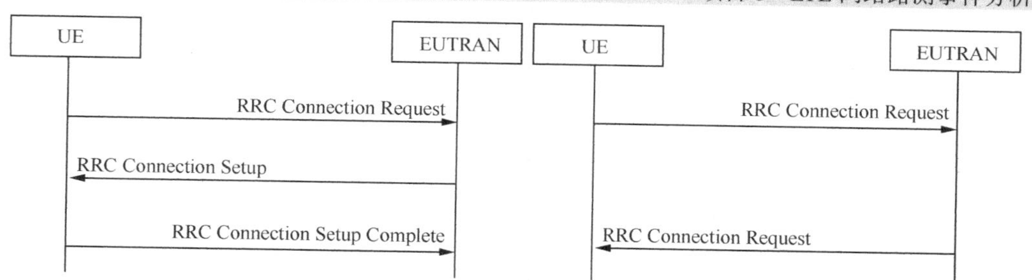

图 6-1　RRC 连接成功流程 RRC 连接拒绝

1．RRC 连接过程

RRC 连接建立的目的有两个，一是建立 SRB1，二是 UE 发送初始 NAS 消息给网络。RRC Connection Request 是由 UE 发起的，它是一个上行的控制消息，RRC Connection Request 消息中 ue-Identity 可以填为 S-TMSI 或随机值，当 UE 保存的 S-TMSI 为有效时，填写 S-TMSI，否则填写随机值；在 RRC establishmentCause 中的原因值与 NAS 过程的类型有关，不同的 NAS 过程对应到不同的 RRC 连接建立原因。图 6-2 实例中为 MO-signalling（主叫信令过程）。

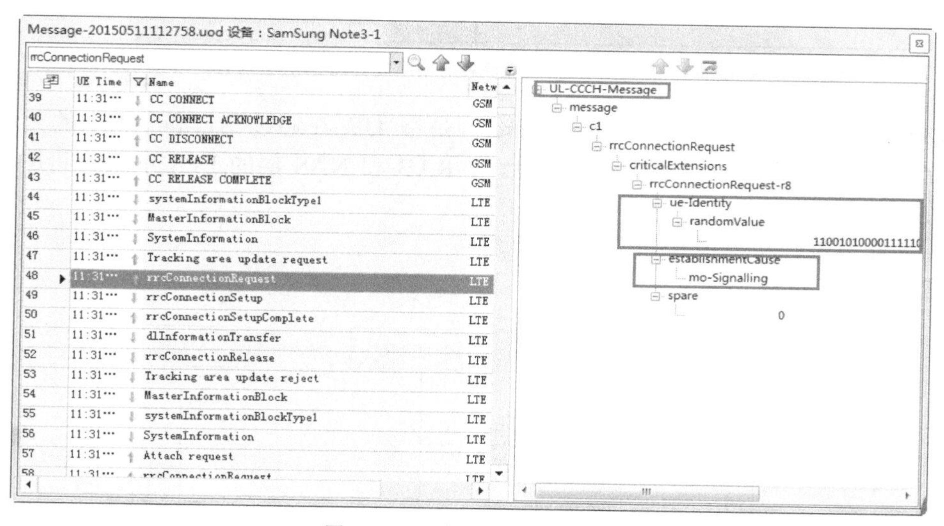

图 6-2　LTE 接入路测软件信令

RRC 建立原因类型如表 6-1 所示。

表 6-1　RRC 建立原因类型

NAS 过程	RRC 建立原因	呼 叫 类 型
Attach	MO-signalling	originating signalling
Tracking Area Update	MO-signalling	originating signalling
Detach	MO-signalling	originating signalling
Service Request	MO-data（建立业务承载请求资源）	originating calls
	MO-data（上行信令请求资源）	originating calls
	MT-access（响应寻呼）	terminating calls

续表

NAS 过程	RRC 建立原因	呼 叫 类 型
Extended Service Request	MO-data（主叫 CSFB）	originating calls
	MT-access（被叫 CSFB）	terminating calls
	Emergency（CSFB Emergency call）	Emergency calls

2. E-RAB 连接过程

E-RAB 建立过程分为初始 E-RAB 建立和专用承载的建立，其信令流程如图 6-3 所示。

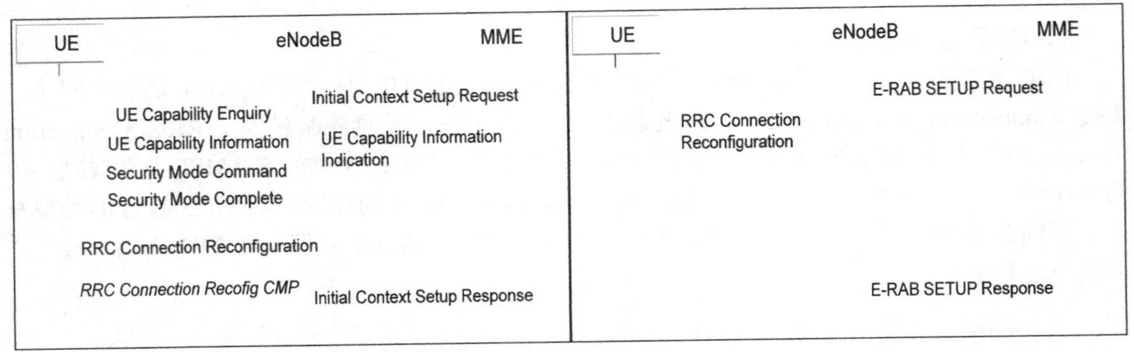

图 6-3 初始 E-RAB 建立流程专用承载 E-RAB 建立流程

E-RAB（E-UTRAN Radio Access Bearer）是指 UE 在通过 S1 和空口上的无线承载与 EPC 建立的一个通道。当 E-RAB 建立之后，E-RAB 和 NAS 层的 EPS 承载之间是一对一的映射关系，用户面的数据即可进行传输。

3. UE 能力查询和上报

终端能力上报过程如图 6-4 所示。

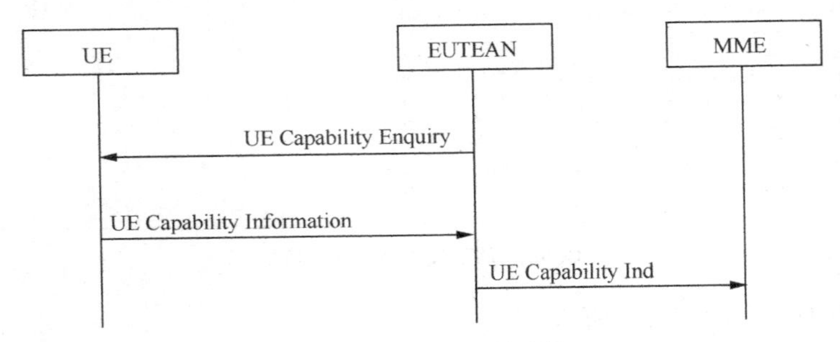

图 6-4 终端能力上报过程

在 Attach 时，核心网下发的初始上下文建立请求不携带 UE 能力，由 eNodeB 向 UE 发起查询，UE 上报给 eNodeB，同时 eNodeB 通过 S1 口的 UE 能力指示过程上报给核心网保存；如果 UE 能力查询过程失败，会导致 eRAB 建立失败。在 Idle to active 过程中，核心网下发的初始上下文建立请求会携带 UE 能力，eNodeB 无需向 UE 查询。通过测试软件可以查看到相应的信令如图 6-5 所示。

4. 安全模式

安全模式成功与失败如图 6-6 所示。

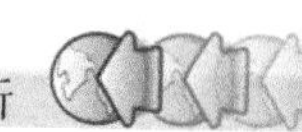

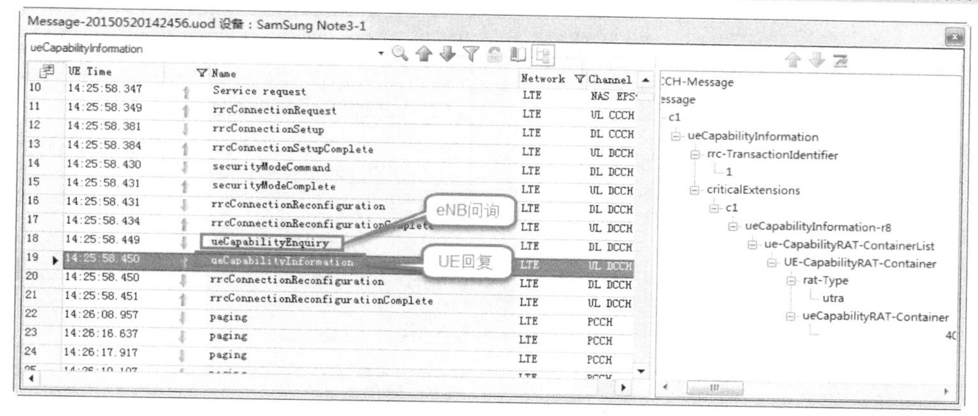

图 6-5 LTE UE 能力询问和上报

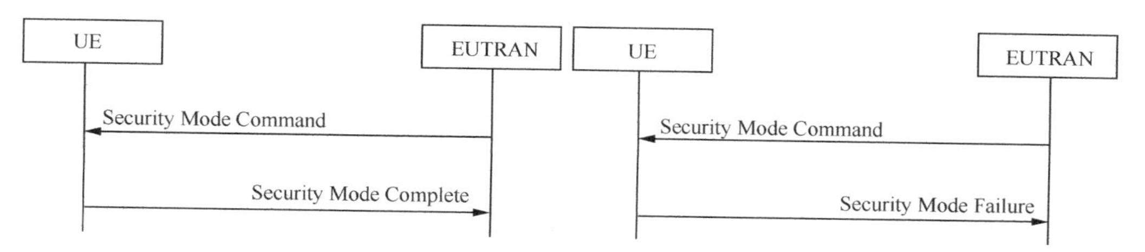

图 6-6 安全模式成功安全模式失败

在建立 SRB1 之后，建立 SRB2 之前会产生安全模式过程，主要用于激活接入层的加密和完整性保护，加密用于信令界面 SRB 和用户界面 DRB，完整性保护只用于信令界面 SRB（注意接入层的安全模式过程和 NAS 层的安全模式过程是两个独立的过程）。

以下为安全模式在前台测试中的信令过程：

Message-20150520142456.uod 设备：SamSung Note3-1

securityModeCommand

	UE Time	Name	Network	Channel
7	14:25:44.637	paging	LTE	PCCH
8	14:25:57.430	rrcConnectionRelease	LTE	DL DCCH
9	14:25:58.347	paging	LTE	PCCH
10	14:25:58.347	Service request	LTE	NAS EPS
11	14:25:58.349	rrcConnectionRequest	LTE	UL CCCH
12	14:25:58.381	rrcConnectionSetup	LTE	DL CCCH
13	14:25:58.384	rrcConnectionSetupComplete	LTE	UL DCCH
14	14:25:58.430	securityModeCommand	LTE	DL DCCH
15	14:25:58.431	securityModeComplete	LTE	UL DCCH
16	14:25:58.431	rrcConnectionReconfiguration	LTE	DL DCCH
17	14:25:58.434	rrcConnectionReconfigurationComplete	LTE	UL DCCH
18	14:25:58.449	ueCapabilityEnquiry	LTE	DL DCCH
19	14:25:58.450	ueCapabilityInformation	LTE	UL DCCH
20	14:25:58.450	rrcConnectionReconfiguration	LTE	DL DCCH
21	14:25:58.451	rrcConnectionReconfigurationComplete	LTE	UL DCCH
22	14:26:08.957	paging	LTE	PCCH

L-DCCH-Message
message
c1
securityModeCommand
rrc-TransactionIdentifier
1
criticalExtensions
c1
securityModeCommand-r8
securityConfigSMC
securityAlgorithmCo
cipheringAlgorith
eea2
integrityProtAlgo
eia2

图 6-7 LTE 安全模式过程

5. RRC 重配

RRC 重配置成功与失败如图 6-8 所示。

在接入流程中采用 RRC 连接重配置过程来建立 SRB2 和 DRB；如果重配置失败，UE 发起 RRC 连接重建过程。在 RRC 重配置中关键信元为无线资源配置，如图 6-9 所示。

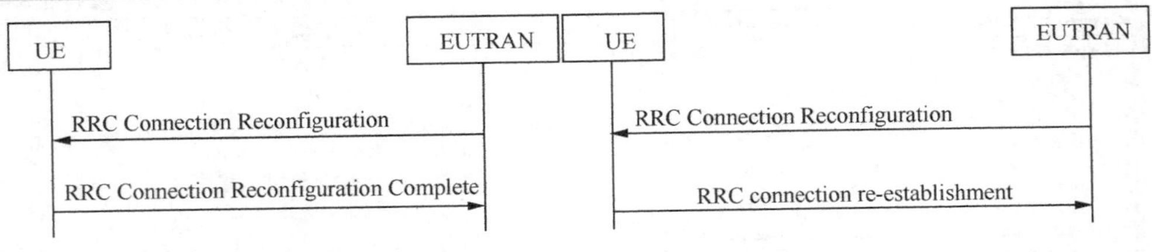

图 6-8　RRC 重配

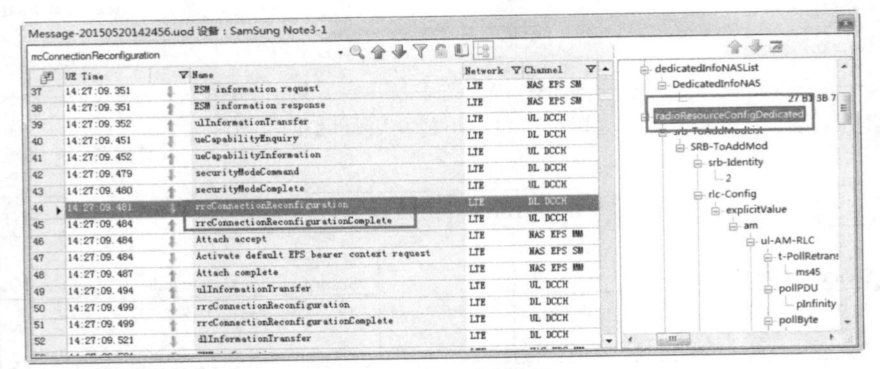

图 6-9　LTE 重配过程

【知识链接 2】 LTE 接入失败的原因及优化方法

在 LTE 接入的每个环节中都可能产生失败，引起失败的原因则是多方面的，按接入阶段和常见接入失败原因进行分类整理，如图 6-10 所示。

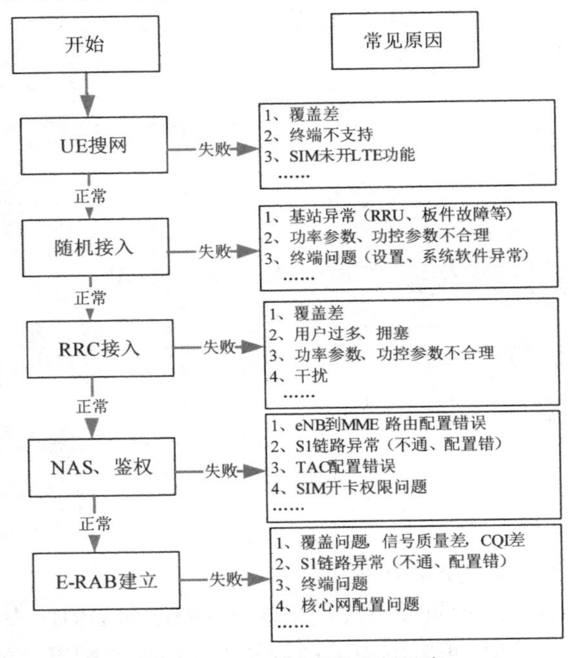

图 6-10　LTE 接入优化分析思路

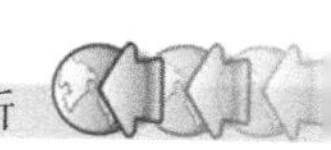

对于 LTE 网络来说，在不同的接入阶段产生接入失败的常见原因是有差异的。在问题排查过程中主要从以下几个方面进行。

（1）基站故障。

对基站告警、各板件工作状态进行检查，存在明显的影响业务的告警，及时处理相应的告警后复测或者指标观察；有时基站无告警，但基站工作状态异常，影响小区接入，此时一般为基站软件错误或者存在隐性故障，处理此类问题需要设备厂家研发的支持，此类问题较少，但解决问题周期较长。

（2）无线环境差。

无线环境差主要有弱覆盖、无主覆盖、干扰，现象就是 RSRP 差、SINR 差，直接影响则是无法接入或者接入时延变长。优化方法参见路测优化章节。

（3）终端问题。

在接入异常问题中，终端问题也是常见的问题之一。主要表现在终端不能搜索 LTE 网络、在 LTE 网中不能接入、TAU 失败、安全模式不通过等。在 LTE 建设初期终端类问题比较常见，随着终端的不断提升和优化，终端问题更多表现为突然出现或者偶尔出现不能接入。主要由终端软件异常导致，一般重启终端可以解决。

（4）参数检查。

功率参数、切换和重选参数对于接入也有影响，特别是在功率参数方面。对于初始接入影响较大，如上下行功率不平衡造成终端 Preamble 的功率攀升不够，从而接入失败；重选参数设置不合理造成重选时终端占用小区不合理导致接入失败。

（5）核心网问题。

核心网问题会导致 E-RAB 异常、鉴权失败等，从而影响接入性能。核心网问题一般为大面积接入问题或者一个号段问题，影响范围较大。如果遇到大面积无法接入、鉴权失败，一般需要核心网进行 trace 或者健康检查。

（6）基站拥塞。

基站拥塞也是常见接入失败的原因之一。现在各大厂家对基站容量都进行了相应的限制，如果接入用户数达到限制，就会接入失败。基站拥塞产生的接入失败判断较为明显，有明确的 counter 指示，且一个站的指标会出现忙时恶化闲时正常的状态。一旦出现拥塞，需要对基站进行扩容处理。

【技能实训】 LTE 接入失败分析

案例 6-1：弱覆盖

【问题描述】

测试车辆在磨山南路由东向西测试过程中，UE 占用 WH907731C_L 磨山疗养院（PCI=328）向 WH907791A_L 东湖樱花园多次切换失败，UE 无法接入 WH907791A_L 东湖樱花园进行业务，如图 6-11 所示。

【问题分析】

由于 UE 占用 WH907731C_L 磨山疗养院（PCI=328）向 WH907791A_L 东湖樱花园（PCI=216）多次切换失败，从监测到的小区信号情况可以看出，信号均低于−105dBm，覆盖较差。检查邻区关系，基站告警等情况均正常，再次对现场复测结果如图 6-12 所示。

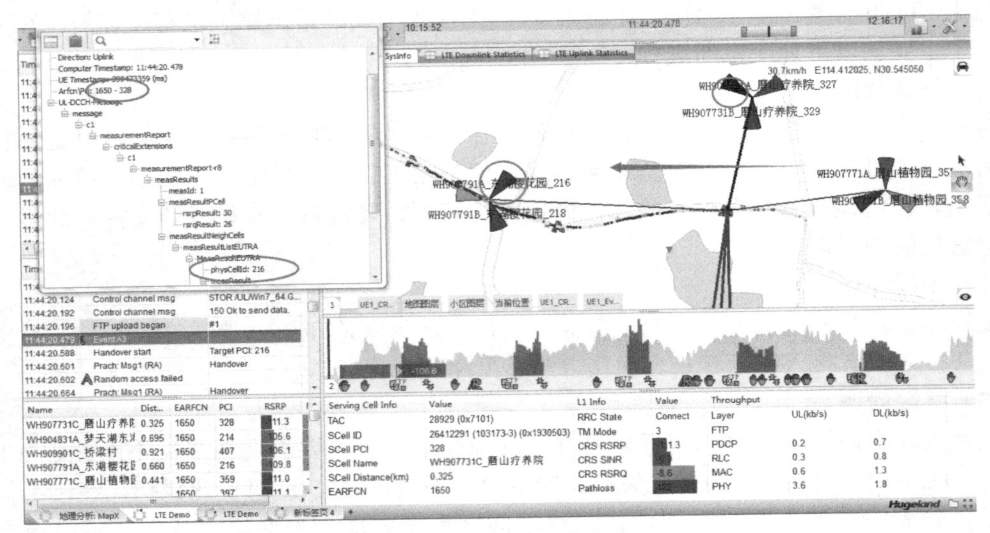

图 6-11　测试小区切换失败

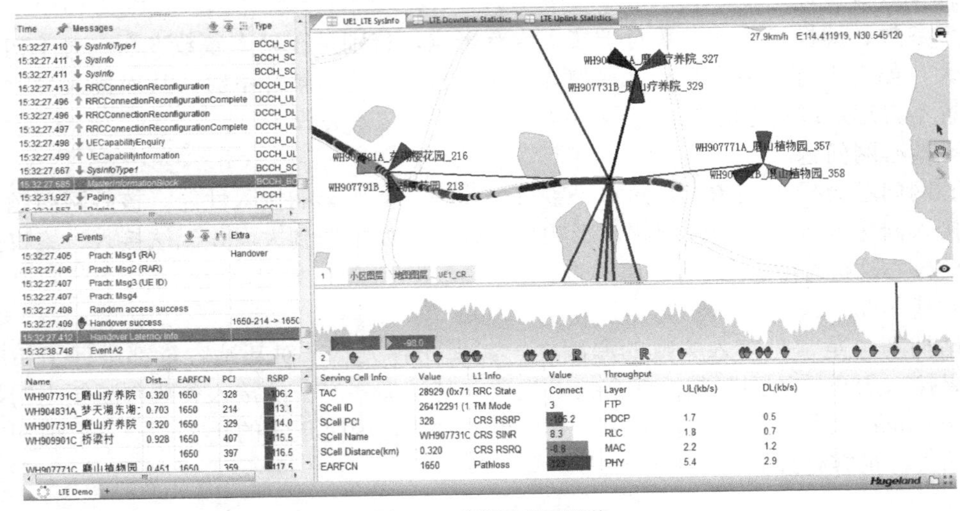

图 6-12　复测结果弱覆盖

再次复测虽然未产生接入、切换失败的事件，但是弱覆盖问题仍然严重。

【解决方案】

由于 WH90777_磨山植物园地势较低且 WH90773 被阻挡，需增加基站（114.41112, 30.54519）处理覆盖问题。

任务 2　LTE 无线网络切换失败

【知识链接 1】　LTE 切换流程描述

当正在使用网络服务的用户从一个小区移动到另一个小区，或由于无线传输业务负荷量

调整、激活操作维护、设备故障等原因，为了保证通信的连续性和服务的质量，系统要将该用户与原小区的通信链路转移到新的小区上，这个过程就是切换。

LTE 中切换分为站内切换、X2 切换和 S1 切换，在《切换流程》中已经做过详细地描述。总体来说切换分为测量控制、测量报告、切换命令、目标小区建立几个过程。

1．测量控制

测量控制信息是通过重配置消息（RRC Connect Reconfigration）下发的，测量控制一般存在于初始接入时的重配置消息和切换命令中的重配置消息中。测量控制信息包括邻区列表、事件判断门限、时延、上报间隔等信息，如图 6-13 所示。

2．测量报告

终端在服务小区下发的测量控制进行测量，将满足上报条件的小区上报给服务小区。测量报告中会包括当前小区和测量到的邻小区信息，如图 6-14 中 2 标志所示，邻区中 PCI=268，RSRP=58，RSRQ=15。

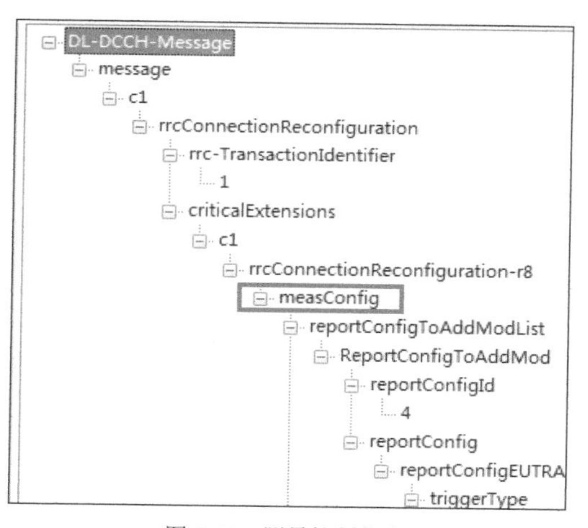

图 6-13　测量控制信息

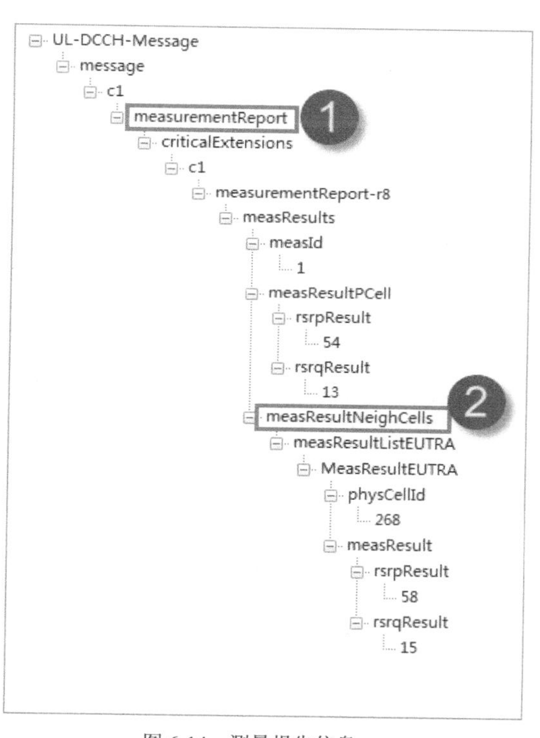

图 6-14　测量报告信息

3．切换命令

这里的切换命令是指带有 mobilityControlInfo 的重配置命令，mobilityControlInfo 里包含了目标小区的 PCI、T304 等其他接入的所有配置，如图 6-15 所示。

4．目标小区接入

终端在目标小区使用源小区在切换命令中带的接入配置进行接入，终端反馈重配置完成，标志切换结束。但实际上重配置完成消息在收到切换命令后就已经组包完成并发送，在目标侧的随机接入可认为是由重配置完成消息发起的目标侧随机接入过程，如图 6-16 所示。

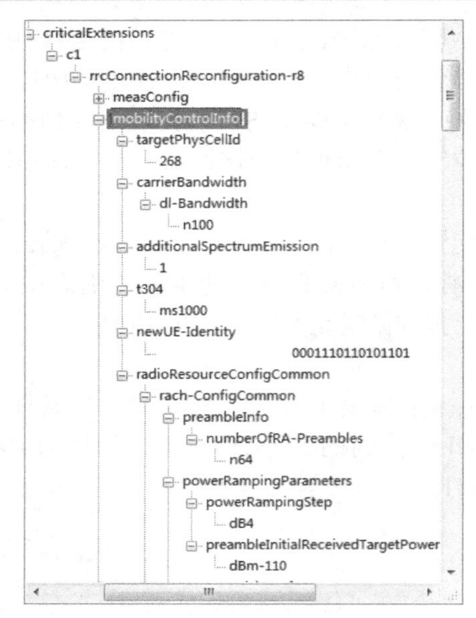

图 6-15　测量命令信息

	UE Time	Name	Network	Channel
10	11:09···	SystemInformation	LTE	BCCH DL:
11	11:09···	systemInformationBlockType1	LTE	BCCH DL:
12	11:09···	MasterInformationBlock	LTE	BCCH BCI
13	11:09···	paging	LTE	PCCH
14	11:09···	Service request	LTE	NAS EPS
15	11:09···	rrcConnectionRequest	LTE	UL CCCH
16	11:09···	rrcConnectionSetup	LTE	DL CCCH
17	11:09···	rrcConnectionSetupComplete	LTE	UL DCCH
18	11:09···	securityModeCommand	LTE	DL DCCH
19	11:09···	securityModeComplete	LTE	UL DCCH
20	11:09···	rrcConnectionReconfiguration	LTE	DL DCCH
21	11:09···	rrcConnectionReconfigurationComplete	LTE	UL DCCH
22	11:09···	ueCapabilityEnquiry	LTE	DL DCCH
23	11:09···	ueCapabilityInformation	LTE	UL DCCH
24	11:09···	rrcConnectionReconfiguration	LTE	DL DCCH
25	11:09···	rrcConnectionReconfigurationComplete	LTE	UL DCCH
26	11:09···	paging	LTE	PCCH
27	11:09···	measurementReport	LTE	UL DCCH
28	11:09···	rrcConnectionReconfiguration	LTE	DL DCCH
29	11:09···	rrcConnectionReconfigurationComplete	LTE	UL DCCH
30	11:09···	rrcConnectionReconfiguration	LTE	DL DCCH
31	11:09···	systemInformationBlockType1	LTE	BCCH DL:
32	11:09···	SystemInformation	LTE	BCCH DL:
33	11:09···	SystemInformation	LTE	BCCH DL:
34	11:09···	rrcConnectionReconfigurationComplete	LTE	UL DCCH
35	11:09···	MasterInformationBlock	LTE	BCCH BCI
36	11:09···	ueCapabilityEnquiry	LTE	DL DCCH
37	11:09···	ueCapabilityInformation	LTE	UL DCCH
38	11:09···	systemInformationBlockType1	LTE	BCCH DL:
39	11:09···	MasterInformationBlock	LTE	BCCH BCI
40	11:09···	paging	LTE	PCCH
41	11:09···	rrcConnectionReconfiguration	LTE	DL DCCH
42	11:09···	rrcConnectionReconfigurationComplete	LTE	UL DCCH

DL-DCCH-Message
message
c1
rrcConnectionReconfiguration
rrc-TransactionIdentifier
1
criticalExtensions
c1
rrcConnectionReconfiguration-r8
measConfig
measObjectToAddModList
MeasObjectToAddMod
measObjectId
1
measObject
measObjectEUTRA
carrierFreq
1650
allowedMeasBandw
mbw6
presenceAntennaPc
false
neighCellConfig
offsetFreq
dB0
reportConfigToAddModList
ReportConfigToAddMod
reportConfigId
1
reportConfig
reportConfigEUTRA
triggerType
event
eventId

图 6-16　目标小区接入

【知识链接 2】 LTE 切换失败的原因及优化方法

LTE 切换问题异常主要分为终端异常、测量报告丢失、切换命令丢失、目标小区接入失败四种情况。

1．终端异常

在测试过程中，由于终端长时间工作产生过热或者 APP 过程内存不足都可能导致终端死机、不影响相应动作等情况发生。在测试过程中表现为一段时间终端不接收、不发送信令，接收电平强度、电平质量无变化。这种情况较明显，容易判断，且不属于网络问题，一般重启终端即可恢复，不需要特别分析。

2．测量报告丢失分析

在 LTE 切换过程中，UE 会根据 eNodeB 下发的测量控制完成相应的测量内容，并将测量结果上报给 eNodeB，但在 UE 上报测量报告后，并不代表 eNodeB 一定收到或者 eNodeB 一定会处理，那么这必将产生切换失败。如图 6-17 所示，UE 不断地上报测量报告，但在 eNodeB 并未收到相应的内容，最终导致链路释放。

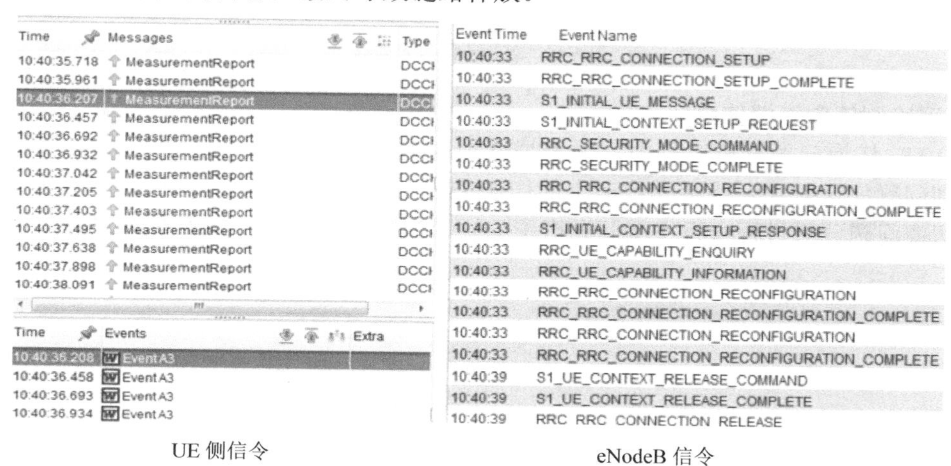

UE 侧信令　　　　eNodeB 信令

图 6-17　测量报告丢失

3．切换命令丢失分析

切换命令丢失是指 UE 侧发出测量报告后，eNodeB 收到测量报告，并下发切换命令，但 UE 侧没有收到；从 UE 侧看到的现象与测量报告丢失相同，但在 eNodeB 侧可以看到 eNodeB 下发了 RRC 重配置消息，UE 侧未响应，如图 6-18 所示。

Event Name	DIRECTION
RRC_CONNECTION_REQUEST	RECEIVE
RRC_CONNECTION_SETUP	SEND
RRC_CONNECTION_SETUP_COMPLETE	RECEIVE
RRC_SECURITY_MODE_COMMAND	SEND
RRC_SECURITY_MODE_COMPLETE	RECEIVE
RRC_RRC_CONNECTION_RECONFIGURATION	SEND
RRC_RRC_CONNECTION_RECONFIGURATION_COMPLETE	RECEIVE
RRC_RRC_CONNECTION_RECONFIGURATION	SEND
RRC_RRC_CONNECTION_RECONFIGURATION_COMPLETE	RECEIVE
RRC_RRC_CONNECTION_RECONFIGURATION	SEND
RRC_RRC_CONNECTION_RECONFIGURATION_COMPLETE	RECEIVE
RRC_MEASUREMENT_REPORT	RECEIVE
RRC_MEASUREMENT_REPORT	RECEIVE
RRC_RRC_CONNECTION_RECONFIGURATION	SEND
RRC_RRC_CONNECTION_RE_ESTABLISHMENT_REQUEST	RECEIVE

图 6-18　切换命令丢失

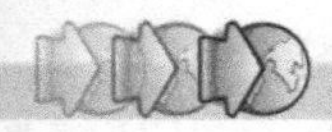

4．目标小区接入失败分析

UE 侧完成了上报测量报告，eNodeB 也作出相应的响应，UE 侧收到切换命令后在目标小区发起接入，但目标小区接入失败，未收到切换完成消息。信令过程如图 6-19 所示。

Event Name	DIRECTION
RRC_MEASUREMENT_REPORT	RECEIVE
RRC_RRC_CONNECTION_RECONFIGURATION	SEND
RRC_PAGING	SEND
RRC_PAGING	SEND
RRC_PAGING	SEND
RRC_PAGING	SEND
RRC_PAGING	SEND
RRC_PAGING	SEND

Name	Network	Channel
rrcConnectionReconfiguration	LTE	DL DCCH
rrcConnectionReconfigurationComplete	LTE	UL DCCH
dlInformationTransfer	LTE	DL DCCH
EMM information	LTE	NAS EPS MM
MasterInformationBlock	LTE	BCCH BCH
systemInformationBlockType1	LTE	BCCH DL SCH
systemInformation	LTE	BCCH DL SCH
RRCConnectionReestablishmentRequest	LTE	UL DCCH
RRCConnectionReestablishmentReject	LTE	DL DCCH

图 6-19　目标小区接入失败

5．网络侧信令终端信令

在 LTE 切换问题分析过程中，无论是哪种情况的切换失败，都需要进行以下的分析流程，直到问题完全解决。终端异常产生的切换失败不属于网络原因造成的，而且容易判断，因此在切换问题分析过程中将终端问题产生的切换失败排除在外，如图 6-20 所示。

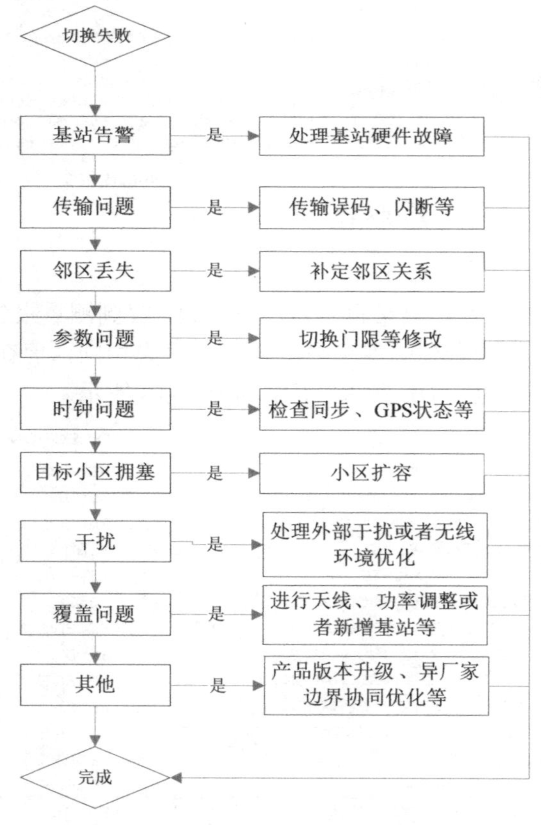

图 6-20　切换失败分析过程

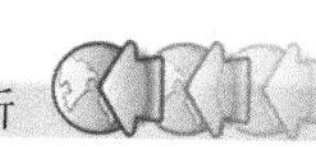

【技能实训】　LTE 切换失败分析

案例 6-2：漏配邻区

【问题描述】

测试车辆在磨山南路由东向西测试过程中，UE 占用 907731C_L 磨山疗养院（PCI=328）向 907791A_L 东湖樱花园多次切换失败，UE 无法接入 907791A_L 东湖樱花园进行业务，如图 6-21 所示。

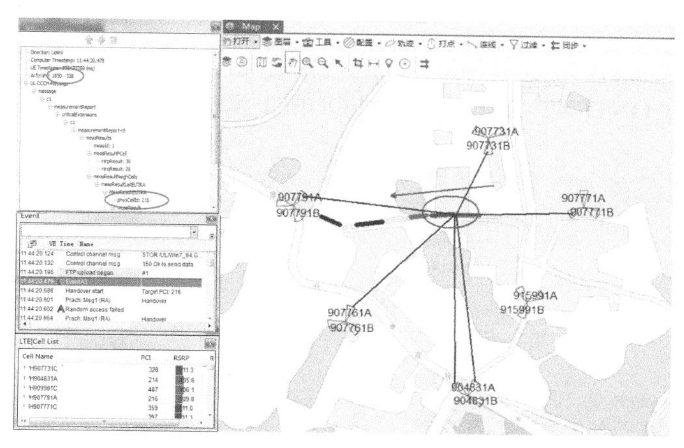

图 6-21　测试多次切换失败

【问题分析】

由于 UE 占用 907731C_L 磨山疗养院（PCI=328）向 907791A_L 东湖樱花园（PCI=216）多次切换失败，UE 无法接入 907791A_L 东湖樱花园进行业务。

【解决方案】

核查 907731C_L 磨山疗养院（PCI=328）与 907791A_L 东湖樱花园（PCI=216）邻区关系，发现未添加，补定邻区关系。

【复测结果】

复测时切换正常，但此区域受周边山体阻挡，信号较弱，需要针对性解决覆盖问题，如图 6-22 所示。

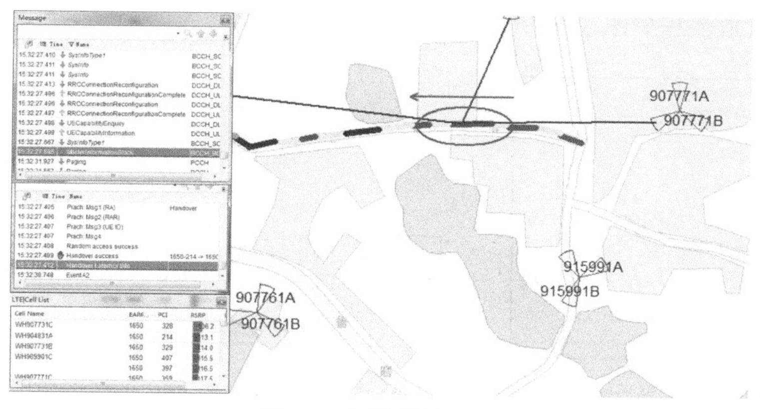

图 6-22　复测后结果现状

任务 3　LTE 无线网络掉线分析

【知识链接 1】　LTE 释放过程

LTE 释放分为 E-RAB 释放和 RRC 释放，它们是两个不同的过程，RRC 的释放是在 E-RAB 释放之后。下面对两种情况进行描述。

1. E-RAB 释放

E-RAB 释放分为 eNB 发起和 MME 发起两种情况，由 eNB 发起的释放比 MEE 发起的释放多一条 S1_UE_CONTEXT_RELEASE_REQUEST 消息，如图 6-23 和图 6-24 所示。

Event Name	Event Time
INTERNAL_EVENT_ERAB_DATA_INFO	13:04:35.400
INTERNAL_PROC_HO_PREP_X2_IN	13:04:35.405
RRC_RRC_CONNECTION_RECONFIGURATION_COMPLETE	13:04:35.470
S1_PATH_SWITCH_REQUEST	13:04:35.470
S1_PATH_SWITCH_REQUEST_ACKNOWLEDGE	13:04:35.587
INTERNAL_PROC_HO_EXEC_X2_IN	13:04:35.587
INTERNAL_EVENT_MEAS_CONFIG_A3	13:04:35.587
INTERNAL_EVENT_MEAS_CONFIG_A2	13:04:35.587
INTERNAL_EVENT_MEAS_CONFIG_A2	13:04:35.587
RRC_RRC_CONNECTION_RECONFIGURATION	13:04:35.587
INTERNAL_PROC_RRC_CONN_RECONF_NO_MOB	13:04:35.606
RRC_RRC_CONNECTION_RECONFIGURATION_COMPLETE	13:04:35.606
INTERNAL_EVENT_ONGOING_UE_MEAS	13:04:35.606
RRC_UE_CAPABILITY_ENQUIRY	13:04:35.606
RRC_UE_CAPABILITY_INFORMATION	13:04:35.639
S1_UE_CAPABILITY_INFO_INDICATION	13:04:35.639
S1_UE_CONTEXT_RELEASE_REQUEST	13:04:49.632
S1_UE_CONTEXT_RELEASE_COMMAND	13:04:49.675
S1_UE_CONTEXT_RELEASE_COMPLETE	13:04:49.675
RRC_RRC_CONNECTION_RELEASE	13:04:50.109
INTERNAL_PROC_UE_CTXT_RELEASE	13:04:50.389

图 6-23　eNB 发起的 E-RAB 释放

Event Name	Event Time
RRC_RRC_CONNECTION_SETUP	13:04:11.178
RRC_RRC_CONNECTION_SETUP_COMPLETE	13:04:11.209
S1_INITIAL_UE_MESSAGE	13:04:11.209
INTERNAL_PROC_RRC_CONN_SETUP	13:04:11.209
INTERNAL_PROC_S1_SIG_CONN_SETUP	13:04:11.382
S1_DOWNLINK_NAS_TRANSPORT	13:04:11.382
RRC_DL_INFORMATION_TRANSFER	13:04:11.382
S1_UE_CONTEXT_RELEASE_COMMAND	13:04:11.383
S1_UE_CONTEXT_RELEASE_COMPLETE	13:04:11.383
RRC_RRC_CONNECTION_RELEASE	13:04:11.383
INTERNAL_PROC_UE_CTXT_RELEASE	13:04:11.408

图 6-24　MME 发起的 E-RAB 释放

根据协议规定，正常释放 E-RAB 或 UE 上下文释放原因值为“Normal Release”“User inactivity”或者是由于成功进行移动性活动的原因值，则判定为正常释放，如图 6-25 所示。

2. RRC 连接释放

RRC 连接释放流程如图 6-26 所示。

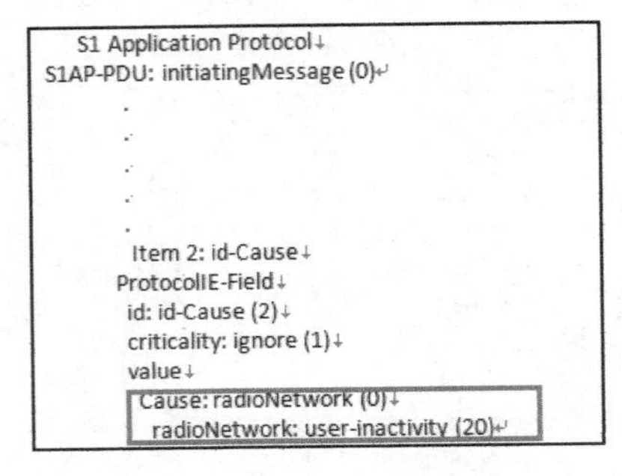

S1 Application Protocol
S1AP-PDU: initiatingMessage (0)
.
.
.
.
.
Item 2: id-Cause
ProtocolIE-Field
id: id-Cause (2)
criticality: ignore (1)
value
Cause: radioNetwork (0)
radioNetwork: user-inactivity (20)

图 6-25　E-RAB 正常释放的判定

图 6-26　RRC 连接释放流程

通常情况下，以下情形会触发 EUTRAN 下发 RRC　Connection　Release 消息。

（1）RRC 激活检测定时器超时。

（2）UE 发起 Detach 之后。

（3）TAU 之后。

（4）核心网触发 load　Balancing　TAU　Required 之后。

UE 在接收到 RRC　Connection　Release 之后，进行如下动作。

（1）如果 RRC　Connection　Release 消息中包含 idleModeMobilityControlInfo，存储其中的小区重选优先级信息；如果消息中包含 t320，启动该 T320 定时器（并将定时器取值为 t320）；如果没有包含 idleModeMobilityControlInfo，UE 使用系统信息中广播的小区重选优先级信息。

（2）如果 RRC　Connection　Release 消息中的 releaseCause 为 load　Balancing　TAU Required，UE 将在离开 RRC_CONNECTED 时执行操作，并带上 releaseCause 为 load Balancing　TAUR　equired；如果 releaseCause 为 other，则在离开 RRC_CONNECTED 时执行操作，并带上 releaseCause 为 other。

（3）UE 在离开 RRC_CONNECTED 时执行的操作：重置 MAC；停止除 T320 以外的所有定时器；释放全部无线资源，包括释放全部已建立的 RB 的 RLC 实体、MAC 配置和相关的 PDCP 实体；告诉上层 RRC 连接释放（带上 releaseCause）。

（4）如果不是由于收到 Mobility　From　EUTRA　Command 消息而触发的离开 RRC_CONNECTED 状态，UE 将（根据离开 RRC_CONNECTED 的原因）通过执行小区重选过程进入 RRC_IDLE。

对于异常释放，原因值为“Abnormal　Release”“Unknown”“unspecified”等。一般触发异常释放的机制有以下几类。

（1）空口 RRC/NAS　AM 模式信令交互失败。

（2）空口重同步失败。

（3）空口 RLC 达到最大重传次数（包括上行/下行，SRB/DRB）。

（4）eNB/MME 侧资源拥塞。

（5）传输故障。

（6）eNB/MME 内部异常。

【知识链接 2】 LTE 掉线的原因及优化方法

LTE 中掉线可以从统计和 DT/CQT 两个方面来定义，在统计上所有非用户未激活原因引起 eNodeB 主动释放 E-RAB 的均被视为掉线；在 DT/CQT 测试中掉线分为信令掉线和业务掉线，业务掉线是指在整个测试中连续 30s 应用层无速率，又可统计为无速率比例；信令掉线是指在 RRC 重建消息“rrcConnectionReconfigurationComplete”之后终端收到 RRC 释放“rrcConnectionRelease”或者终端发起 RRC 重建失败（rrcConnectionRelease 原因值不包含系统间切换、用户未激活网络侧释放和 CSFB 的释放三类）。

常见的导致 LTE 掉线的问题有基站故障、传输问题、切换问题、参数设置、干扰和无线环境六种情况，掉线的分析流程如图 6-27 所示。

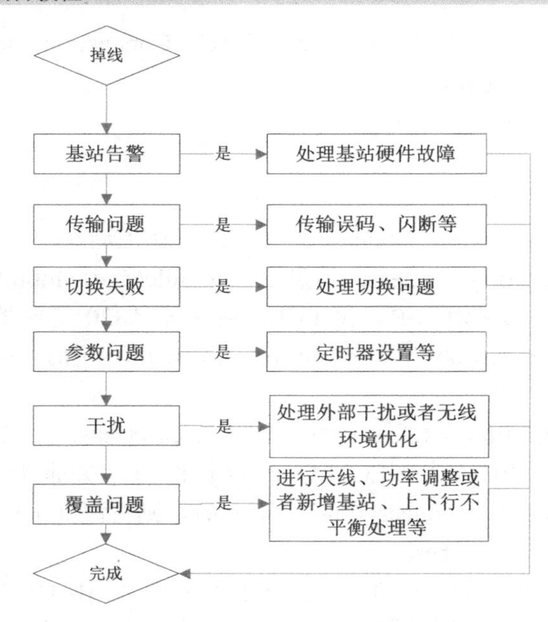

图 6-27　LTE 掉线分析流程

【技能实训】 LTE 掉线分析

案例 6-3：无主覆盖产生掉线

【问题描述】

如图 6-28 所示，测试车辆在沿湖路落雁岛附近由西向东测试过程中，UE 占用 913361A（PCI=335）向 910031B（PCI=169）多次切换失败，UE 无法接入 910031B 进行业务。

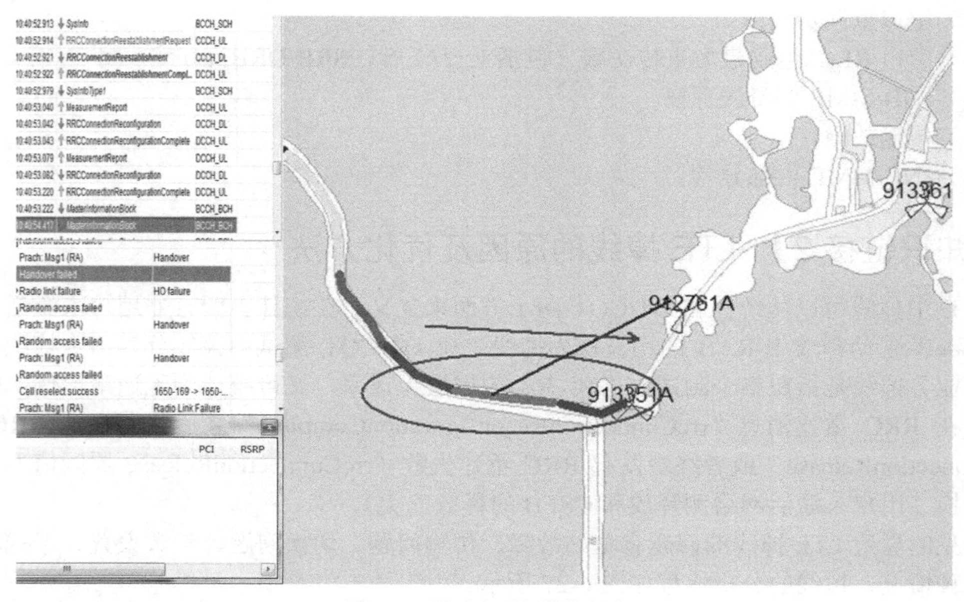

图 6-28　测试为无主覆盖小区

【问题分析】

由于 UE 占用 913361A（PCI=335）向 910031B （PCI=169）多次切换失败，UE 无法接入 910031B （PCI=169）进行业务。在此路段信号杂乱，无主覆盖，SINR 较差，需要对周边站点天线进行调整，形成合理的主覆盖小区。

【解决方案】

勘察调整 913351C 实际覆盖情况，使其能覆盖图中问题点路段。下压 913361A 下倾角 3 度，下压 910031B 下倾角 2 度。

【复测结果】

913351C 目前为该路段主覆盖小区，复测时无掉线现象，如图 6-29 所示。

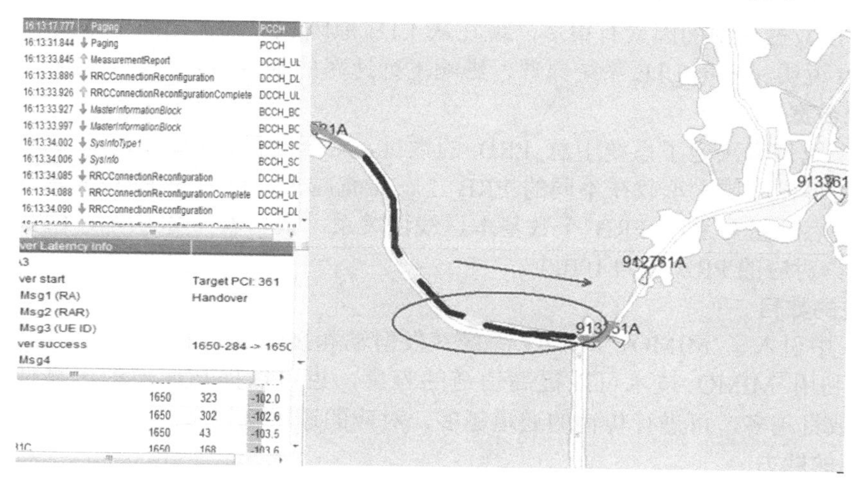

图 6-29　调整后为主覆盖小区

任务 4　LTE 无线网络数据速率优化

【知识链接 1】 LTE 数据速率

LTE 系统中理论速率很快，但在实际测量中速率却是千差万别。虽然 LTE-TDD 与 LTE-FDD 在帧结构和调度上有着很大的差别，但对于速率的计算却是相似的，都是以帧结构和带宽为基础进行计算的。

不同的带宽对应的 PRB 数是不同的，如表 6-2 所示。

表 6-2　带宽与 RB 的数目对应关系表

系统带宽	1.4MHz	3MHz	5MHz	10MHz	15MHz	20MHz
PRB 个数	6	15	25	50	75	100

1 个子帧为 1ms，包含 2 个时隙，包含 168 个 RE；采用最高阶的 64 QAM 调制，包括 6 个 bits；那么在单天线的情况下峰值速率为：

$$100*168*6/1\text{ms}\approx 100.8\text{Mbit/s}$$

如果是 4*4 MIMO，则峰值速率为单天线时的 4 倍，即 403.2Mbit/s。如果使用 3/4 的信

道编码，则速率降低为 302.4Mbit/s。

而对于 LTE-TDD 而言，它的帧结构与 LTE-FDD 是相似的，只是在子帧配比和特殊子帧上产生差异。如果按下行最大比 9：1 配置，即有：

$$100*168*6*0.9/1ms \approx 90.72\ Mbit/s$$

注意：以上计算未考虑到 PDCCH、参考信号、PBCH、PSS/SSS 以及编码的开销，实际应用中这些开销约占 25%（即实际速率约占以上计算值的 75%）。同时无线环境的变化往往会导致调制方式改变，码率也将变化，在实测中的速率往往会更低。

【知识链接 2】 LTE 数据速率低的原因及优化方法

影响 LTE 数据速率的因素有很多，现在从 LTE 原因和实际优化两个方面对影响 LTE 速率的因素进行说明。根据 LTE 系统原理，影响下行速率的基本因素有以下几种。

1. 系统带宽

不同的系统带宽决定了系统中总 PRB 的数目，对于小区内用户而言，在同一个调度周期不同用户业务在频域上承载在不同的 PRB 上。带宽越大，可用的 PRB 资源越多，相应的吞吐量越高，吞吐量与系统 PRB 个数基本呈线性关系。根据表 6-2 所示，LTE 中最大支持 20MHz 带宽，对应的 PRB 数为 100 个。

2. 天线的数目

在 LTE 中引入了 MIMO，MIMO 系统在发射端和接收端均采用多天线（或阵列天线）和多通道。利用 MIMO 技术可以提高信道的容量，也可以提高信道的可靠性，降低误码率。天线的数目越多，可进行传输的通道越多，对应的速率就越高。

3. 终端的能力

LTE 中对 UE 进行了严格的规定，根据协议，目前已经定义 15 类终端，不同等级的终端每个调度周期内可以接收的最大比特数不同，每个 TB 的比特数不同，可支持的空分复用的层数也不同；对于上行仅有 5 类、8 类和 15 类支持 64QAM，如表 6-3 所示。

表 6-3　　不同类型终端功能

UE 类型	下行峰值速率（bit/s）	支持天线数	上行峰值速率（bit/s）	上行支持 64QAM
Category 0 （Note 2）	1000	1	1000	No
Category 1	10296	1	5160	No
Category 2	51024	2	25456	No
Category 3	102048	2	51024	No
Category 4	150752	2	51024	No
Category 5	299552	4	75376	Yes
Category 6	301504	2 or 4	51024	No
Category 7	301504	2 or 4	102048	No
Category 8	2998560	8	1497760	Yes
Category 9	452256	2 or 4	51024	No
Category 10	452256	2 or 4	102048	No
Category 11	603008	2 or 4	51024	No
Category 12	603008	2 or 4	102048	No

续表

UE 类型	下行峰值速率（bit/s）	支持天线数	上行峰值速率（bit/s）	上行支持 64QAM
Category 13	391632	2 or 4	51024	No
Category 14	391632	2 or 4	102048	No
Category 15	3916560	8	1497760	Yes

除协议规定的终端类型对速率有重要影响外，终端生产过程其芯片处理能力、终端接收灵敏度等也对速率产生重要影响。

4．调制方式

LTE 中速率的配置通过 MCS（Modulation and Coding Scheme，调制与编码策略）索引值实现。MCS 将所关注的影响通讯速率的因素作为表的列，将 MCS 索引作为行，形成一张速率表。所以，每一个 MCS 索引其实对应了一组参数的物理传输速率。

I_{MCS} 和 I_{TBS} 的确定都是以 CQI 和 BLER 为基础的,而 CQI 和 BLER 是随时变化的。一般来说信道质量越好 CQI 的值越好，BLER 越低，对应的 MCS 值越高。即在每个调制阶数内，随着 CQI 的提升，MCS 也将提升，即编码效率提升，传输的有效性提高，对应的速率也较高。反之，CQI 偏低，为了确保传输的可靠性，降低编码效率，采用稳健的 MCS。

简单地说，根据 3GPP 36.213 协议，首先查询相应 MCS 对应的 TBS Index，如 MCS 为 28 时，对应的 TBS Index 为 26，采用 64QAM 调制，如表 6-4 所示。

表 6-4　速率查询索引

MCS Index I_{MCS}	Modulation Order Q_m	TBS Index I_{TBS}
0	2	0
1	2	1
2	2	2
3	2	3
4	2	4
5	2	5
6	2	6
7	2	7
8	2	8
9	2	9
10	4	9
11	4	10
12	4	11
13	4	12
14	4	13
15	4	14
16	4	15
17	6	15
18	6	16
19	6	17
20	6	18

续表

MCS Index I_{MCS}	Modulation Order Q_m	TBS Index I_{TBS}
21	6	19
22	6	20
23	6	21
24	6	22
25	6	23
26	6	24
27	6	25
28	6	26
29	2	reserved
30	4	
31	6	

然后根据块大小定义表格，查询在相应 PRB 下所对应的值，如在单流，PRB 等于 100 时查询得到此时对应的速率为 75376bit/s，如表 6-5 所示。如果是在双流情况下，速率约为 150Mbit/s。

注意：此前峰值速率计算值乘以 3/4 的编码效率与此处查询的结果相当，也就是说此前峰值速率计算中单流 100Mbit/s 是没有考虑编码效率的。

关于调制的更多内容，可参阅 3GPP 36.213 协议。

表 6-5　　　　速率查询

I_{TBS}	N_{PRB}									
	91	92	93	94	95	96	97	98	99	100
0	2536	2536	2600	2600	2664	2664	2728	2728	2728	2792
1	3368	3368	3368	3496	3496	3496	3496	3624	3624	3624
2	4136	4136	4136	4264	4264	4264	4392	4392	4392	4584
3	5352	5352	5352	5544	5544	5544	5736	5736	5736	5736
4	6456	6456	6712	6712	6712	6968	6968	6968	6968	7224
5	7992	7992	8248	8248	8248	8504	8504	8760	8760	8760
6	9528	9528	9528	9912	9912	9912	10296	10296	10296	10296
7	11064	11448	11448	11448	11448	11832	11832	11832	12216	12216
8	12576	12960	12960	12960	13536	13536	13536	13536	14112	14112
9	14112	14688	14688	14688	15264	15264	15264	15264	15840	15840
10	15840	16416	16416	16416	16992	16992	16992	16992	17568	17568
11	18336	18336	19080	19080	19080	19080	19848	19848	19848	19848
12	20616	21384	21384	21384	21384	22152	22152	22152	22920	22920
13	23688	23688	23688	24496	24496	24496	25456	25456	25456	25456
14	26416	26416	26416	27376	27376	27376	28336	28336	28336	28336
15	28336	28336	28336	29296	29296	29296	29296	30576	30576	30576
16	29296	30576	30576	30576	30576	31704	31704	31704	31704	32856
17	32856	32856	34008	34008	34008	35160	35160	35160	35160	36696
18	36696	36696	36696	37888	37888	37888	37888	39232	39232	39232
19	39232	39232	40576	40576	40576	40576	42368	42368	42368	43816
20	42368	42368	43816	43816	43816	45352	45352	45352	46888	46888
21	45352	46888	46888	46888	46888	48936	48936	48936	48936	51024

续表

I_{TBS}	N_{PRB}									
	91	92	93	94	95	96	97	98	99	100
22	48936	48936	51024	51024	51024	51024	52752	52752	52752	55056
23	52752	52752	52752	55056	55056	55056	55056	57336	57336	57336
24	55056	57336	57336	57336	57336	59256	59256	59256	61664	61664
25	57336	59256	59256	59256	61664	61664	61664	61664	63776	63776
26	66592	68808	68808	68808	71112	71112	71112	73712	73712	75376

5．功率

LTE 上行功率控制按照不同的物理信道单独计算调整。上行功率控制的目的有两个方面，从整网来看，与 ICIC 功能相配合，降低小区间干扰，间接影响整网的吞吐量；从用户来看，补偿路径损耗和阴影衰落，适应信道变化，在 AMC 给定的 MCS 条件下，满足协议规定的目标 BLER，需要调整功率。

当 UE 处于中远点时，有可能因为 PHR 受限使得调度的 MCS、RB 较小。PHR 在协议中的定义为 Power Headroom，是 UE 最大发射功率与发理论功率的差，表示的是 UE 功率的受限程度。当 PHR<0 时，表示此时计算出的 UE 所需的发射功率已经超过了最大发射功率，只能以最大发射功率发送，为了达到更好的解调性能，基站会更改 RB 及 MCS 的调度策略，有可能无法获得峰值流量。

LTE 下行功率分配则是以 RS（参考信号）为基准，其他所有下行物理信道或信号都在此基础上进行偏移。因此 RS 功率配置是下行功率分配的第一步。它也决定了小区的基本覆盖能力。UE 在小区搜索时只有当 RS 信号的接收功率 RSRP 高于 UE 检测门限时 UE 才可能驻留。然后进行业务时 UE 首先根据物理信道相对于 RS 的功率偏置来估计其他信道的功率，进行相干解调和评估各个信道的 SINR。因此下行功率分配是否得当直接影响下行覆盖的质量和下行 SINR。如果分配不合适，可能导致覆盖空洞或者越区覆盖，不仅导致吞吐量恶化，其他性能指标如掉话率、切换成功率、接入成功率也会受影响。

6．ICIC

小区间干扰协调（Inter-Cell Interference Coordination，ICIC），基本思想是通过管理无线资源使得小区间干扰得到控制，是一种考虑多个小区中资源使用和负载等情况而进行的多小区无线资源管理方案。具体而言，ICIC 以小区间协调的方式对各个小区中无线资源的使用进行限制，包括限制时频资源的使用或者在一定的时频资源上限制其发射功率等。

为保证系统吞吐量不下降以及提高边缘用户的频谱效率，上下行基本都采用了弱频率复用或“部分频率复用”（Fractional Frequency Reuse，FFR）的思想。FFR 的思想是：系统将频率资源分为 2 个复用集，一个频率复用因子为 1 的频率集合，应用于中心用户调度；一个频率复用因子大于 1 的频率集合，应用于边缘用户调度。

在实际优化过程中对低速率问题的排查往往从以下几个方面进行。

1．基站故障

基站工作状态异常，如基站 RRU 故障、基站软件错误等会导致基站处理能力下降，影响上下行速率，甚至会引起其他性能下降，如接入差、掉线变高。对于 MIMO 情况，天线告警、驻波比高、天线端口功率不平衡等会使 MIMO 性能下降或者 MIMO 不可用，从而影响速率。

2. 基站失步

基站 GPS 故障或者时钟失步。一般情况下会导致 SINR 差、速率下降、接入性能恶化、切换异常等问题。

3. 传输问题

基站传输带宽不足或者传输质量不好会导致速率较低，如果传输侧对最大速率或者 QoS 进行限制也会导致峰值速率较低。

4. SIM 卡问题

SIM 卡定义的等级、速率限制、THP、ARP 不合理也会影响数据业务速率。甚至一些 SIM 卡在剪卡过程中对 SIM 卡造成损伤也会导致其工作异常，如异常掉线、速率低等。

5. 无线环境影响

无线环境对速率的影响也是非常严重的，如弱覆盖、过覆盖、重叠覆盖、PCI 冲突、功率配置不合理、切换问题、干扰以及上下行不平衡等都会导致业务速率低。

6. 容量问题

由于在基站下使用业务的终端过多导致资源不足时会使数据业务速率下降。如果有用户一直使用实际业务（如看直播）会使终端一直占用资源，对其他用户速率造成影响。

7. 远端服务器问题

目前上网应用都对应相应的服务器提供服务，而个别服务器性能问题也会导致速率较低甚至无法接入服务器。

数据业务速率优化流程和方法，如图 6-30 所示。

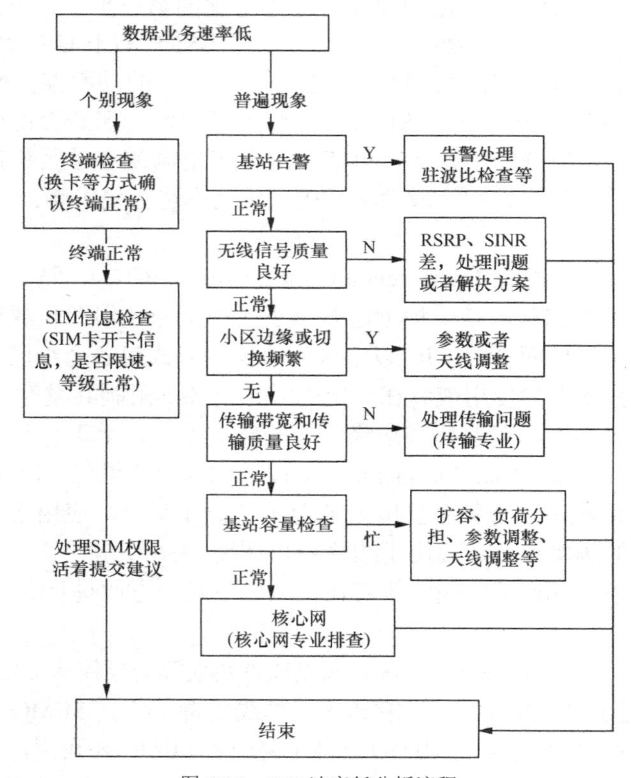

图 6-30　LTE 速率低分析流程

【技能实训】 LTE 数据速率低分析

案例 6-4：重叠覆盖导致下载慢

【问题描述】

虎泉街交通职业学院食堂附近下载速率在 24M 左右，速率较低；此 RSRP 在-83dBm 左右，信号较好，但 SINR 值较低，如图 6-31 所示。

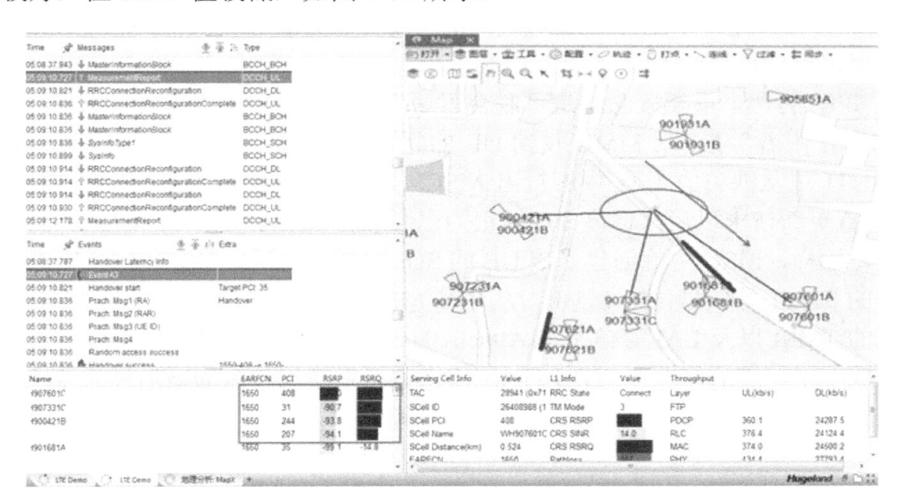

图 6-31　重叠覆盖现象

【问题分析】

从信号监测窗口中可以看出，此处信号较多，重叠覆盖现象严重，从而产生相互干扰导致 SINR 较差，下载速率变慢。

【解决方案】

下压 902551C、907331C、W900421B，下倾角 3 度。

【复测结果】

调整后该问题得到改善，如图 6-32 所示。

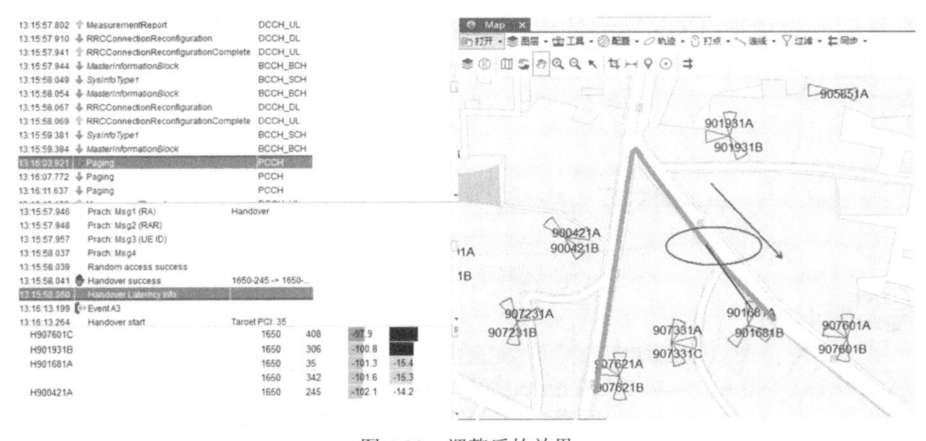

图 6-32　调整后的效果

任务 5 LTE 无线网络互操作优化

【知识链接 1】 LTE CSFB 过程

CSFB 作为 LTE 建网初期的语音解决方案，其实现过程较为简单。通过在 MME 与 MSC 之间建立 SGs 接口，处理 EPS 和 CS 域之间的移动性管理和寻呼流程，它是在现有 Gs 接口流程上的扩展，可以传送 SMS。

实现 CSFB 的一个重要概念就是“联合附着”，即 UE 附着时，在 Attach 消息中携带“联合 EPS/IMSI 附着”指示，MME 收到 UE 的联合附着请求后，在进行 EPS 附着的同时，从收到的 GUTI 或从缺省的 LAI 中解析出 MSC 号码，并向这个 MSC 发起位置更新请求，MSC 收到位置更新请求以后，将该 UE 标记为已经进行 EPS 附着，并保存 MME 的 IP 地址等相关信息，这样，MSC 中就创建了该 UE 的 SGs 关联。之后，MSC 向 HLR 进行位置更新并将该用户的 TMSI 等信息传给 MME，从而在 MME 中也建立 SGs 关联。MME 再把 MSC 给用户分配的 TMSI 以及 LAI 等信息在 Attach Accept 消息中发给 UE，此时就表明用户的联合附着已经成功了，之后终端在 TD-LTE 网络中就可以使用传统的短消息业务了，MME 作为中间节点完成 UE 和 MSC 消息的转发，如图 6-33 所示。

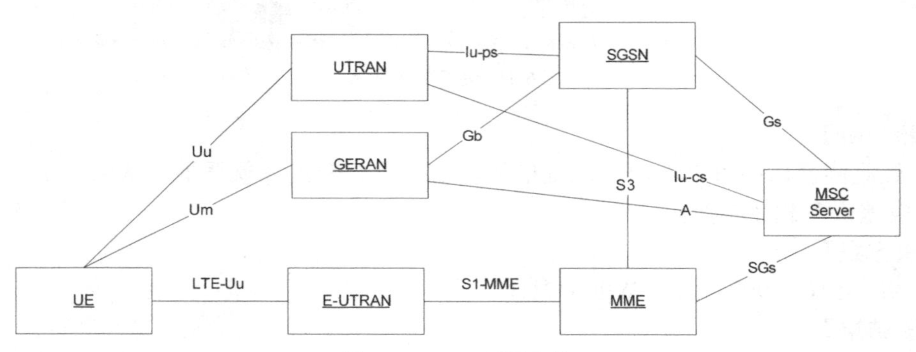

图 6-33 CSFB 网络架构

CSFB 终端开机优选 LTE 网络驻留，话音业务通过 CSFB 技术回落到 2/3G 电路域执行，业务结束后，利用 Fast Retrun 技术或 2-4 重选/2-3-4G 桥接方案再返回 LTE 网络，如图 6-34 所示。

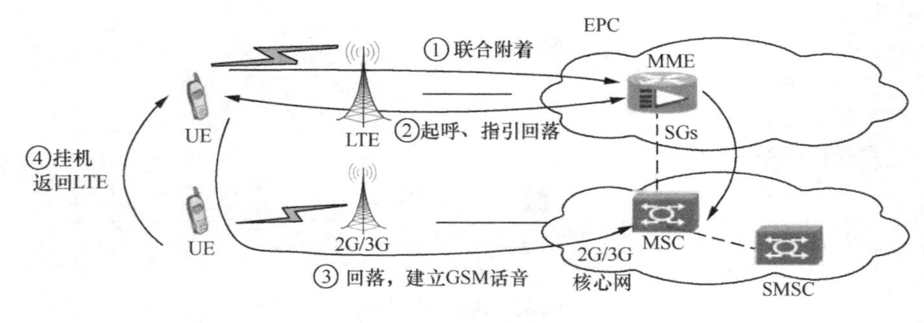

图 6-34 CSFB 操作过程

CSFB 过程可以是在空闲状态也可以是业务状态，在业务状态 CSFB 比空闲状态的 CSFB 多了一个 PS HO 的过程，主要流程是相似的。CSFB 主叫流程中以收到 Extended Service Request 或 Service Request 信令为起点，其主叫信令流程如图 6-35 所示。

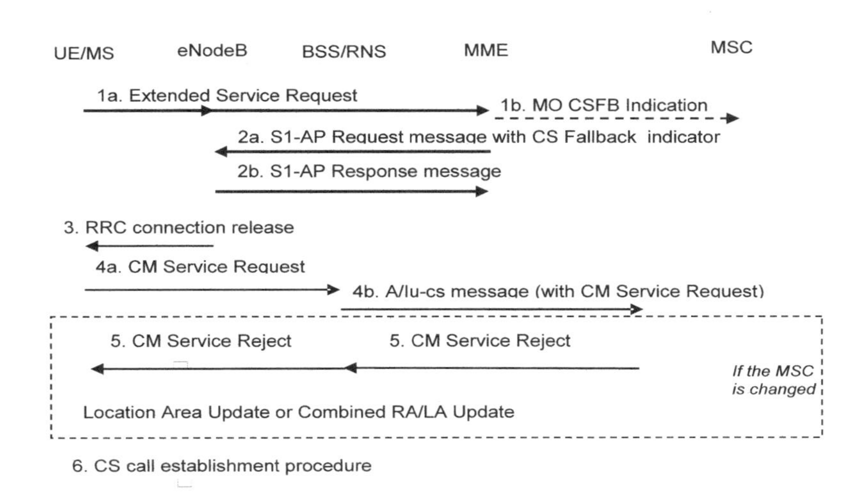

图 6-35　CSFB 主叫流程

（1）UE 发起 CS Fallback 语音业务请求。

（2）MME 发送 S1-AP UE CONTEXT MODIFICATION REQUEST 消息给 eNodeB，包含 CS Fallback Indicator。该消息指示 eNodeB，UE 因 CS Fallback 业务需要回落到 UTRAN/GERAN。

（3）eNodeB 要求 UE 开始异系统的小区测量，并获得 UE 上报的测量报告，确定重定向的目标系统小区。然后向 UE 发送目标系统具体的无线配置信息，并释放连接。

（4）UE 接入目标系统小区，发起 CS 域的业务请求 CM SERVICE REQUEST。

（5）如果目标系统小区归属的 MSC 与 UE 附着 EPS 网络时登记的 MSC 不同，则该 MSC 收到 UE 的业务请求时，由于没有该 UE 的信息，可以采取隐式位置更新流程，接受用户请求。如果 MSC 不支持隐式位置更新，且 MSC 没有用户数据（即服务 MSC 与 EPS/IMSI 登记的 MSC 不同），则拒绝该用户的业务请求。如果 MSC 拒绝用户的业务请求会导致 UE 发起一个 CS 域位置更新流程。

（6）CS 域语音呼叫建立流程。

CSFB 被叫与主叫过程不同的是多了一个寻呼过程，在寻呼过程之后的部分与主叫建立是相似的。被叫信令流程如图 6-36 所示。

（1）MSC 收到 IAM 入网消息后，根据存在的 SGs 关联和 MME 信息，发送 SGsAP-PAGING-REQUEST（IMSI, TMSI, Service indicator，主叫号码，位置区信息）消息给 MME。

（2）MME 发送 Paging 消息给 eNodeB。eNodeB 发起空口的 Paging 流程。

（3）UE 建立连接并发送 Extended Service Request 消息给 MME。

（4）MME 发送 SGsAP-SERVICE-REQUEST 消息给 MSC。MSC 收到此消息，不再向

MME 重发寻呼请求消息。为避免呼叫接续过程中，主叫等待时间过长，MSC 收到包含空闲状态指示的 SGs Service Request 消息，先通知主叫，呼叫正在接续过程中。

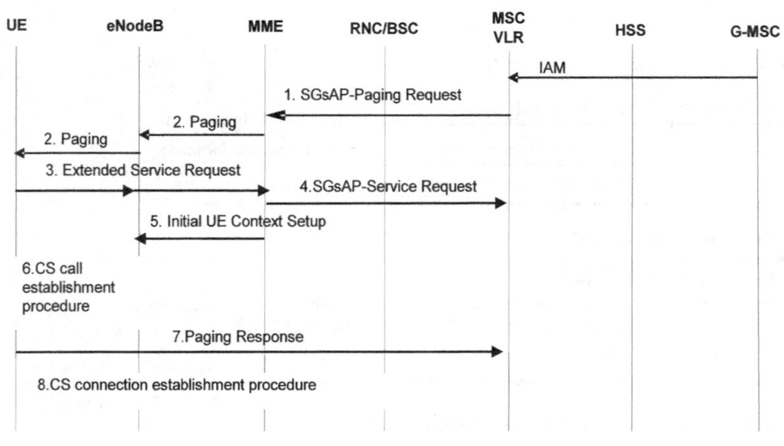

图 6-36　CSFB 被叫流程

（5）MME 发送 Initial UE Context Setup 消息给 eNodeB，包含 CS Fallback Indicator。该消息指示 eNodeB，UE 因 CSFB 业务需要回落到 UTRAN/GERAN。

（6）UE 从 E-UTRAN 切换到 UTRAN/GERAN。

（7）伴随着空口，A/Iu-CS 接口连接的建立，UE 回 paging response 消息给 MSC。即使 RNC 没有向该 UE 发起过寻呼请求，这里的 RNC 需要能处理 UE 的寻呼响应。如果寻呼响应消息中的位置区信息和 VLR 中保存的不一致，则 VLR 在鉴权成功后将 SGs 关联置为 NULL。

（8）MSC 收到 UE 的寻呼响应后，停掉寻呼响应定时器并建立 CS 连接。

【知识链接 2】 LTE CSFB 失败原因及优化方法

根据 CSFB 操作过程，可以将 CSFB 优化分为四个过程来分析，即 4G 寻呼、4G 释放、3G/2G 接入、挂机返回，如图 6-37 所示。

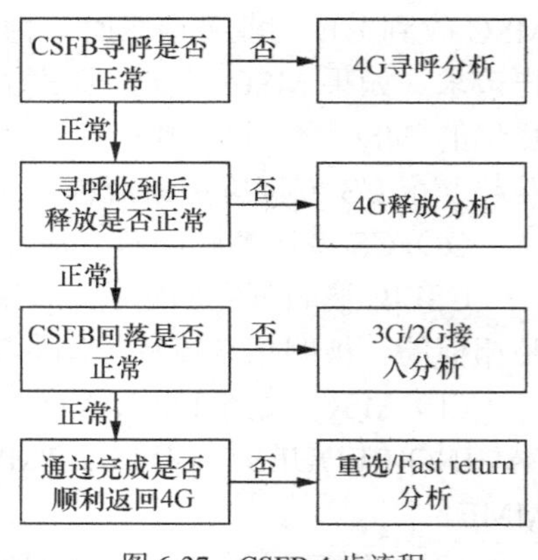

图 6-37　CSFB 4 步流程

（一）4G 寻呼分析

在 4G 网的寻呼是 CSFB 的最开始阶段，也是最常出现问题的环节。4G 寻呼不仅与无线覆盖、重叠覆盖、无线干扰等原因相关，也与 2/3/4G 互操作、联合 TAU 以及核心网参数等息息相关，因此 4G 寻呼问题的分析需要从无线环境、互操作和核心网多个角度进行分析。最常用的手段就是通过信令过程，逐段排查产生问题的节点和原因。在 4G 寻呼分析方面主要分为两个方向，核心网有下发寻呼消息与核心网没有下发寻呼消息，具体分析流程如图 6-38 所示。

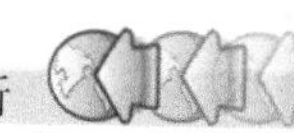

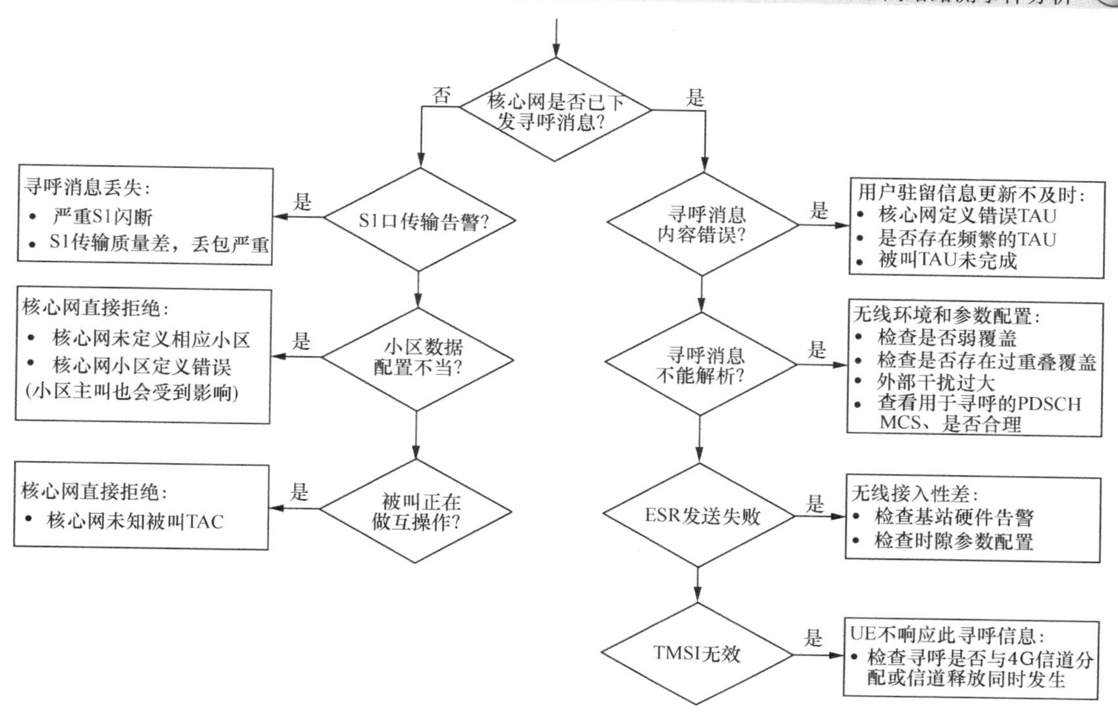

图 6-38　CSFB 寻呼分析

（二）4G 释放分析

CSFB 过程从 Extend Service Request 开始进入释放阶段，当终端收到 RRC Connection Release 标志着释放完成。在 4G 侧的释放过程非常简单，主要会受到 eNodeB 故障、CSFB 参数设备、终端设备当前状态的影响。除告警排查外，主要采用图 6-39 所示分析流程。

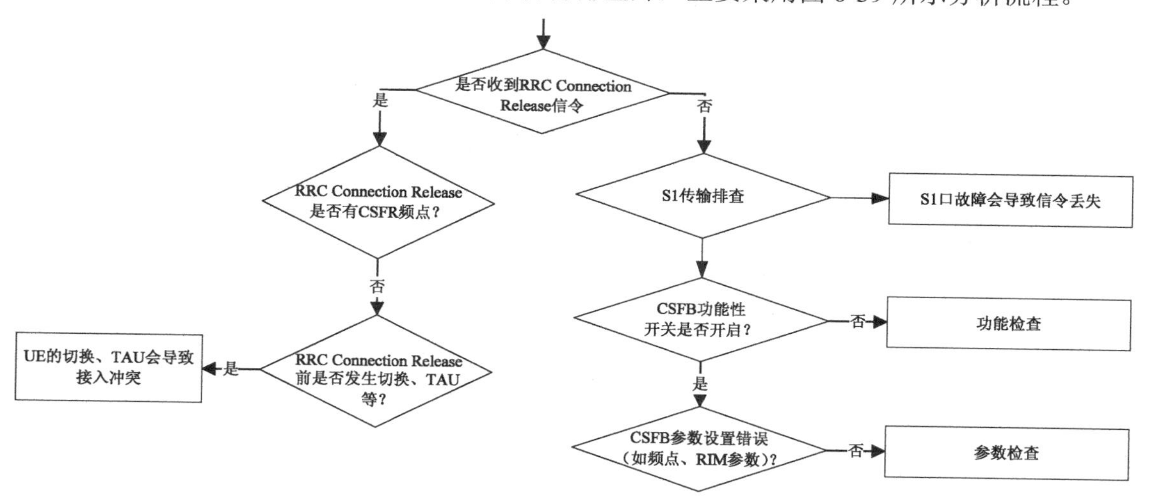

图 6-39　CSFB LTE 释放分析

（三）接入分析

CSFB 接入主要发生在 WCDMA 或者 GSM 网络上，不同的运营网对 CSFB 回落网络的选择上并不相同。在 WCDMA 接入和 GSM 接入过程存在着一定的差异，但整体分析思想是

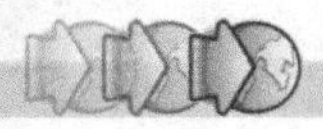

相似的，如图 6-40 所示。

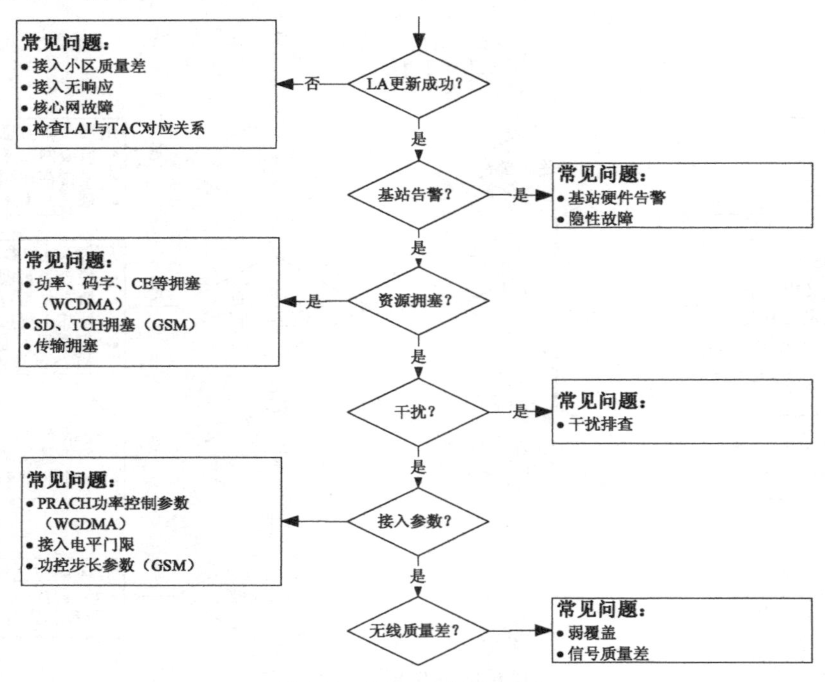

图 6-40　CSFB 回落接入分析

（四）返回 4G 分析

CSFB 回落 3G/2G，完成语音业务需要返回 LTE，在 R8 和 R9 版本中有不同的实现。在 R8 版本中需要重选回 LTE，整个返回过程耗时较长；而在 R9 的版本中引入了 Fast Return 功能，即在 UE 做完语音业务后，在 RRC 释放消息中携带 LTE 频点，UE 直接驻留 LTE 网络，如图 6-41 所示。

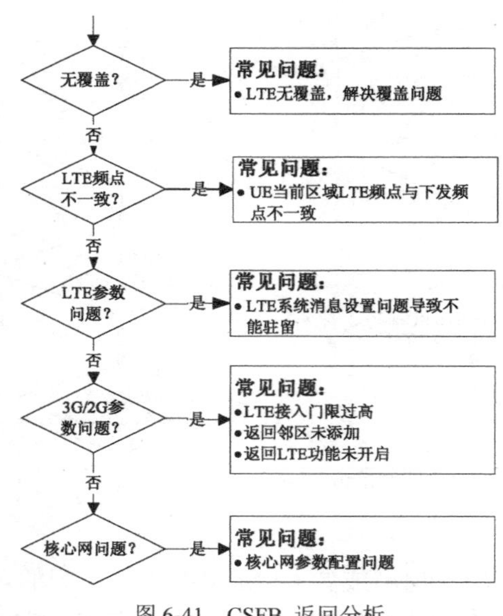

图 6-41　CSFB 返回分析

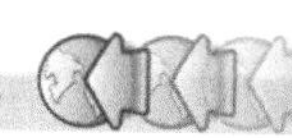

【技能实训】 LTECSFB 测试分析

1. CSFB 测试

在实际网络优化过程中，CSFB 测试会根据运营商的要求或者优化目的不同有相应的测试规范，为了简化测试同时又能掌握测试能力，对 CSFB 实训测试要求如表 6-6 所示。

表 6-6 CSFB 的实测要求

测 试 分 项	测 试 场 景	拨打次数	测 试 要 求
空闲状态	定点测试	30 次	两部终端主被叫测试，建立超时时长 30 秒、通话时长 30 秒、间隔时长 30 秒
	中低速 DT 测试	30 次	两部终端主被叫测试，建立超时时长 30 秒、通话时长 30 秒、间隔时长 30 秒
数据连接状态	定点测试	30 次	两部终端主被叫测试，建立超时时长 30 秒、通话时长 30 秒、间隔时长 30 秒
	中低速 DT 测试	30 次	两部终端主被叫测试，建立超时时长 30 秒、通话时长 30 秒、间隔时长 30 秒

2. CSFB 测试指标统计

CSFB 测试主要指标如表 6-7 所示。

表 6-7 CSFB 测试指标

指 标 名 称	指 标 定 义
CSFB 成功率	CSFB 成功次数/CSFB 尝试次数
CSFB 时延（s）	Extended Service Request → CM Service Request
CSFB 呼叫时延（s）	Extended Service Request→ Alerting
接通率	接通次数/试呼次数
掉话率	掉话次数/接通次数/2
CSFB 返回成功率	CSFB 返回成功次数/CSFB 返回尝试次数
CSFB 返回时延（s）	Channel Release→Tracking Area Update Accept

指标计算相关信令说明如表 6-8 所示。

表 6-8 指标计算的信令说明

指 标 名 称	信 令 说 明
CSFB 尝试次数	Extended Service Request
CSFB 成功次数	CM Service Request
试呼次数	Extended Service Request
接通次数	Connect
掉话次数	Connect→Disconnect
CSFB 返回尝试次数	Channel Release/RRC Connection Release
CSFB 返回成功次数	Tracking Area Update Accept

根据测试结果和以上计算方法，统计测试文件中的指标，如表 6-9 所示。

表 6-9　测试指标统计

指标名称	CSFB 成功率	CSFB 时延（s）	CSFB 呼叫时延（s）	接通率	掉话率	CSFB 返回成功率	CSFB 返回时延（s）
指标值	100%	4	6	99.50%	0.35%	100%	3

3. CSFB 测试事件分析

（1）CSFB 正常过程分析。

通过 UltraOptim 软件回放功能对事件进行分析，在正常 CSFB 过程中找寻如下信令，观察 RRC Connection Release 消息中详细内容和回落后 3G/2G 后小区信息，如图 6-42 所示。

Extended Service Request

RRC Connection Release（4G）

CM Service Request

Connect

Disconnect

Channel Release（2G）/RRC Connection Release（3G）

Tracking Area Update Accept

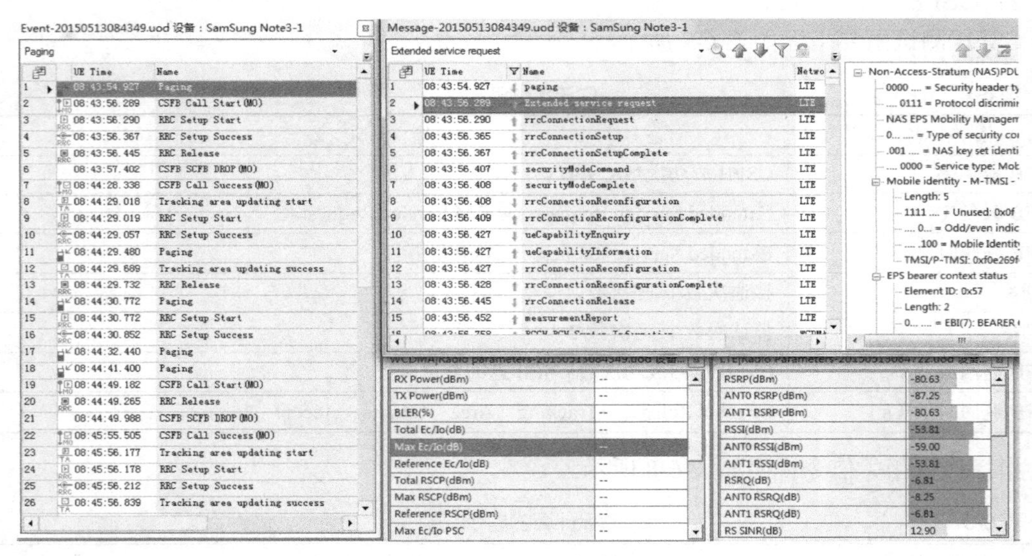

图 6-42　CSFB 正常分析

（2）CSFB 异常事件分析。

根据《CSFB 失败原因及优化方法》章节内容对测试结果进行分析，若遇异常事件，找出事件点，分析原因，完成如下模板事件分析报告，如图 6-43 所示。

【问题描述】

雄楚大道与楚康路交叉口附近 CSFB 建立失败。

【问题分析】

在雄楚大道楚康路附近测试过程中，UE 占用 WH907291B_方家嘴发出 Extendedservice Request 后，无任何动作，导致 CSFB 接入失败。此时查看无线环境和切换情况，此区域正

好处于十字路口，收到来自周边不同小区的信号相当，最好小区不断变更，缺少主覆盖。

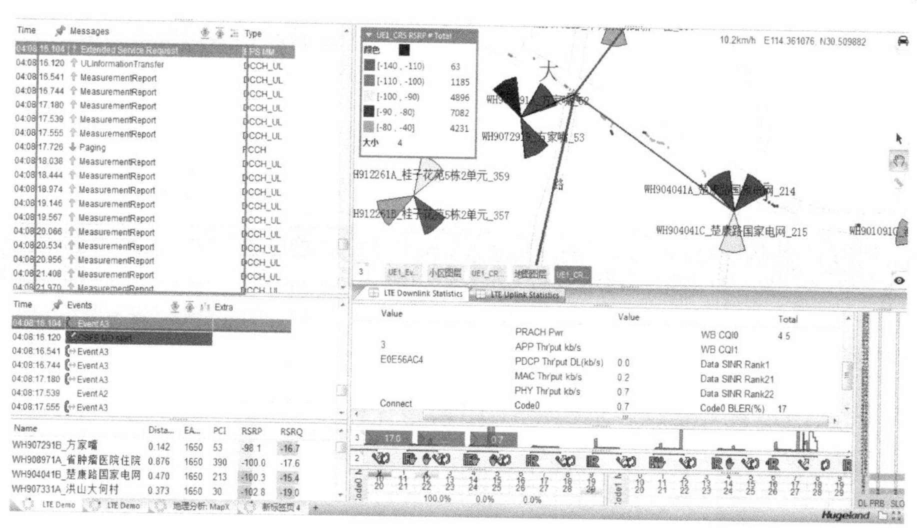

图 6-43　CSFB 异常分析

【解决方案】

调整 WH904041B/WHN908971A 小区天线倾角，下压 2 度。

【实战技巧】

目前 LTE 路测事件分析主要包括接入、切换、掉线、速率低和 CSFB 问题。针对不同的问题已经列举了详细的优化分析方法，但需要注意以下几点。

（1）LTE 异常事件往往不是独立出现，如切换失败会导致掉线、接入失败会导致切换失败。在分析问题时，需要联合分析。具体定位为何种问题不重要，重要的是把现象和问题分析清楚，且能有效地解决问题。

（2）产生异常事件，首先分析无线方面问题，检查 RSRP、SINR 值、查看干扰水平等。其次检查基站状态，周边小区状态等。

（3）速率低问题原因较多，除无线原因外，与传输有莫大的关系，建议掌握一点传输的知识。

（4）CSFB 过程比较复杂，涉及到异系统的交互流程，所以在 CSFB 分析时需要用到 3G/2G 的知识，对此建议掌握 3G/2G 的语音接入过程。3G 接入与 LTE 类型，也有 RRC 和 RAB 接入，但 GSM 则是 SDCCH 和 TCH 的信道分配，差异较大。

项目 7 LTE 网络话务统计优化

【项目内容】

本项目介绍 LTE 统计基础知识，介绍 LTE 话务统计常见指标类型、指标的计算方法、差小区处理方法等。

【知识目标】

理解 LTE 统计指标类型及含义；
了解 LTE 统计指标的计算方法。

【技能目标】

学会 LTE 差小区筛选，掌握常规差小区处理方法。

任务 LTE 无线网络话务统计优化

【知识链接 1】 LTE 话务统计优化介绍

在网络优化中，话务统计指标是分析网络性能的重要依据。通过对话务统计分析，可以预测网络中话务量的变化趋势、获取网络重要性能数据、反映网络中存在的问题。由于无线网络环境非常复杂，影响网络性能的因素很多，需要从较多的方面来进行数据统计，以便更全面的掌握网络性能。对于 LTE 统计而言，主要使用 7 大类统计指标，即话务量、接入性、保持性、移动性、可用性、利用率、完整性，具体考查内容和对用户的影响情况如表 7-1 所示。

表 7-1 LTE 话务统计优化介绍

类　型	考 查 内 容	对用户的影响
话务量	反映网络话务、流量水平	无
接入性	考查用户业务需求的能力	高
保持性	考查为用户提供持续服务的能力	高
移动性	考查用户移动时网络服务接续能力	高
可用性	设备可用情况	低
利用率	负荷、资源使用情况	低
完整性	为用户提供预期服务质量的能力	高

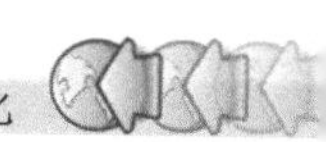

【知识链接 2】 LTE 话务统计指标项目及定义

LTE 系统统计指标项目可以划分为很多个，以下分别介绍。

1．话务量

峰值用户数是指基站瞬时在线用户最多时的数量，在 3GPP 的性能统计中未定义此项，但它仍是一个重要指标，对于扩容有着重要的指导意义。根据不同的厂家，会对应不同的统计计算方法。

平均用户数：顾名思义就是在一定时间内（一般以 1 小区为统计周期）平均用户数

下行流量：一个小区产生的下行业务流量。

上行流量：一个小区产生的上行业务流量。

2．接入性

（1）RRC 接入成功率：RRC 接入成功率厂家通常会分为信令建立成功率和业务建立成功率，两者的总和为 RRC 建立成功率。Counter 记录点如图 7-1 所示。

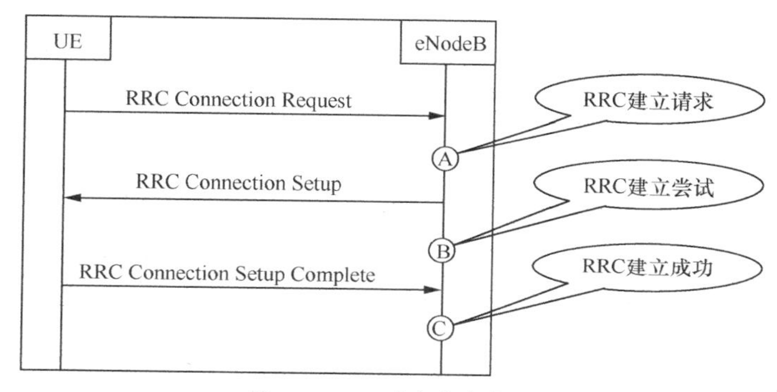

图 7-1　RRC 建立成功过程

RRC 业务建立成功率计算公式：

$$RRC\_SR_{service}=\frac{\sum\limits_{\text{service}}\text{RRC.ConnEstabSucc.}[\text{service}]}{\sum\limits_{service}\text{RRC.ConnEstabAtt.}[\text{service}]}\times 100\%$$

RRC 信令建立成功率计算公式：

$$RRC\_SR_{signal}=\frac{\sum\limits_{\text{signal}}\text{RRC.ConnEstabSucc.}[\text{signal}]}{\sum\limits_{signal}\text{RRC.ConnEstabAtt.}[\text{signal}]}\times 100\%$$

（2）ERAB 接入成功率：ERAB 建立会对应相应的 QCI，目前根据 3GPP 协议共定义了 12 种相关 QCI，每一种 QCI 对应了不同的需求，每一个 ERAB 连接都有对应的 QCI 属性，如表 7-2 所示。

表 7-2　　　　ERAB 连接的不同 QCI 属性

QCI	Resource Type	Priority Level	Packet Delay Budget	Packet Error Loss Rate （NOTE 2）	Example Services
1 (NOTE 3)	GBR	2	100 ms (NOTE 1, NOTE 11)	10^{-2}	Conversational Voice
2 (NOTE 3)		4	150 ms (NOTE 1, NOTE 11)	10^{-3}	Conversational Video (Live Streaming)
3 (NOTE 3)		3	50 ms (NOTE 1, NOTE 11)	10^{-3}	Real Time Gaming
4 (NOTE 3)		5	300 ms (NOTE 1, NOTE 11)	10^{-6}	Non-Conversational Video (Buffered Streaming)
65 (NOTE 3, NOTE 9)		0.7	75 ms (NOTE 7,NOTE 8)	10^{-2}	Mission Critical user plane Push To Talk voice (e.g., MCPTT)
66 (NOTE 3)		2	100 ms (NOTE 1, NOTE 10)	10^{-2}	Non-Mission-Critical user plane Push To Talk voice
5 (NOTE 3)	Non-GBR	1	100 ms (NOTE 1, NOTE 10)	10^{-6}	IMS Signalling
6 (NOTE 4)		6	300 ms (NOTE 1, NOTE 10)	10^{-6}	Video (Buffered Streaming) TCP-based (e.g., www, e-mail, chat, ftp, p2p file sharing, progressive video, etc.)
7 (NOTE 3)		7	100 ms (NOTE 1, NOTE 10)	10^{-3}	Voice, Video (Live Streaming) Interactive Gaming
8 (NOTE 5)		8	300 ms (NOTE 1)	10^{-6}	Video (Buffered Streaming) TCP-based (e.g., www, e-mail, chat, ftp, p2p file sharing, progressive video, etc.)
9 (NOTE 6)		9			
69 (NOTE 3, NOTE 9)		0.5	60 ms (NOTE 7, NOTE 8)	10^{-6}	Mission Critical delay sensitive signalling (e.g., MC-PTT signalling)
70 (NOTE 4)		5.5	200 ms (NOTE 7, NOTE 10)	10^{-6}	Mission Critical Data (e.g. example services are the same as QCI 6/8/9)

（3）ERAB 建立统计相关 Counter 记录点如图 7-2 所示。

ERAB 信令建立成功率计算公式：

$$EAB\_SR = \frac{\sum\limits_{QCI} \text{ERAB.EstabSucc.}[\text{QCI}]}{\sum\limits_{\text{QCI}} \text{ERAB.EstabAtt.}[\text{QCI}]} \times 100\%$$

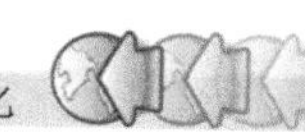

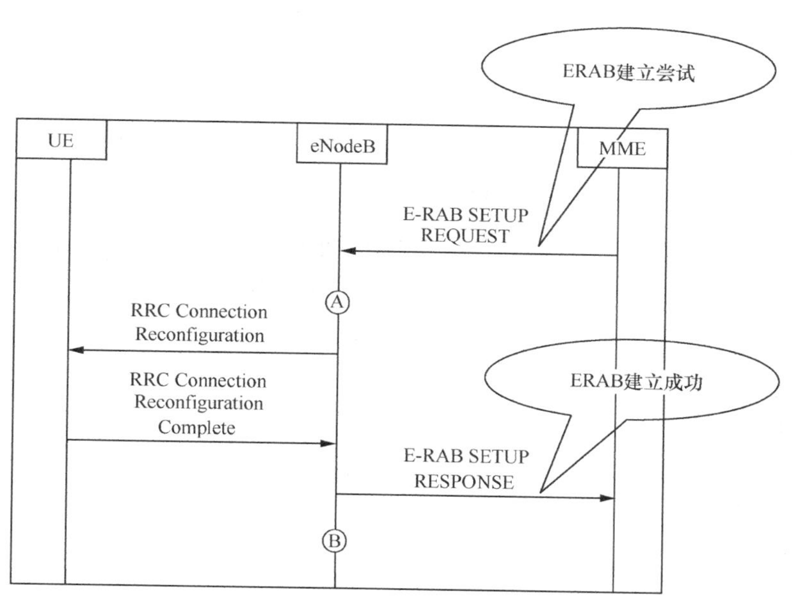

图 7-2　ERAB 建立成功过程

通常还会统计一个总的无线接通率，它的计算办法为：

无线接通率=RRC 建立成功率*ERAB 建立成功率*S1 信令建立成功率。

S1 信令建立成功率计算公式：

$$S1SIG\_SR = \frac{\sum \text{S1SIG.ConnEstabSucc}}{\sum \text{S1SIG.ConnEstabAtt}} \times 100\%$$

除此之外，还有一个网络接通率，它等于无线接通率*寻呼成功率。

3．保持性

在 LTE 统计中对保持性的定义是 ERAB 释放时原因值不为 Normol Release，Detach ，User Inactivity，CSFB，UE Not Available For PS Service，or Inter-RAT redirection。

异常释放统计相关 Counter 记录点如图 7-3 所示。

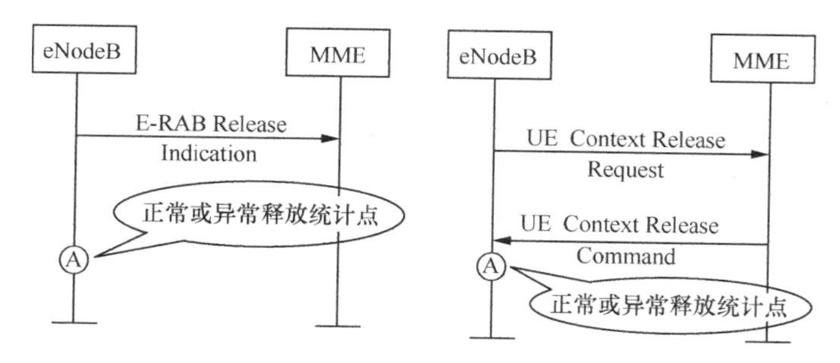

图 7-3　异常释放统计过程

ERAB 信令建立成功率计算公式：

$$ERAB\_CDR = \frac{\sum_{QCI} \text{ERAB.Abnormalrelease.}[\text{QCI}]}{\sum_{\text{QCI}} \text{ERAB.Release.}[\text{QCI}]} \times 100\%$$

4．移动性

移动性 KPI 主要指切换成功率，LTE 系统内切换计算公式如下：

$$HO\_SR_{QCI=x} = \frac{\text{HO.ExeSucc}}{\text{HO.ExeAtt}} \times \frac{\text{HO.PrepSucc.QCI}_{QCI=x}}{\text{HO.PrepAtt.QCI}_{QCI=x}} \times 100[\%]$$

在实际统计中，根据不同的厂家，会有更多细分的切换统计项目，如同频切换成功率、异频切换成功率、异系统切换成功率等。

5．可用性

采集小区不可用时长的百分比，用来评估其对网络性能的影响，该 KPI 通过计算所有小区的不可用时长得到。计算公式如下。

$$CellAvailability = \frac{\text{measurement\_period-}\sum_{\text{cause}} \text{RRU.CellUnavailableTime.[cause]}}{measurement\_period} \times 100\%$$

6．利用率

LTE 中资源主要是指 RB，对利用率的统计就是对 RB 使用率进行统计。

下行 RB 利用率为

$$DLRB\_UtilityRate = \frac{DLRB\_Used}{DLRB\_Available} \times 100\%$$

上行 RB 利用率为

$$ULRB\_UtilityRate = \frac{ULRB\_Used}{ULRB\_Available} \times 100\%$$

除 RB 利用率统计之外，还有功率资源、传输利用率、基站负荷等。

7．完整性

LTE 中完整性相关的指标主要指业务流量，对于业务流量的统计分为吞吐量和业务速率两种，吞吐量是指在一定时间内（一般以 1 个小时为周期）总的业务流量；业务速率是指每秒产生的流量。

对于吞吐量的统计与所用的承载相关，所有承载对的 QCI 总和为下行总的业务吞吐量，下行业务吞吐量计算公式为：

$$Downlink\_Thp_{QCI} = \sum_{QCI} DRB.IPThpDl_{QCI}$$

上行业务吞吐量计算公式为：

$$uplink\_Thp_{QCI} = \sum_{QCI} DRB.IPThpUl_{QCI}$$

对于速率的统计其实是利用业务量除以采样时间得到最终的速率，如图 7-4 所示。

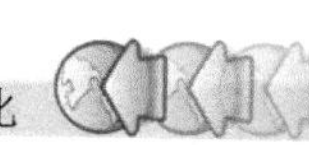

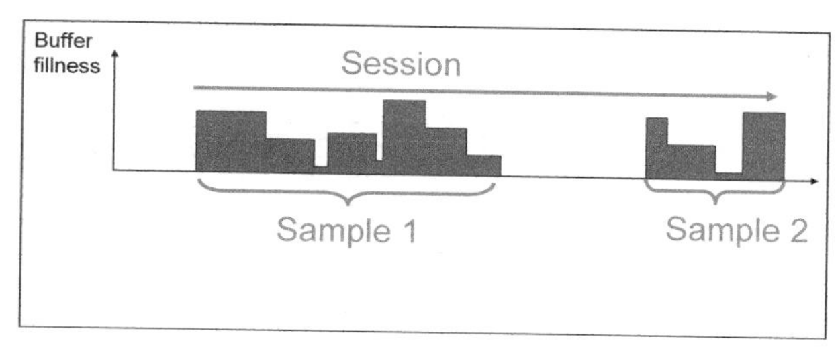

图 7-4　业务速率统计

业务速率计算公式如下。

$$IP\ Throughput\ DL = \sum_{Samples} ThpVolDl \Big/ \sum_{Samples} ThpTimeDl$$

【知识链接 3】 LTE 差小区定义及优化方法

对于 LTE 统计来说，所涉及的指标项非常繁多，不同的运营商和不同的区域对指标的统计和考核是有较大差别的。表 7-3 是根据常见的统计项目、原因分析和优化手段进行整理的，通常低于参考门限的认为是差小区。而在实际优化工作中，门限会根据网络情况进行变动。

表 7-3　差小区定义及优化方法

指 标 名 称	参考门限	常 见 原 因	优 化 方 法
无线接通率	>95%	1. 宏站底噪高	1. 排除内、外部干扰
		2. RRC、E-RAB 拥塞	2. 扩容，业务分流
		3. 连接用户数限制	3. 扩 lincese
		4. 天馈系统问题	4.检查天馈系统问题：驻波比、鸳鸯线等
		5. 覆盖问题	5. RF 优化：重叠覆盖、弱覆盖、过覆盖问题解决
		6. 参数配置	6. 参数优化
LTE 业务掉线率	<2%	1. 覆盖干扰问题	1. RF 优化：重叠覆盖、弱覆盖、过覆盖问题解决；模 3 干扰解决
		2. 天馈问题	2. 检查天馈系统问题：驻波比、鸳鸯线等
		3. 邻区缺失	3. 邻区优化
		4. 基站故障	4. 检查告警，排除基站故障
		5. 参数问题	5. PCI 核查
LTE 小区退出服务时长		1. 基站故障	1. 检查告警，排除基站故障
		2. 人为闭站	2. 检查人为闭站原因
用户下行吞吐率		1. 覆盖问题	1. RF 优化：重叠覆盖、弱覆盖、过覆盖问题解决
		2. 天馈问题	2. 检查天馈系统问题
		3. 参数问题	3. 参数优化
		4. 容量问题	4. 扩容，资源优化

续表

指标名称	参考门限	常见原因	优化方法
上行底噪	<-105dBm	1. 系统内干扰	1. 检查基站各部件
		2. 系统外干扰	2. 外部干扰定位；参数调整
切换成功率	>97%	1. 覆盖问题	1. 提升功率、增加基站、天线方位角下倾角优化
		2. 邻区问题	2. 邻区优化
		3. 同步问题	3. 加装 GPS、频偏检查
		4. 天馈问题	4. 检查天馈系统问题：驻波比、鸳鸯线等
		5. 周边小区存在外部干扰	5. 外部干扰排查、参数优化（提升上行载干比）

【技能实训】 LTE 差小区分析及报告

在 LTE 统计分析中，对于差小区处理主要针对接入性、掉线、切换和干扰四个方面，统计分析与路测事件分析在整体思路上基本一致，但它们之间仍有区别。首先统计差小区分析和路测事件分析数据来源不同，统计差小区分析是对全网统计数据进行筛查后，针对性能不达标小区或者 TOPN（性能最差的前 N 个小区）小区进行分析，路测事件分析数据是从单个 UE 或者多个 UE 通过路测采集到的事件、信令进行分析；其次统计差小区分析处理的对象是小区，路测事件分析针对的是某一事件。在某些情况下，统计分析和路测也会进行相互配合，采集更全面的信令和无线环境信息等。

LTE 话务统计指标如表 7-4，表 7-5 和表 7-6 所示。

表 7-4　　LTE 统计表 1

日期	时间	小区号	空口下行业务量（MB）	空口上行业务量（MB）	上行 PRB 平均利用率	下行 PRB 平均利用率	小区峰值用户数	小区平均用户数
2015-8-13	10	L801461A	1389.27	470.65	11.41%	4.46%	132	92.4
2015-8-13	10	L801461B	2303.22	800.98	13.87%	6.81%	223	178.4
2015-8-13	10	L801461C	3969.25	2856.49	25.72%	13.26%	764	458.4
2015-8-13	10	L803541A	1904.88	969.49	54.66%	24.74%	442	265.2

表 7-5　　LTE 统计表 2

日期	时间	小区号	RRC 连接建立成功率	RRC 连接建立请求次数	RRC 连接建立成功次数	E-RAB 建立成功率	E-RAB 建立请求个数	E-RAB 建立成功个数
2015-8-13	10	L801461A	99.98%	22547	22542	99.92%	22225	22207
2015-8-13	10	L801461B	100.00%	5944	5944	99.88%	5163	5157
2015-8-13	10	L801461C	99.97%	19591	19586	99.86%	18636	18609
2015-8-13	10	L803541A	99.60%	10235	10194	99.50%	8326	8284

表 7-6　　LTE 统计表 3

日期	时间	小区号	切换成功率	同频切换出执行请求次数	同频切换出成功次数	LTE 业务掉话率	LTE 业务释放次数	LTE 业务掉线次数	上行干扰
2015-8-13	10	L801461A	99.79%	31305	31239	0.35%	22968	81	−117.17
2015-8-13	10	L801461B	99.79%	31305	31239	0.17%	5852	10	−115.43

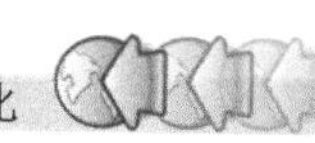

续表

日　期	时间	小区号	切换成功率	同频切换出执行请求次数	同频切换出成功次数	LTE 业务掉话率	LTE 业务释放次数	LTE 业务掉线次数	上行干扰
2015-8-13	10	L801461C	99.79%	31305	31239	0.41%	20548	85	−113.21
2015-8-13	10	L803541A	97.05%	26674	25886	0.53%	8140	43	−118.16

1. 接入差小区分析

对于接入差小区分析，采用图 7-5 所示分析流程。

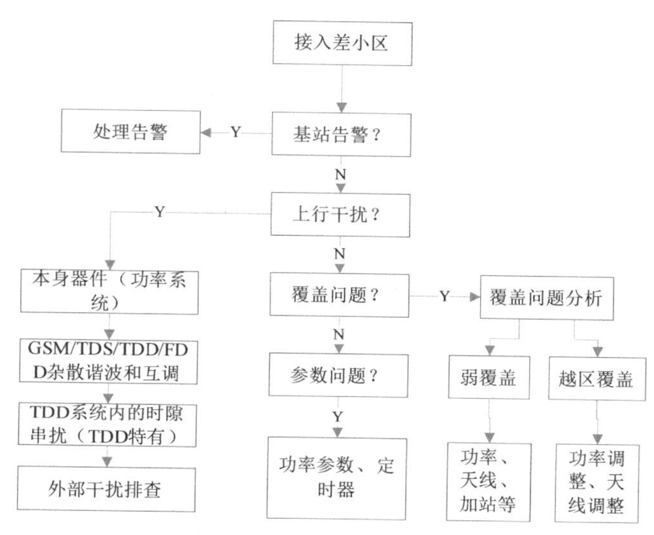

图 7-5　接入差小区分析流程

案例 7-1：小区拥塞接入差（FDD）

【问题描述】

根据话务统计发现 L90253 站点接入成功率非常低，而且失败原因为拥塞。再观察周边小区切换情况，周边小区向 L90253 切换也异常，切换成功率较低，如表 7-7 和表 7-8 所示。

L90253 RRC 接入统计。

表 7-7　接入成功率低

小区号	RRC 连接建立成功率	RRC 连接建立成功次数	RRC 连接建立请求次数	RRC 建立拥塞次数
L902531A	69.97%	70759	101127	30368
L902531B	75.68%	45155	59662	14507
L902531C	72.49%	22980	31701	8721

L901461A 向 L902531C 切换情况统计。

表 7-8　切换成功率低

原小区	目标小区	切换成功率	切换失败次数	切换成功次数	切换请求次数
L901461A	L902531C	65.56%	3758	7153	10911

【问题分析】

查询基站告警和 license 限制情况发现，基站工作正常，基站 RRC 连接 license 容量为 120，如图 7-6 所示。

```
L90253> alt
Nr of active alarms are: 0
====================================================================================
Date & Time (Local) S Specific Problem                    MO (Cause/AdditionalInfo)
====================================================================================
>>> Total: 0 Alarms (0 Critical, 0 Major)

L90253> get . licenseCapacityConnectedUsers
150701-15:46:58 10.104.36.29 10.0p ERBS_NODE_MODEL_E_1_230_COMPLETE stopfile=/tmp/14608
====================================================================================
MO                                                        Attribute          Value
====================================================================================
Licensing=1,CapacityLicenses=1,CapacityConnectedUsers=1 licenseCapacityConnectedUsers 120
====================================================================================
Total: 1 MOs
```

图 7-6　基站告警和 license 限制情况

由于基站 RRC 连接 license 为 120，容量较小，判定为基站因 license 容量不足产生拥塞。

【解决方案】

增加连接用户数的 license，如图 7-7 所示。

```
L90253> get . licenseCapacityConnectedUsers
150705-13:41:51 10.104.36.29 10.0p ERBS_NODE_MODEL_E_1_230_COMPLETE stopfile=/tmp/14608
====================================================================================
MO                                                        Attribute          Value
====================================================================================
Licensing=1,CapacityLicenses=1,CapacityConnectedUsers=1 licenseCapacityConnectedUsers 180
====================================================================================
Total: 1 MOs
```

图 7-7　增加 license 容量

【扩容效果】

扩容后对此站接入情况统计结果表明，RRC 接入成功率均超过 99.90%，效果明显如表 7-9 所示。

表 7-9　扩容后接入成功率

小区号	RRC 连接建立成功率	RRC 连接建立成功次数	RRC 连接建立请求次数	RRC 建立拥塞次数
L902531A	99.98%	100604	100627	0
L902531B	99.97%	59444	59462	0
L902531C	99.99%	31598	31601	0

案例 7-2：小区同步告警接入差（TDD）

【问题描述】

LTE 劣化小区分析中发现站点 LD33C87_小河加油站 LD 的 A/B 小区的无线接通率仅 80%左右偏低，C 小区低于 20%，接入性能很差，且在 RRC 和 ERAB 建立阶段均异常，如表 7-10 所示。

表 7-10　多项指标异常

日　期	小时	小区	空口上行业务量（MB）	空口下行业务量（MB）	无线接通率	RRC 连接建立成功率	E-RAB 建立成功率
2015/8/13	9	L33871A	7.26	26.88	79.28%	88.10%	89.98%
2015/8/13	10	L33871A	7.99	25.29	55.26%	68.82%	80.31%
2015/8/13	9	L33871B	2.18	6.20	81.58%	87.12%	93.64%
2015/8/13	10	L33871B	1.75	3.27	85.46%	89.71%	95.26%
2015/8/13	9	L33871C	0.00	0.01	11.65%	27.14%	42.90%
2015/8/13	10	L33871C	0.00	0.01	10.21%	28.43%	35.91%

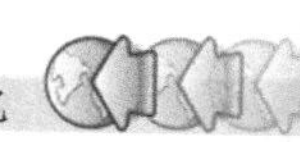

【问题分析】

对 RRC 和 RAB 建立失败原因进行分析发现，在失败原因类型中均为无线进程失败。查询基站告警发现基站存在时钟同步超时告警（Clock Calibration Expiry Soon），如图 7-8 所示。

```
Starting to retrieve active alarms
Nr of active alarms are: 1
==================================================================================
Sever Specific Problem                       MO (Cause/AdditionalInfo)
==================================================================================
Maj   Clock Calibration Expiry Soon          Synchronization=1
>>> Total: 1 Alarms (0 Critical, 1 Major)
```

图 7-8 时钟同步超时告警

进一步对周边站点指标进行查看，发现周边站均有较强上行干扰。

【解决方案】

处理基站告警，如图 7-9 所示。

```
Simple Alarm Client initialized...
Starting to retrieve active alarms
Nr of active alarms are: 0
==================================================================================
Date & Time (Local) S Specific Problem                    MO (Cause/AdditionalInfo)
==================================================================================
>>> Total: 0 Alarms (0 Critical, 0 Major)
```

图 7-9 解决基站告警问题

【解决效果】

告警处理后，此站接入指标恢复正常，如表 7-11 所示。

表 7-11 基站接入指标正常

日　期	小时	小区	空口上行业务量（MB）	空口下行业务量（MB）	无线接通率	RRC 连接建立成功率	E-RAB 建立成功率
2015/8/16	9	L33871A	7.26	25.94	99.61%	99.83%	99.78%
2015/8/16	10	L33871A	8.99	27.87	99.61%	99.81%	99.80%
2015/8/16	9	L33871B	3.18	6.33	99.46%	99.76%	99.70%
2015/8/16	10	L33871B	1.75	3.07	99.67%	99.82%	99.85%
2015/8/16	9	L33871C	0.02	0.01	99.63%	99.86%	99.77%
2015/8/16	10	L33871C	0.04	0.01	99.75%	99.91%	99.84%

2．掉线高小区分析

对掉线高小区进行图 7-10 所示处理流程。

案例 7-3：底噪高产生掉线（FDD）

【问题描述】

根据话务统计发现 LA00151B 掉话率连续三天较高，统计情况如表 7-12 所示。

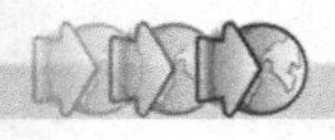

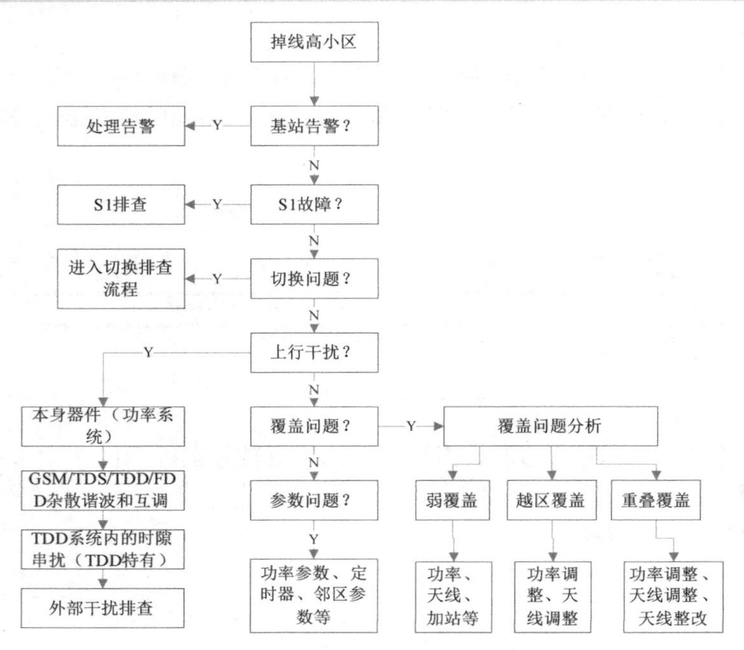

图 7-10 掉线高小区分析处理流程

表 7-12 显示掉话率高

日 期	小区号	LTE 业务释放次数	LTE 业务掉线次数	LTE 业务掉话率
2015/6/13	L00151B	455	220	48.35%
2015/6/14	L00151B	1282	343	26.76%
2015/6/15	L00151B	1089	452	41.51%

【问题分析】

通过对基站告警和基站工作状态查询未发现异常，但在查询基站干扰时发现 B 小区的底噪明显高于 A 小区，达到-91dBm 水平。初步断定 L00151B 掉线因底噪过高引起，如图 7-11 所示。

```
CELL                          AVERAGE UL INT(dBm)
L00151A                         -119.19
L00151A PUCCH                   -118.93
L00151B                          -91.77
L00151B PUCCH                    -90.13
```

图 7-11 底噪过高

【解决方案】

对于底噪过高的问题，根本解决方案为排查外部干扰源并处理；临时解决方案为进行参数调整。PZeroPUCCH: -106 调整为-97, PZeroPUSCH: -103 调整为-85，主要作用是控制上行信道的功率从而缓解底噪问题。

【解决效果】

通过参数修改后连续观察三天 L00151B 掉线率指标，发现掉线率已经降至 2%水平，掉线率改善明显，如表 7-13 所示。

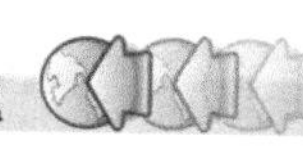

表 7-13 掉线率明显降低

日 期	小区号	LTE 业务释放次数	LTE 业务掉线次数	LTE 业务掉话率
2015/6/18	L00151B	1446	17	1.18%
2015/6/19	L00151B	2553	28	1.10%
2015/6/20	L00151B	1196	13	1.09%

案例 7-4：过覆盖产生掉线（TDD）

【问题描述】

在对 LTE 差小区分析时发现 L00191B 小区连续三天掉线率较高，如表 7-14 所示。

表 7-14 掉线率较高

日 期	小 区 号	LTE 业务释放次数	LTE 业务掉线次数	LTE 业务掉话率
2015/6/18	L00191B	57261	1777	3.10%
2015/6/19	L00191B	59356	1801	3.03%
2015/6/20	L00191B	65657	1523	2.32%

【问题分析】

对掉线原因进行分析发现，掉线原因主要为 UE 丢失，如表 7-15 所示。

表 7-15 掉线主因 UE 丢失

日 期	小区号	LTE 业务掉线次数	小区闭锁	切换	S1 接口故障	UE 丢失	预清空
2015/6/18	L00191B	1777	0	19	0	1758	0
2015/6/19	L00191B	1801	0	17	0	1784	0
2015/6/20	L00191B	1523	0	24	0	1499	0

首先对此站进行告警检查，未发现硬件问题；再对上行干扰进行分析，发现上行干扰均低于−110dBm。因此排除了故障和干扰导致的掉线。

在进行 CTR 分析时发现，此小区下行 RSRP 低于-110dBm 的比例达 25%以上，CQI≤6 的比例高于 22%，小区 L00191B 下行弱覆盖且质量差。在对此小区的邻区分析时发现，此小区正对方向邻区超过 2 千米。由此判断此小区覆盖过远。

【解决方案】

采用下压 L00191B 下倾角 3°来合理控制覆盖。

【解决效果】

在 21 日实施了天线调整，调整后此小区的掉线率恢复正常，如表 7-16 所示。

表 7-16 掉线率恢复正常

日 期	小 区 号	LTE 业务释放次数	LTE 业务掉线次数	LTE 业务掉话率
2015/6/22	L00191B	57242	23	0.04%
2015/6/23	L00191B	59340	18	0.03%
2015/6/24	L00191B	65639	19	0.03%

3. 切换差小区分析

切换差小区分析流程如图 7-12 所示。

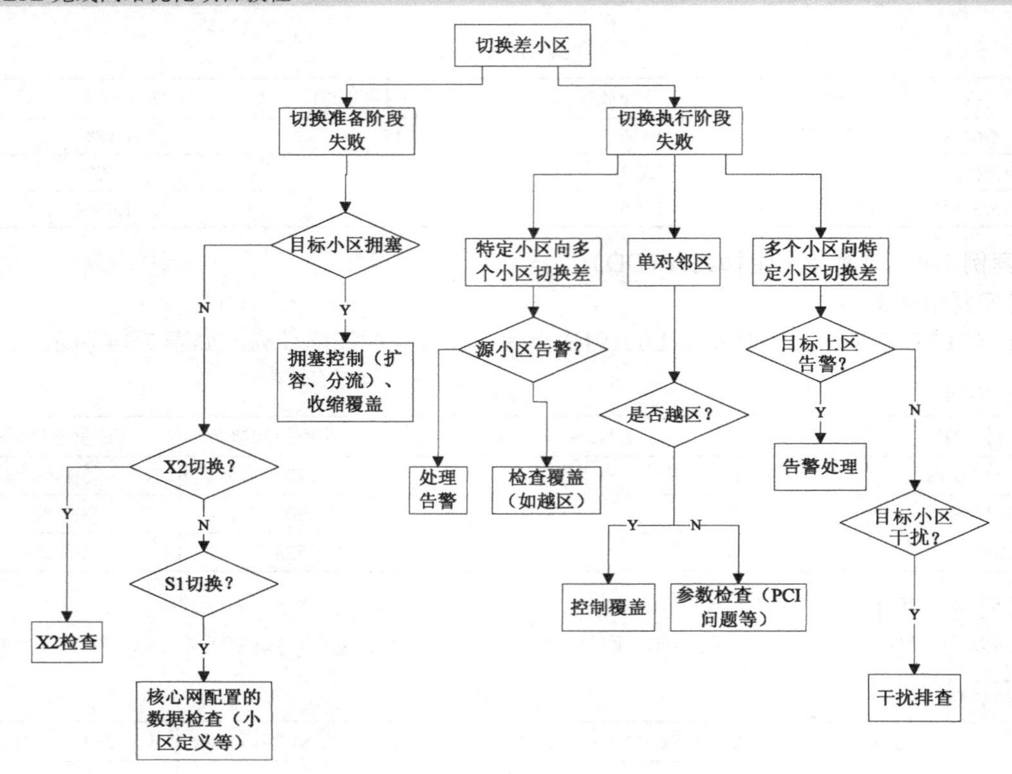

图 7-12　切换差小区分析流程

案例 7-5：PCI 混淆（FDD）

【问题描述】

L90246 与 L102418 之间切换成功率较低，L90246 与 L103660 之间切换成功率为 0，如表 7-17 所示。

表 7-17　切换成功率为 0

原　小　区	目标小区	切换成功率	切换成功数	切换请求数
L902461A	L1024181C	78.60%	4345	5528
L902461B	L1024181C	87.58%	8345	9528
L902461B	L1036601A	0.00%	0	12

【问题分析】

通过后台查询查看基站数据发现，本小区的邻区中有 PCI 组情况（L102418 的 3 个小区与 L103660 的 1、2 小区），产生 PCI 混淆，导致切换失败。102418 与 103660 直线间距 3.2km，为不合理邻区，如图 7-13 所示。

```
L90246> get . physicalLayerCellIdGroup 16

150421-15:34:35 10.104.49.37 10.0p ERBS_NODE_MODEL_E_1_63_COMPLETE stopfile=/tmp/28293
==================================================================================================
MO                                                              Attribute            Value
==================================================================================================
EUtraNetwork=1,ExternalENodeBFunction=L102418,ExternalEUtranCellFDD=4601-102418-1 physicalLayerCellIdGroup 16
EUtraNetwork=1,ExternalENodeBFunction=L102418,ExternalEUtranCellFDD=4601-102418-2 physicalLayerCellIdGroup 16
EUtraNetwork=1,ExternalENodeBFunction=L102418,ExternalEUtranCellFDD=4601-102418-3 physicalLayerCellIdGroup 16
EUtraNetwork=1,ExternalENodeBFunction=L103660,ExternalEUtranCellFDD=4601-103660-1 physicalLayerCellIdGroup 16
EUtraNetwork=1,ExternalENodeBFunction=L103660,ExternalEUtranCellFDD=4601-103660-2 physicalLayerCellIdGroup 16
```

图 7-13　后台查询切换失败数据

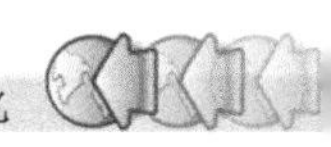

L90246 的邻区中：L102418 与 L103660 的 PCI 组相同，从而导致 PCI 相同。PCI 混淆的现象，导致切换失败。查看上述 2 站点的经纬度信息如下：2 个 PCI 相同的站点直线距离 3.2 公里，建议修改其中的一个 PCI，如图 7-14 所示。

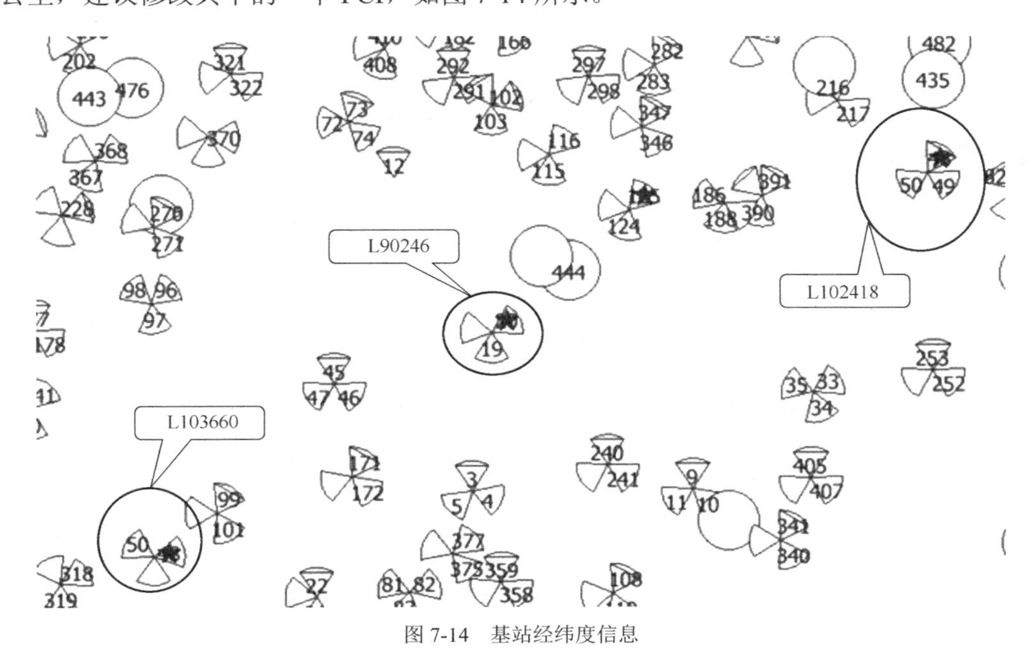

图 7-14　基站经纬度信息

【解决方案】

修改 L102418 的 PCI，将 L102418PCI 组改为 82，如图 7-15 所示。

```
L90246> get . physicalLayerCellIdGroup 82

150422-13:31:15 10.104.49.37 10.0p ERBS_NODE_MODEL_E_1_63_COMPLETE stopfile=/tmp/28293
===================================================================================================
MO                                                                   Attribute         Value
===================================================================================================
EUtraNetwork=1,ExternalENodeBFunction=L102418,ExternalEUtranCellFDD=4601-102418-1 physicalLayerCellIdGroup 82
EUtraNetwork=1,ExternalENodeBFunction=L102418,ExternalEUtranCellFDD=4601-102418-2 physicalLayerCellIdGroup 82
EUtraNetwork=1,ExternalENodeBFunction=L102418,ExternalEUtranCellFDD=4601-102418-3 physicalLayerCellIdGroup 82
```

图 7-15　后台修改数据

【优化效果】如表 7-18 所示。

表 7-18　优化调整后效果

原 小 区	目 标 小 区	切换成功率	切换成功数	切换请求数
L902461A	L1024181B	99.96%	5526	5528
L902461B	L1024181B	99.93%	9546	9553
L902461B	L1036601A	100.00%	6	6

案例 7-6：外部定义错误（TDD）

【问题描述】

在处理 LTE 差小区时发现 L01171C 小区切换差，切换成功率在 85%左右，如表 7-19 所示。

表 7-19　　切换成功率较低

日　期	小　区　号	切换成功率	切换请求数	切换成功数
2015/6/18	L01171C	86.58%	2117	1833
2015/6/19	L01171C	83.82%	1897	1590
2015/6/20	L01171C	86.17%	1931	1664

【问题分析】

进一步分析发现 L01171C 向 L16221B 切换均产生失败，且失败发生在执行阶段。一般切换准备阶段的失败由源小区引起，切换执行阶段的失败由目标小区引起，如表 7-20 所示。

表 7-20　　切换成功率为 0

日期	原小区	目标小区	切换成功率	准备切换失败次数	执行切换失败次数	执行切换申请次数	执行切换成功次数
2015/6/18	L01171C	L16221B	0	0	107	107	0
2015/6/19	L01171C	L16221B	0	0	356	356	0
2015/6/20	L01171C	L16221B	0	0	230	230	0

对目标小区基站告警进行检查，未发现基站有硬件问题；对 L16221B 参数和外部定义检查发现，外部定义 PCI 与小区配置 PCI 不一致，如图 7-16 和图 7-17 所示。

L1622 站点 ABC 三个小区 PCI 组为 0、1、2

```
==========================================================================================
MO                                                          Attribute          Value
==========================================================================================
EUtranCellFDD=L16221A                                       physicalLayerCellIdGroup 127
EUtranCellFDD=L16221A                                       physicalLayerSubCellId 0
EUtranCellFDD=L16221B                                       physicalLayerCellIdGroup 127
EUtranCellFDD=L16221B                                       physicalLayerSubCellId 1
EUtranCellFDD=L16221C                                       physicalLayerCellIdGroup 127
EUtranCellFDD=L16221C                                       physicalLayerSubCellId 2
==========================================================================================
```

图 7-16　小区配置参数

外部定义中却定为了 0、2、1，定义错误。

```
==========================================================================================
MO                                                          Attribute          Value
==========================================================================================
EUtraNetwork=1,ExternalENodeBFunction=4601-1622,ExternalEUtranCellFDD=4601-1622-1 physicalLayerCellIdGroup 127
EUtraNetwork=1,ExternalENodeBFunction=4601-1622,ExternalEUtranCellFDD=4601-1622-1 physicalLayerSubCellId 0
EUtraNetwork=1,ExternalENodeBFunction=4601-1622,ExternalEUtranCellFDD=4601-1622-2 physicalLayerCellIdGroup 127
EUtraNetwork=1,ExternalENodeBFunction=4601-1622,ExternalEUtranCellFDD=4601-1622-2 physicalLayerSubCellId 2
EUtraNetwork=1,ExternalENodeBFunction=4601-1622,ExternalEUtranCellFDD=4601-1622-3 physicalLayerCellIdGroup 127
EUtraNetwork=1,ExternalENodeBFunction=4601-1622,ExternalEUtranCellFDD=4601-1622-3 physicalLayerSubCellId 1
==========================================================================================
```

图 7-17　外部定义错误参数

【解决方案】

将外部定义的 PCI 组改为与原站点一致。

【优化效果】

参数修改后切换恢复正常，如表 7-21 所示。

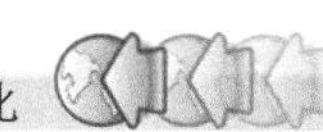

表 7-21　参数优化后恢复正常

日期	原小区	目标小区	切换成功率	准备切换失败次数	执行切换失败次数	执行切换申请次数	执行切换成功次数
2015/6/22	L01171C	L16221B	100%	0	0	223	223
2015/6/23	L01171C	L16221B	100%	0	0	351	351
2015/6/24	L01171C	L16221B	100%	0	0	287	287

【实战技巧】

LTE 统计优化与 DT 事件优化有相似之处，但统计优化要高于 DT 事件优化。在进行 LTE 统计优化过程中，需要更全面的掌握 LTE 相应的知识，熟悉主要信令流程。由于设备厂家不同，在一些算法上和统计方法上会有较大的差别，需要取得设备厂家的技术资料作为支撑。除了技术之外，不同的设备厂家使用的统计工具不同、后台操作软件不同，这就需要去学习不同厂家后台工具的使用，熟记一些常用的指令。在后台操作中严格遵守操作流程，切记网络安全，在没有授权的情况下，不能修改参数、不能重启基站、不能删除数据等。所有的后台操作做好备份和记录，一旦出现问题将有记录可查，可迅速恢复网络。

由于 LTE 统计优化需要对大量的数据进行采集和分析，这就要求统计分析工程师具有数据处理能力和分析能力，需要掌握 excel、access、SQL 的基本知识，这对于提高工作效率将非常重要。

项目 8
LTE 用户体验优化

【项目内容】

本项目对 QoE、KQI、KPI 进行简要介绍，讲解 LTE 用户体验优化的常见方法。

【知识目标】

理解用户体验指标体系的三层模型概念及各层之间的映射关系。通过各类 KQI 指标映射关系表，了解影响 KQI 优化的因素。

【技能目标】

学会基于用户体验的监测方法，对结果进行观察和对比，并能找出质量问题点。

任务 1 认知 LTE 用户体验

【知识链接 1】 用户体验的基本概念

随着全球 LTE 大规模商用，市场快速发展后用户流量不断增长、用户行为多样化以及市场竞争的加剧，运营商期望通过高质量网络吸引更多的用户，在激烈的竞争中立于不败之地。作为吸引用户的重要手段，运营商与业务提供商不断推出基于电信网络的新业务。这些新业务的部署，往往需要多种网元协同配合。在这个业务路径中，任何网元的质量缺陷都会被业务用户首先感知到。从用户感知出发传递愉悦的用户体验成为竞争的关键。

为提高用户满意度，对用户敏感的运营商已经开始从“以网络为中心”转变到“以用户为中心”，采用用户体验质量全面评价网络并改进网络，并且这种转变会越来越快。

（1）用户体验质量（Quality of Experience，QoE），描述用户对于正在使用的业务感觉如何，对业务的满意程度如何，例如在可用性、可到达性和业务完整性方面。业务完整性涉及业务吞吐量、延迟以及延迟的变化（抖动）或在用户数据传输期间的数据丢失等方面；业务可到达性涉及业务的无效性、安全（鉴权、授权和计费），激活、访问、覆盖率、阻塞和承载业务的建立时间等方面；业务的可保持性，大体上表征了连接的丢失特性。

ITU-T 对 QoE 的定义为：用户对一个应用或者业务整体可接受性的主观感受，包含感受整个端到端系统的影响（客户、终端、网络、业务基础设施等）和受用户主观期望值及所处环境影响的业务整体可接受性。QoE 即等价于用户感觉到的“质量”或“性能”或“舒适度”。

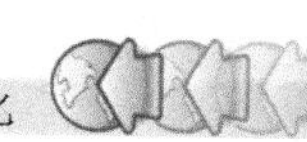

QoE 的评价主体是终端用户，评价对象是业务和支撑业务的网络（主要包括核心网络、无线网络和业务平台）。对于不同的应用和业务，影响用户的 QoE 关键因素的期望范围并不一样。图 8-1 是摘自 3GPP 规范，描述了 8 类不同应用和业务的 QoE 关键因素“速度”和“可靠性”的不同期望值。

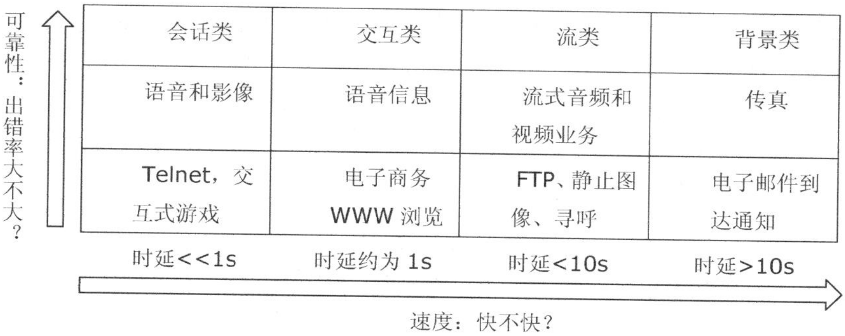

可靠性：出错率大不大？

会话类	交互类	流类	背景类
语音和影像	语音信息	流式音频和视频业务	传真
Telnet，交互式游戏	电子商务 WWW 浏览	FTP、静止图像、寻呼	电子邮件到达通知
时延<<1s	时延约为 1s	时延<10s	时延>10s

速度：快不快？

图 8-1　不同业务对 QoE 要素的不同期望

（2）关键质量指标（Key Quality Indicators，KQI），是以用户为中心，体现业务层面的关键指标，与 QoE 的关系最直接，可以互为映射。它是主要针对不同业务提出的贴近用户感受的业务质量参数，是业务层面的关键指标，可能是不同业务或应用的质量参数。KQI 是一组可以被测量和监控的 QoS 参数，通过对它们的测量和监控可以确定网络所提供的是否达到了用户所使用的服务要求，它指导网络优化的方向。

（3）关键性能指标（Key Performance Indicator，KPI），KPI 是网络整体性能的集中体现。网络 KPI 可通过 DT、CQT 和 OMC 话务报告三种方法来获取，三种方法在网络建设、发展和评估过程中结合使用。然而，KPI 这些关键参数却不能全面反映网络的质量，其出发点是从网络角度来揣度用户的感受。在用 KPI 体系来衡量网络质量时，经常出现的情况是，整个网络设备的 KPI 均处于良好的状态，但是投诉却逐渐增多。

传统的 KPI 已经不能完全体现真实的网络质量，电信运营商需要新的能真实反映网络质量和用户感知的指标体系，QoE 是终端用户对移动网络提供的业务性能的主观感受，但是 QoE 的指标没有完整的定义，无法通过统计或者测试办法获得，仅靠投诉来反映 QoE 问题毕竟采样较少且不能提前对网络进行诊断，局限性太大。与 QoE 最接近的一项指标 KQI 能较为真实地反映用户对网的直观体验，它主要针对不同业务提出的贴近用户感受的业务质量参数，是业务层面的关键指标，已经有相应的协议标准作为支撑，能够通过统计或者测试来获取。

【知识链接 2】 用户体验指标体系

基于行业多年在用户感知领域的深入研究以及相关标准的发展推动，业界普遍建立了用户体验评估指标体系。该评估指标体系由从用户到业务到网络的三层有机构成，也即采用了 QoE→KQI→KPI 的三级指标模型如图 8-2 所示。

最顶层是用户体验指标（QoE）。QoE 是对用户体验的客观度量，用来描述用户对业务及服务的感受。虽然 QoE 引入了非技术因素，但可以通过接近量化的方法来表示终端用户

对业务与网络的体验和感受，并反映当前业务和网络的质量与用户期望间的差距。QoE 的量化指标可以用优秀、很好、好、一般、差 5 个级别来标识。

第二层是业务质量指标（KQI）。KQI 表示了产品单元及服务单元的性能，一般可以通过多个不同的 KPI 计算得到。KQI 分两个层面，产品 KQI 和服务 KQI。

第三层是网络性能指标（KPI）。KPI 是基于网络性能的，反映了某一网元的性能特性，KPI 是网络运营维护很重要的考核指标，是 KQI、QoE 的数据基础。KPI 数据来源广泛，包括网管中的告警、性能、配置等数据，主动、被动探针、抓包分析数据，以及话单数据等。

基于该体系实现端到端移动业务质量保障模型，从网优路测、网管数据库系统、信令监测系统获取各类网络关键指标（KPI），通过映射和公式计算得到业务质量指标（KQI），再汇聚计算得到用户体验（QoE）。

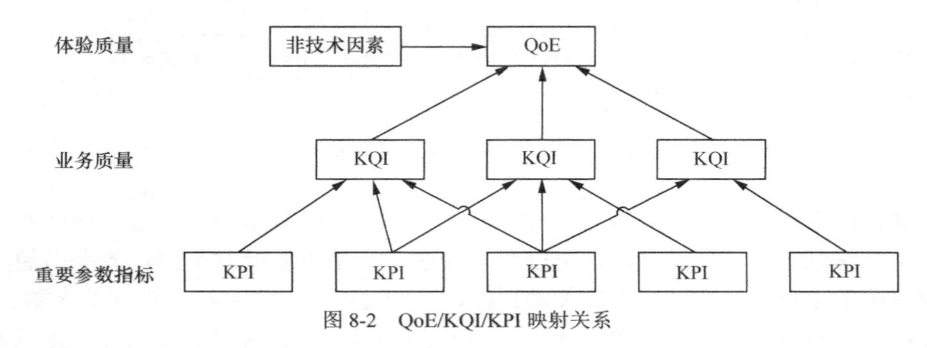

图 8-2　QoE/KQI/KPI 映射关系

【知识链接 3】 QoE 与 KQI 的映射

当然，对用户体验指标体系的深入研究，需要研究相邻层之间的映射。

QoE 与 KQI 这两层参数有相似之处，从参数划分层次上看，QoE 是从用户角度出发直接的体验参数，它是在传统的参数层面上抽象了一个用户级的参数层次，而 KQI 相对来说更靠近系统级，它能反映业务可用性且是可测量的，在体系结构中是可以与底层 KPI 直接映射的一层参数。对于某种业务的需求可以直接体现在对 QoE 参数的需求上，但是这种需求很难直接展现给服务商，所以需要将 QoE 参数映射到 KQI 和 KPI，KQI 作为衡量体系的中间层参数在整个体系架构中起到了承接的作用。从参数的相关性看，QoE 参数能直接获取 KQI 层参数集合。QoE 到 KQI 的映射方法有两种。

1. 基于权重的 QoE、KQI 和 KPI 映射通用方法

由不同的 KPIs 映射到一个 KQI，再由不同的 KQIs 映射到一个 QoE 时，定义不同的权重和系数。该方法需要通过实际测量得到每个 KPI 的权重。过程如下。

（1）把业务分解为不同的 KQIs 和 KPIs；

（2）定义每一个 KQI 和 KPI 的权重；

（3）得到业务每一个 KPI 的实际测量值并和目标 KPI 值进行比较，根据定义的 KPI 的权重得到每一个 KPI 实际的权重值，由此得到 KQI 的实际值；

（4）将 KQI 的实际值与目标 KQI 的值进行比较，根据定义的 KQI 的权重得到每一个 KQI 实际的权重值，由此得到 QoE 的实际值。

其中，各个 KPI 和 KQI 的实际权重可由

① 当 KPI 实际值好于目标值时，实际权重=目标权重；

② 当 KPI 实际值比目标值差时，实际权重=目标权重×（1-（目标值-实际值）/目标值）；

③ 当 KQI 实际值好于目标值时，实际权重=目标权重；

④ 当 KQI 实际值比目标值差时，实际权重=目标权重×（1-（目标值-实际值）/目标值）。

2．智能建模法

使用相关函数可以把 KPI 映射到 KQI，如图 8-3 所示。

图 8-3　QoE/QoS 映射模型

QoS/QoE 评估模型可以用以下数据矩阵 D[m×n]表示：

[KPI11,KPI12,KPI13,………………,KPI1k, ……, KPI1n]=[KQI1]

[KPI21,KPI22,KPI23,………………,KPI2k, ……, KPI2n]=[KQI2]

[…………, ………………, ……, ……, ……………………]=[……]

[…………, ………………, ……, ……, ……………………]=[……]

[KPIk1,KPIk2,KPIk3,………………,KPIkk, ……, KPIkn]=[KQIk]

[…………, ………………, ……, ……, ……………………]=[……]

[KPIm1,KPIm2,KPIm3,………………,KPImk, ……, KPImn]=[KQm2]

【知识链接 4】 KQI 与 KPI 的指标体系

KQI 是尽可能体现业务质量的指标，通俗地讲就是以用户感知为出发点的相关指标。在 LTE 移动互联网下，影响用户感知的主要因素是数据业务速率和接续时延，常见 KQI 指标按业务可以分为 6 大类，KQI 指标体系结构如图 8-4 所示。

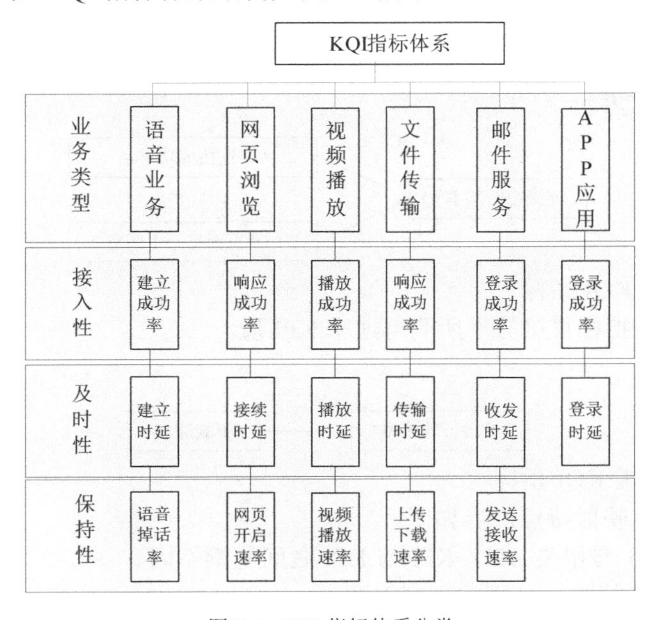

图 8-4　KQI 指标体系分类

1．KPI-KQI 指标映射计算

（1）时延类 KQI 指标映射方法

时延类 KQI 指标映射计算值等于该过程所对应的各个流程步骤中的时延 KPI 值之和加上一个处理时间常数。

例如：$t=t_1+t_2+t_3+t_4+d$

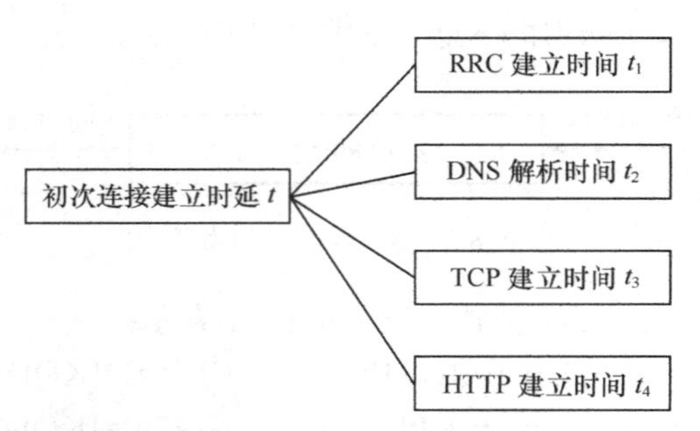

（2）成功率类 KQI 指标映射方法

成功率类 KQI 指标映射计算值等于该过程所对应的各个流程步骤的成功率 KPI 值之乘积。

例如：$q=q_1q_2q_3$

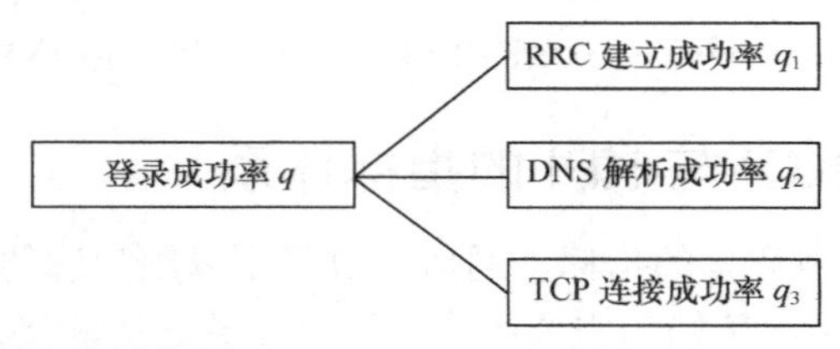

（3）中断率类 KQI 指标映射方法

一次失败率/中断率/掉线率类 KQI 指标映射计算值等于该过程所对应的各个流程步骤中的至少有一个失败的概率的乘积。

例如：$q=1-q_1$（$1-q_2$）

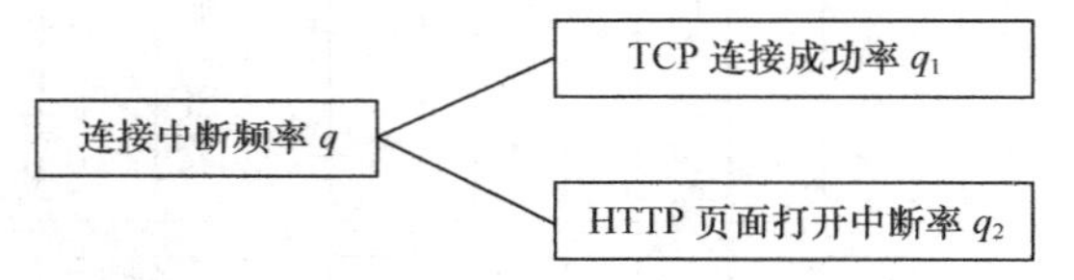

（4）下载速度类 KQI 指标

下载速度类 KQI 指标直接等于所测得速率 KPI 值。

例如：

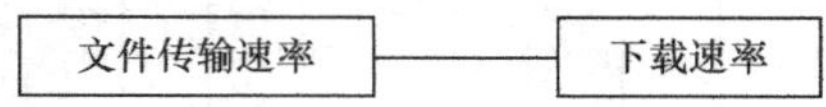

（5）音视频质量类 KQI 指标

此类 KQI 到 KPI 映射特点内容如下。

① 映射目标 KQI 与相关 KPI，KPI 与 KPI 之间量纲不同。

② 各 KPI 影响非线性，且影响程度不同。

③ 映射目标 KQI 存在一定主观因素，可以用质量打分方式评价。

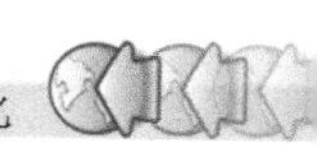

此类 KQI 指标计算，采取同 KQI 到 QOE 映射的无量纲映射方法，采取无量纲化+层次分析法进行映射。

例如：

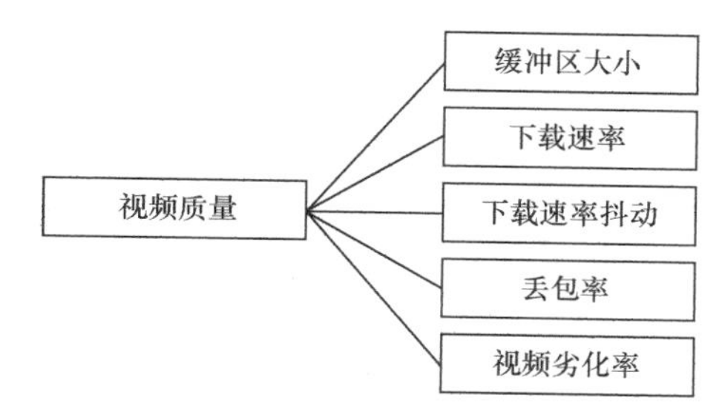

2．LTE 典型业务 KQI 到 KPI 的映射体系

（1）流媒体业务

流媒体业务是从 Internet 上发展起来的一种多媒体应用，指使用流（Streaming）方式在网络上传输的多媒体文件，包括音视频和动画等。它的主要特点是把连续的影像和声音信息经过压缩处理后放到网络服务器上，客户端在播放前并不需要下载整个媒体文件，而是在将缓存区中已经收到的信息进行播放的同时，把多媒体文件的剩余部分持续不断地从服务器下载到客户端，即“边下载，边播放”。流媒体业务主要提供音频和视频服务，因为需要的带宽相对较大。另一方面，因为流媒体对时延敏感，不像下载业务那样允许较大时延，其业务类型为流类。

流媒体业务 KQI 指标内容如下。

① 业务建立成功率；

② 服务失败率；

③ 连接建立时延；

④ 初始缓存时延；

⑤ 播放中的停顿频度；

⑥ 播放中的平均停顿时延；

⑦ 唇音同步；

⑧ 声音失真；

⑨ 马赛克；

⑩ 流媒体连接中断概率；

⑪ 下载速率。

表 8-1 所示内容为流媒体业务 KQI 和网络 KPI 的映射关系。

表 8-1　流媒体 KQI 和 KPI 的映射关系

业务 KQI / 网络 KPI	业务建立成功率	服务失败率	连接建立时延	初始缓存时延	播放中的停顿频度	播放中的平均停顿时延	唇音同步	声音失真	马赛克	流媒体连接中断概率	下载速率
RRC 建立成功率	√										
RAB 建立成功率	√										
分组域掉线率										√	

续表

业务 KQI / 网络 KPI	业务建立成功率	服务失败率	连接建立时延	初始缓存时延	播放中的停顿频度	播放中的平均停顿时延	唇音同步	声音失真	马赛克	流媒体连接中断概率	下载速率
PS 用户上行误块率											
RACH 随机接入时延			√								
RRC 建立时延			√								
RAB/RB 建立时延			√								
寻呼时延			√								
DNS 解析时延			√								
主页连接时延			√								
主页下载时间			√								
流媒体节目源连接+缓存时间				√							
播放过程中因缓存耗尽终端重新开始缓存导致节目播放暂时停顿的频度					√						
重新缓存的平均时长						√					
处理速率		√				√	√	√			
处理时延						√	√	√			
处理能力		√									

（2）Web 业务

Web 业务通常是用户浏览网页，随着智能终端的普及，变得越来越重要。但是网页浏览业务不是持续性地下载，而是间歇性地下载网页，然后进行阅读。其业务类型通常为交互类。因此网页浏览业务主要关注的是网络响应等方面的 QoS 要求。

Web 业务 KQI 指标内容如下。

① 连接建立时延；

② 连接建立成功率；

③ 初始页面连接时延；

④ 非初始页面连接时延；

⑤ 页面显示时间；

⑥ 连接中断频率；

⑦ 平均下载速率。

表 8-2 所示内容为 Web 业务 KQI 和网络 KPI 的映射关系。

表 8-2　　Web KQI 与 KPI 关系

业务 KQI / 网络 KPI	连接建立成功率	连接建立时延	初始页面连接时延	非初始页面连接时延	页面显示时间	连接中断频率	平均下载速率
RRC 连接建立成功率	√						
RAB 建立成功率	√						

续表

业务 KQI / 网络 KPI	连接建立成功率	连接建立时延	初始页面连接时延	非初始页面连接时延	页面显示时间	连接中断频率	平均下载速率
用户下行误块率							√
RACH 随机接入时延		√					
RRC 建立时延		√					
RAB 建立时延		√					
寻呼时延		√					
DNS 解析时延			√				
HTTP 连接建立时延			√	√			
页面下载时间					√		
连接失败概率						√	
下行 RLC 层平均速率							√

（3）FTP 下载类业务

LTE 的高速数据下载业务包括影音文件下载、音乐下载、FTP 文件下载等。这些下载业务都有一个共同的特点：对时延没有严格要求，但是用户对下载速率敏感。其业务类型为背景类。

FTP 下载业务 KQI 指标内容如下。

① 连接建立成功率；

② 连接建立时延；

③ 下载时间；

④ 连接中断频率；

⑤ 平均下载速率。

表 8-3 所示内容为 FTP 下载业务 KQI 和网络 KPI 的映射关系。

表 8-3 FTP KQI 与 KPI 的关系

业务 KQI / 网络 KPI	连接建立成功率	连接建立时延	下载时间	连接中断频率	平均下载速率
RRC 连接建立成功率	√				
RAB 建立成功率	√				
PS 用户下行误块率					√
RACH 随机接入时延		√			
RRC 建立时延		√			
RAB 建立时延		√			
寻呼时延		√			
DNS 解析时延			√		
主页连接建立时延			√		
主页下载时间			√		

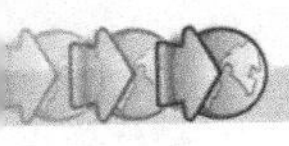

续表

业务 KQI 网络 KPI	连接建立成功率	连接建立时延	下载时间	连接中断频率	平均下载速率
描述符下载时延			√		
下载连接建立时延			√		
内容下载时延			√		
连接失败概率				√	
下行 RLC 层平均速率					√

【知识链接 5】 LTE 网络用户感知优化方案

LTE 网络中 KQI 优化没有统一的方案，但是它在通信领域并非是一片空白。这些年关于 KQI/QoE 分析、优化的研究较多，实际应用较少。首先 KQI 优化比 KPI 优化复杂，影响的原因更多，需要较多的专业人员参与，对优化人员的要求更高。其次 KQI 优化根据方案不同，需要更多的财力、人力支持，也就是说需要运营商增加优化成本。最后 KQI 数据涉及个人隐私和安全，需要对数据进行严格管理和保密。

现阶段针对 KQI 评估、优化方案的研究有许多厂家、团体或者个人在积极参与，在总体方案上可以分为以下四种。

1. 基于 DT/CQT 测试的方案

采用 DT/CQT 进行业务测试或者利用自动路测工具进行测试。完全模拟用户行为进行语音接入、网页浏览、文件上传下载、发送 E-mail 等，甚至进行主流 App 应用测试，然后根据相应的算法得出接入成功率、响应时间、业务速率等。可以非常准确地了解网络质量水平、定位问题方便。但是这种方案无法到达室内和小区内，采样不完整；需要不断地进行外场测试，成本高。

2. 基于终端上报信息的方案

利用终端上报自己产生的事件、信令、信号质量给服务器，然后再利用分析工具进行分析。终端上报信息 KQI 优化的网络结构如图 8-5 所示。

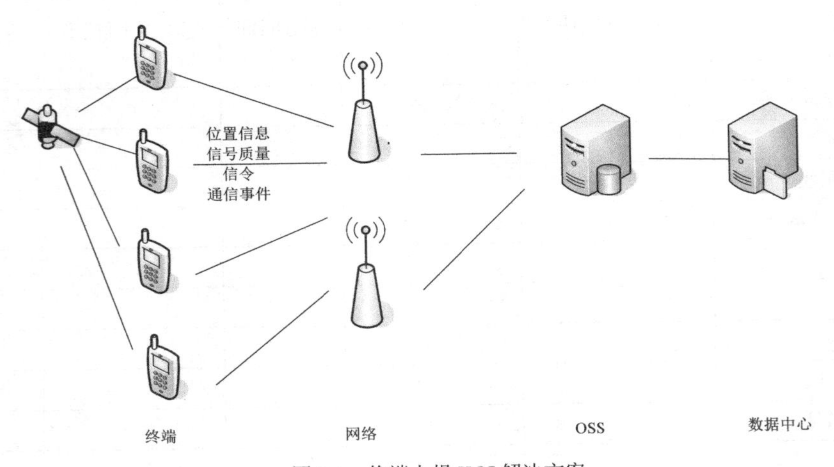

图 8-5　终端上报 KQI 解决方案

终端需要提前预装软件，使软件自动运行采集数据，并在终端缓存，定期上报。这种方案可以提高数据采集效率和采样的完整性、降低测试成本；但是此方案会减短终端待机时长，用户隐私保密和安全性要求较高。在 LTE 系统 SON 有此功能。

3．基于现网指标进行业务质量分析

基于现网指标进行业务质量分析即是通过对全网话务统计、告警、设备日志、传输质量等统一监控，建立起一套完整的网络质量建管体系。通过一段时间的分析和建模，搞清在什么情况下对用户感知将造成影响。基本系统架构如图 8-6 所示。

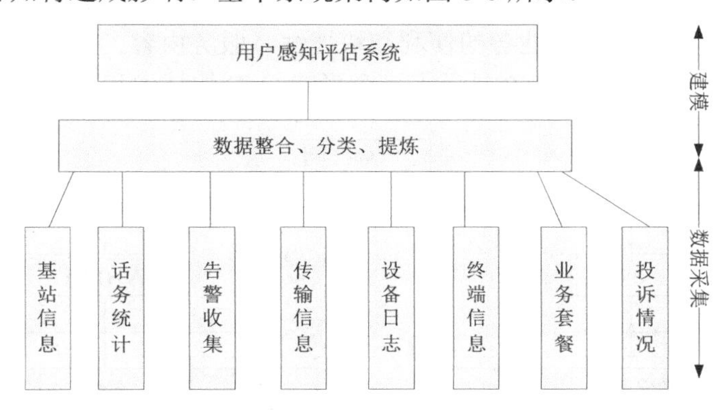

图 8-6 用户感知评估系统架构

此方案能够充分运用现有管理优化平台，及时发现问题；但是此方案因所采集的数据与 KQI 无直接联系，用户感知系统的建模非常困难。目前像亿阳、拓明等主流网优网管系统的公司在这方面取得了一定的成果。

4．基于信令数据分析

构建一套完整的信令采集方案，通过信令采集监测仪对信令进行采集，并传输给服务器。此方案可以完整采集到信令数据，对于每一步的信令时延、调度信息均可重现，可以细化到对单用户的分析。传统的信令仪、信令服务器解决方案需要新增设备，成本较高；而在 LTE 系统引入 MDT 后此方案将被放弃，如图 8-7 所示。

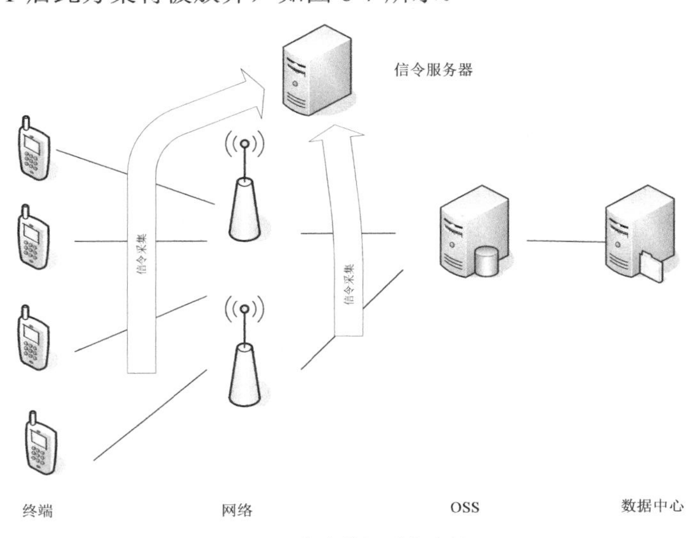

图 8-7 信令数据采集分析

【知识链接 6】 影响用户感知的因素

QoE 是终端用户对网络的主观评定，容易受到多种因素的影响，如业务的收费价格、用户的期望值、客户服务、用户个性化行为、网络性能和服务质量等。不仅受限于网络的技术性能，还受到影响用户感知的非技术因素的作用。就技术层面而言，对 QoE 的关键影响因素包括端到端的 QoS 保证机制、端到端的业务质量 KQI、网络接通与传输能力 KPI、网络/服务覆盖能力和终端功能/性能等因素；就非技术层面而言，对 QoE 的关键影响因素包括用户主观行为和运营服务质量、业务的便利和快捷性、服务内容、价格、客服支撑和用户耐受力与行为习惯等 6 项因素。图 8-8 显示了一个影响 QoE 的技术和非技术因素的示例。

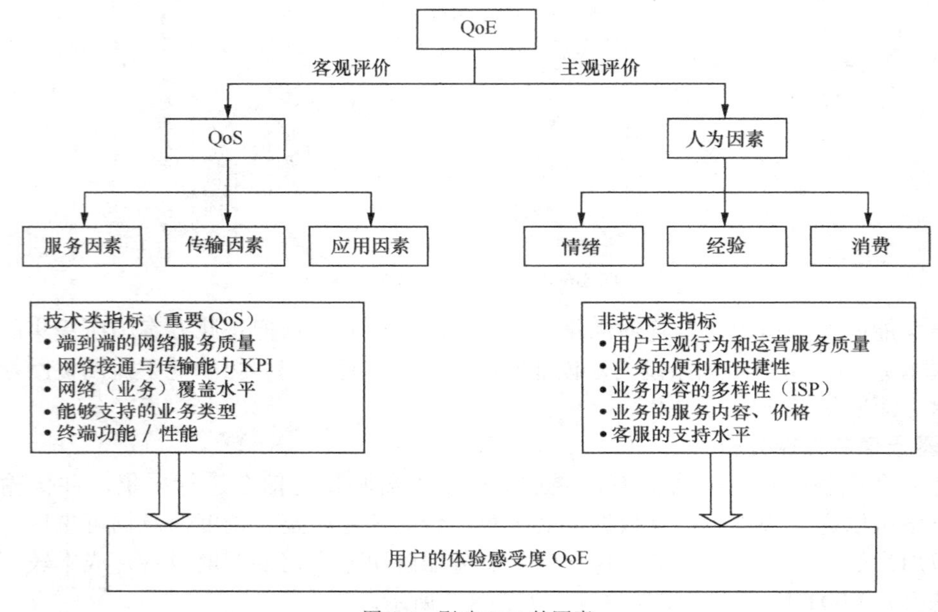

图 8-8　影响 QoE 的因素

非技术因素是无法通过网络优化等手段进行解决的，下面仅从网络层面介绍一下常见的对 KQI 有影响的因素。

（1）终端：用户的感知最直接的来源就是终端，用户对于打开网页的快慢、视频播放是否流畅、手机应用打开速度等的感知来源就是终端。这两年终端发展非常迅速，屏幕更大，分辨率更高，手机内存越来越大，摄像头像素更高，芯片能力更强。虽然智能终端发展非常迅速，但受限于成本和终端厂家的定位不同，终端的性能差异也很大，给用户的感觉也就千差万别。终端参数设置、终端支持的网络类型都会对用户造成影响，如仅支持 LTE-FDD 的终端不能上移动的 4G 网络产生的投诉、仅支持 LTE-TDD 的终端反映联通 4G 网络覆盖、用户接入点设置不正确导致不能上网等问题。

（2）无线网质量：无线网中的覆盖问题、干扰问题、容量问题、切换设置等都会对用户的感知造成影响。网络覆盖问题会使用户脱离服务，所有的业务都无法进行，用户的感知是很糟糕的；干扰问题会使用户接入网络困难、业务速率低、掉线严重等，对于用户来说感知网络不好用；容量不足、切换异常等也会使用户体验变差。无线网络质量评估和优化是一个

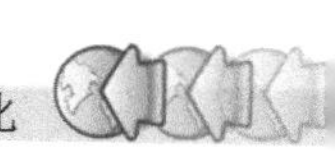

复杂、长期的过程，它每时每刻都影响着用户的使用情况，只有对无线网络进行良好的规划、建设和优化才能获取用户的认可。

（3）有线传输（路由）：移动数据业务的接入一部分是无线控制的，另一部分却是依赖于有线传输的。有线传输网络的好坏也对用户有着直接的影响，如传输带宽不足造成接入困难和数据业务速率低、路由失败导致不能上网或者某些网站无法登录、传输闪断导致用户业务断断续续等。

（4）网络中各网元：LTE 网是一个庞大的网络结构，有非常多的网元节点，即 eNB、MME、S-GW、P-GW 等，它们提供着不同的功能，如资源管理、用户管理等；其中的任何一个出现问题都会影响用户感知，甚至造成整个网络瘫痪。也就是说 eNB 故障仅影响 eNB 小区所覆盖的区域，影响较小；而 MME、S-GW 一旦出现问题影响的范围将大得多；EPC 的稳定性和安全性将重要得多。

（5）网络中服务器：在整个互联网中为用户提供服务的服务器多如牛毛，它们的性能对于用户感知有着重要影响。如 12306 不断升级和其他 DNS 攻击、域名劫持，相对于用户来说却是不能享受到应有的服务。

任务 2　用户感知的监测体验

【知识链接】 基于 DT/CQT 的感知系统介绍

路测子系统使用商用智能终端采集空中接口的 3G/LTE 信令、关键系统参数、无线参数和各种网络事件，使用电子地图、GPS 等设备采集测试轨迹等地理信息，同时进行各项用户感知业务测试；对于采集到的网络数据、地理信息和用户感知业务数据进行空中接口的网络性能分析、用户业务感知分析，依据用户感知模型进行用户业务质量评估，并完成用户体验指标到传统网络性能指标的映射，对于路测过程可以回放，结合电子地图、视图和报表对分析结果分别予以呈现。

路测子系统的特性有以下几个方面。

（1）自定义芯片输出信息的商用智能手机，在同一时间点、同一空间位置同时采集无线网络数据和用户业务感知质量数据，使得将用户感知映射到网络性能成为可能。

① 通过对智能手机操作系统的硬件驱动级定制，实现基带芯片的空口数据输出。

② 采集空口信令、参数、事件实现对于网络性能的分析。

③ 在智能手机上进行多种用户业务测试，采集测量用户业务数据，进行用户感知质量分析。

④ 通过用户感知到网络性能的映射，发现定位网络问题。

（2）采用高通主流商用芯片，监测结果符合大部分用户感知。

（3）异常投诉主观用户感知评测功能

① 用户业务异常时，自动采集手机底层异常信息和关键测量参数。

② 自动提示用户是否上报异常数据（或不提示就自动上传）。

③ 提供一键投诉界面，供用户上报感知类异常事件（如单通等软件无法自动判断的异常）。

（4）远程自动用户感知测试功能。

① 手机端：用户只需随身携带，手机接收远程服务器集中下发的测试任务并自动执行，同时采集感知数据和网络测量数据，自动控制数据上传。

② 远程服务器：管理手机，下发测试任务，接收数据并进行管理、专项统计和分析。

③ 专业业务用户感知测试功能。

④ 专业工程人员，手动编辑测试任务，执行测试，查看测试信息，供评估、优化和问题排查用。

⑤ 测试内容涵盖全业务（语音、数据、增值、视频）。

系统的架构如图 8-9 所示。

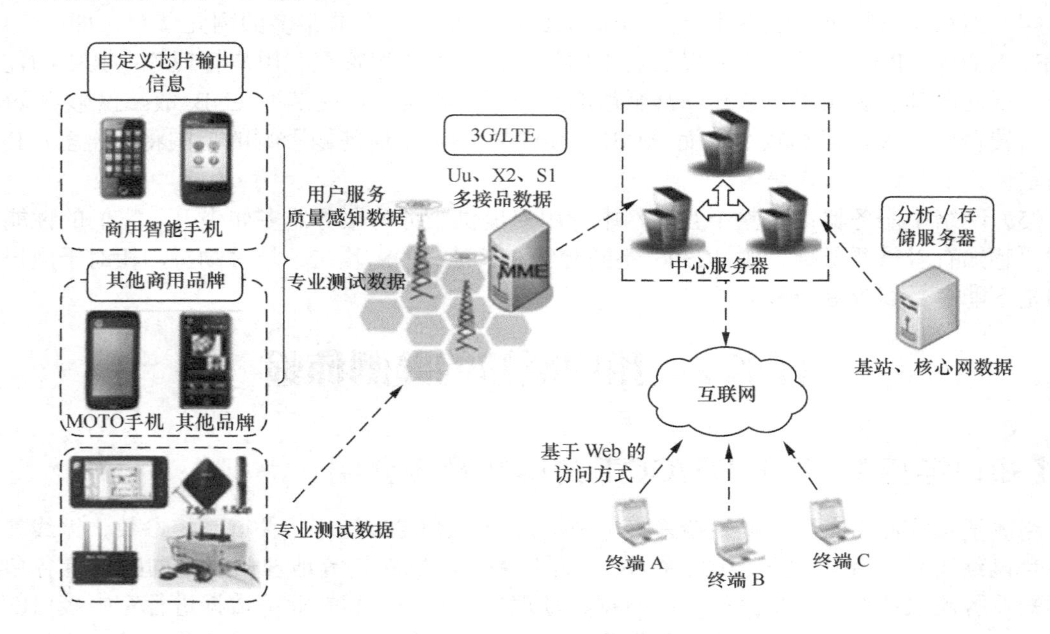

图 8-9 基于 DT/CQT 感知系统架构

系统的主要功能如图 8-10 所示。

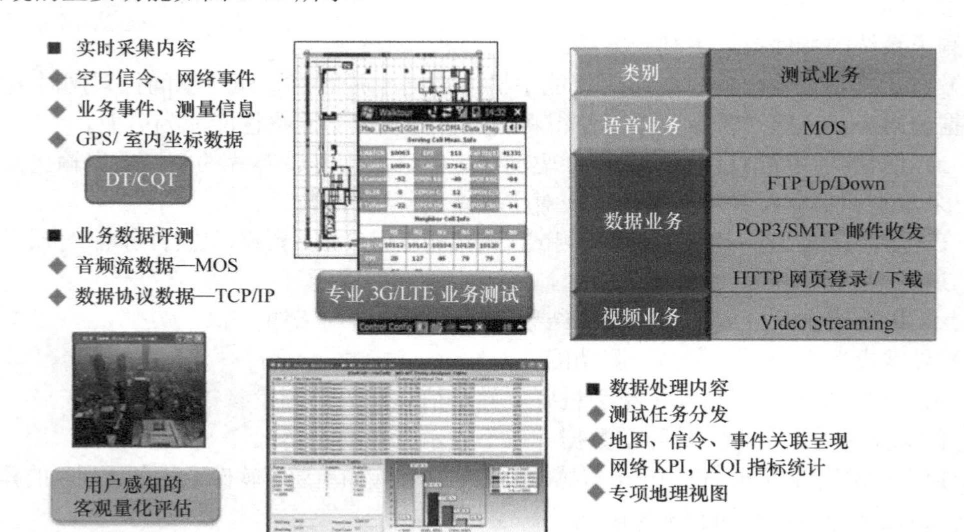

图 8-10 基于 PC 和空口信令感知系统功能

系统的业务流程如图 8-11 所示。

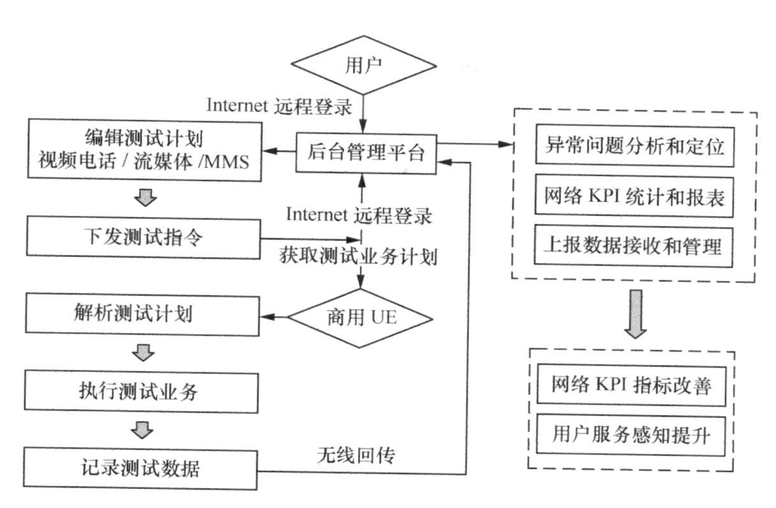

图 8-11 基于 PC 和空口信令感知系统业务流程

【技能实训 1】 LTE 网络 KQI 优化测试数据采集

1. 登录 PC 端路测子系统

该系统登录界面如图 8-12 所示。

2. 脚本编辑和测试

HTTP 脚本编辑如图 8-13 所示。

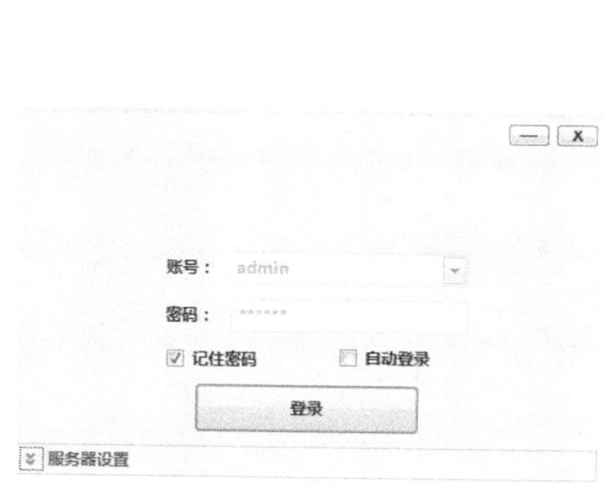

图 8-12 基于 PC 和空口信令感知系统登录界面

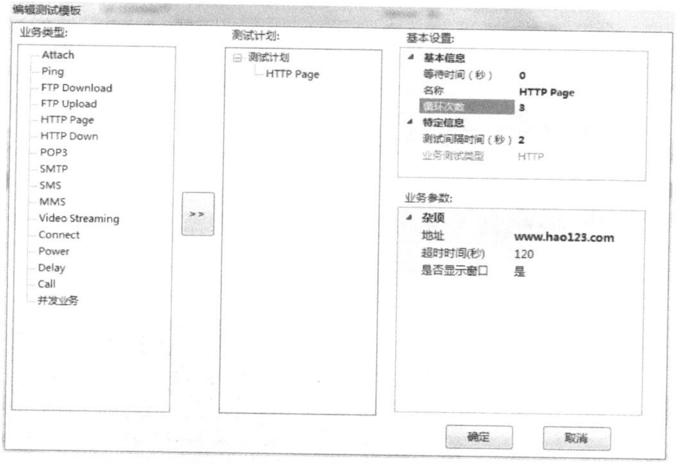

图 8-13 HTTP 脚本编写

HTTP 测试如图 8-14 所示。

流媒体脚本编辑如图 8-15 所示。

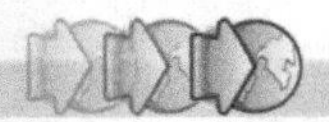

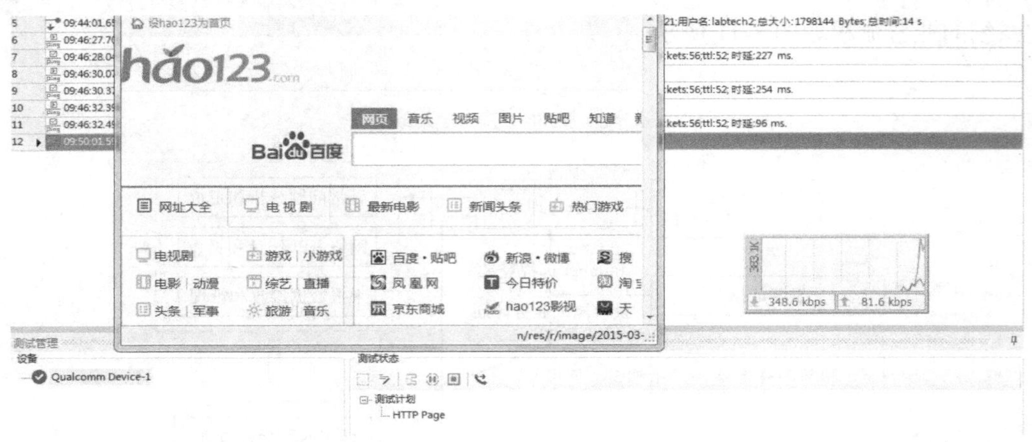

图 8-14　HTTP 测试

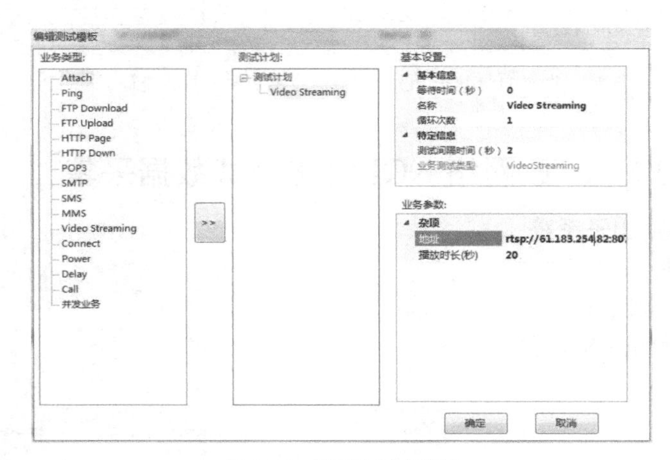

图 8-15　流媒体脚本编写

流媒体测试如图 8-16 所示。

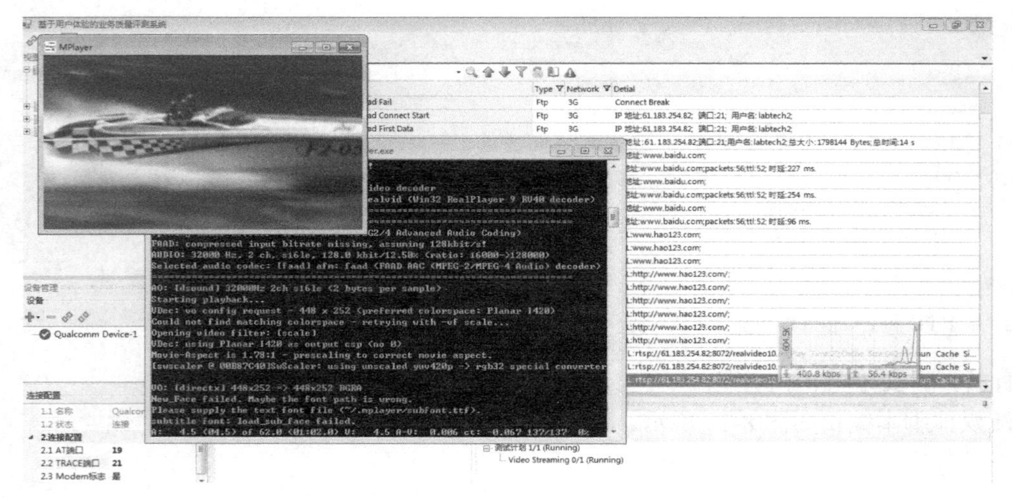

图 8-16　流媒体测试

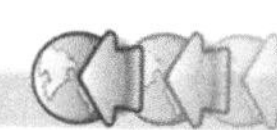

【技能实训 2】 LTE 网络 KQI 优化分析和报告

1. 信令过程

信令过程如图 8-17 所示。

Message-当前记录文件...

SM ACTIVATE PDP CONTEXT ACCEPT

	UE Time	Name	Network
18	09:13:57.795	GMM SERVICE REQUEST	3G
19	09:13:58.038	MM LOCATION UPDATING ACCEPT	3G
20	09:13:58.039	GMM SERVICE ACCEPT	3G
21	09:15:29.918	GMM SERVICE REQUEST	3G
22	09:15:30.097	GMM AUTHENTICATION AND CIPHERING REQ	3G
23	09:15:30.287	GMM AUTHENTICATION AND CIPHERING RESP	3G
24	09:16:33.759	GMM SERVICE REQUEST	3G
25	09:16:33.948	GMM AUTHENTICATION AND CIPHERING REQ	3G
26	09:16:34.175	GMM AUTHENTICATION AND CIPHERING RESP	3G
27	09:16:50.418	GMM SERVICE REQUEST	3G
28	09:16:50.686	GMM AUTHENTICATION AND CIPHERING REQ	3G
29	09:16:50.876	GMM AUTHENTICATION AND CIPHERING RESP	3G
30	09:18:01.845	SM DEACTIVATE PDP CONTEXT REQUEST	3G
31	09:18:02.209	SM DEACTIVATE PDP CONTEXT ACCEPT	3G
32	09:20:19.519	GMM SERVICE REQUEST	3G
33	09:20:19.799	SM ACTIVATE PDP CONTEXT REQUEST	3G
34	09:20:21.520	SM ACTIVATE PDP CONTEXT ACCEPT	3G
35	09:22:15.770	SM DEACTIVATE PDP CONTEXT REQUEST	3G
36	09:22:16.239	SM DEACTIVATE PDP CONTEXT ACCEPT	3G
37	09:29:53.899	GMM SERVICE REQUEST	3G
38	09:29:54.179	SM ACTIVATE PDP CONTEXT REQUEST	3G

Event-当前记录文件.uod ...

HTTP Page Complete

me	Name	Type	Network	Detial
19.950	Ping Success	Ping	3G	IP地址:w
21.970	Ping Start	Ping	3G	IP 地址:w
22.170	Ping Success	Ping	3G	IP地址:w
24.343	Ping Start	Ping	3G	IP 地址:w
24.583	Ping Success	Ping	3G	IP地址:w
24.640	Video Stream Start	Video	3G	URL:rtsp:
34.213	Video Stream Request Success	Video	3G	URL:rtsp:
37.429	Video Stream First Data	Video	3G	URL:rtsp:
14.804	Video Stream Finished	Video	3G	URL:rtsp:
15.401	FTP Upload Connect Start	Ftp	3G	IP 地址:61
15.849	FTP Upload First Data	Ftp	3G	IP 地址:61
39.459	FTP Upload Last Data	Ftp	3G	IP 地址:6
43.457	FTP Download Connect Start	Ftp	3G	IP 地址:61
44.102	FTP Download First Data	Ftp	3G	IP 地址:61
20.572	FTP Download Last Data	Ftp	3G	IP 地址:6
35.935	HTTP Page Request	Http	3G	URL:www
49.244	HTTP Page Display	Http	3G	URL:www
30.550	HTTP Page Complete	Http	3G	URL:www
34.759	HTTP Page Request	Http	3G	URL:http:
35.589	HTTP Page Display	Http	3G	URL:http:
01.325	HTTP Page Complete	Http	3G	URL:http:

图 8-17　信令过程

2. 测试完成后得到流媒体 KQI 指标

HTTP 感知指标如图 8-18 所示。

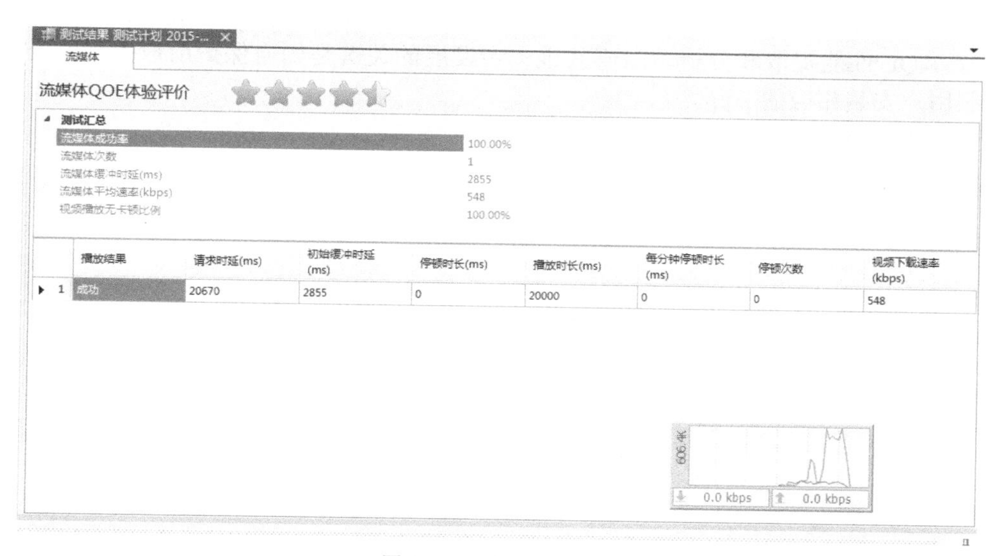

图 8-18　HTTP 感知指标

流媒体感知指标如图 8-19 所示。

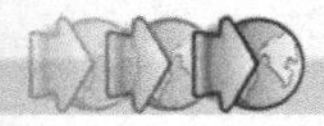

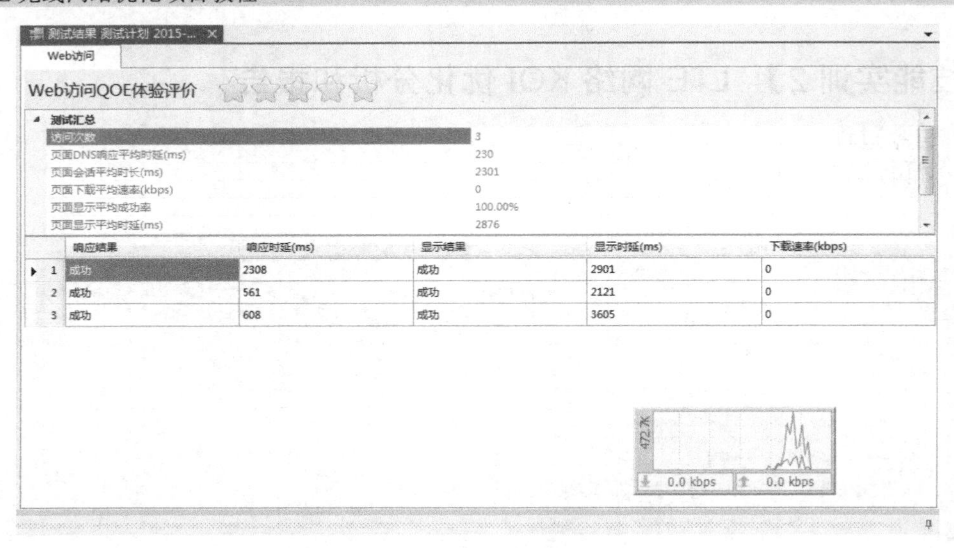

图 8-19　流媒体感知指标

【实战技巧】

KQI 优化虽然很久之前便已经存在，但在实际优化中往往只是以一种概念存在，在实际优化中应用并不像 KPI 优化这样普遍，至少日常优化中应用较少。其原因有二：一是建立一套 KQI 优化系统成本过高；二是对影响 KQI 因素过多，需要多部门协同优化，协调难度大。

随着智能终端性能和网络速率的提升，基于终端上报的 KQI 优化将会有更大的发展，目前市面上已经有相应的 App，可以监控终端异常事件、速率、接入时延等；在技术层面已经可以进行 KQI 性能提取和分析，阻碍其进一步发展的关键是如何保护用户数据的安全和隐私，说服用户安装相应的 App。

缩略语中英文对照

缩略语	全称	中文释义
16QAM	16 Quadrature Amplitude Modulation	16 正交幅度调制
3GPP	3rd Generation Partnership Project	第三代移动通信标准化伙伴项目
3GPP2	3rd Generation Partnership Project 2	第三代移动通信标准化伙伴项目二
64QAM	64 Quadrature Amplitude Modulation	64 正交幅度调制
ACK/NACK	Acknowledgement/Not-Acknowledgement	确认应答/非确认应答
AM	Acknowledged Mode	确认模式
AMC	Adaptive Modulation and Coding	自适应调制编码
ANR	Automatic Neighbor Relation	自动邻区关系
APN	Access Point Name	接入点名称
ARP	Allocation and Retention Priority	接入保持优先级
ARQ	Automatic Repeat Request	自动重传请求
AS	Access Stratum	接入层
BBU	BaseBand Unit	基带处理单元
BCCH	Broadcast Control Channel	广播控制信道
BCH	Broadcast Channel	广播信道
BLER	Block Error Rate	误块率
BPSK	Binary Phase Shift Keying	双相相移键控
CATT	China Academy of Telecommunications Technology	中国电信技术研究院
CA	Carrier Aggregation	载波聚合
CC	Component Carrier,Convolutional Code	组分载波（载波聚合）,卷积码
CCCH	Common Control Channel	公共控制信道
CCE	Control Channel Element	控制信元
CN	Core Network	核心网
CDD	Cyclic Delay Diversity	循环时延分集
CDMA	Code Division Multiple Access	码分多址
CFI	Control Format Indicator	控制格式指示
CP	Cyclic Prefix	循环前缀
CPC	Continuous Packet Connectivity	连续性分组连接
CQI	Channel Quality Indication	信道质量指示

CRC	Cyclic Redundancy Check	循环冗余校验
CQT	CallQualityTest	呼叫质量拨打测试
C-RNTI	C-RNTI Cell - Radio Network Temporary Identifier	小区无线网络临时标志
CS	Circuit Switched	电路交换
CSFB	Circuit-Switched Fallback	CS 业务回落
CSG	Closed Subscriber Group DAI Downlink Assignment Index	闭合用户组下行分配索引
CSI	Channel-State Information	信道状态信息
CSI-RS	CSI Reference Singnels	CSI 参考信号
DBCH	Dynamic Broadcast Channel	动态广播信道
DCCH	Dedicated Control Channel	专用控制信道
DC-HSDPA	DC-HSDPA Dual Cell - HSDPA	双小区 HSDPA
DCI	Downlink Control Information	下行控制信息
DCS	Digital Cellular Service	数字蜂窝业务
DL	Downlink	下行
DL-SCH	Downlink - Shared Channel	下行共享信道
DMRS	Demodulation Reference Signal	解调参考信号
DRB	Dedicated Radio Bearer	专用无线承载
DRS	Demodulation Reference Signal	解调参考信号
DRX	Discontinuous Reception	非连续性接收
DSSS	Direct Sequence Spread Spectrum	直接序列扩频
DT	DriverTest	路测
DTCH	Dedicated Traffic Channel	专用业务信道
DTX	Discontinuous Transmission	非连续性发射
DwPTS	Downlink Pilot Timeslot	下行导频时隙
EARFCN	E-UTRA Absolute Radio Frequency Channel Number	E-UTRA 绝对无线频率信道号
EDGE	Enhanced Data Rates for GSM Evolution	GSM 演进增强型数据业务
E-GSM	Extended GSM	扩展 GSM
EIRP	Equivalent Isotropic Radiated Power	等效全向辐射功率
EMM	EPS Mobility Management	EPS 移动管理
eNodeB（eNB）	E-URTA Node B	演进型网络基站
EPC	Evolved Packet Core	演进型分组核心网
EPS	Evolved Packet System	演进型分组系统
E-RAB	EPS Radio Access Bearer	EPS 无线接入承载
ESM	EPS Session Management	EPS 会话管理
ETSI	European Telecommunications Standards Institute	欧洲电信标准协会
ETWS	Earthquake and Tsunami Warning System	地震海啸预警系统
E-UTRA	Evolved - Universal Terrestrial Radio Access	演进型通用陆地无线接入
E-UTRAN	Evolved UMTS Terrestrial Radio Access Network	演进 UMTS 陆地无线接入网
EV-DO	Evolution-Data Optimized	演进数据优化
FDD	Frequency Division Duplex	频分双工

FDM	Frequency Division Multiplexing	频分复用
FDMA	Frequency Division Multiple Access	频分多址
FEC	Forward Error Correction	前向纠错
FFR	Fractional Frequency Reuse	部分频率复用
FFT	Fast Fourier Transform	快速傅立叶变换
FHSS	Frequency Hopping Spread Spectrum	跳频扩频
FSTD	Frequency Switched Transmit Diversity	频率切换发射分集
GBR	Guaranteed Bit Rate	保证比特率
GERAN	GSM/EDGE Radio Access Network	GSM/EDGE 无线接入网
GGSN	Gateway GPRS Support Node	GPRS 网关支持节点
GP	Guard Period	保护间隔
GPRS	General Packet Radio System	通用分组无线系统
GPS	Global Positioning System	全球定位系统
GSM	Global System for Mobile communication	全球移动通信系统
GUTI	Globally Unique Temporary Identifier	全球唯一临时标志
HARQ	Hybrid Automatic Repeat-reQuest	混合自动重传请求
HI	HARQ Indicator	HARQ 指示
HPLMN	HPLMN Home PLMN	归属 PLMN
HSDPA	High Speed Downlink Packet Access	高速下行分组接入
HSPA	High Speed Packet Access	高速分组接入
HSS	Home Subscriber Server	归属用户服务器
HS-SCCH	High Speed - Shared Control Channel	高速共享控制信道
HSUPA	High Speed Uplink Packet Access	高速上行分组接入
HTTP	Hyper Text Transport Protocol	超文本传输协议
ICI	Inter Carriers Interference	载波间干扰
IDFT	Inverse Discrete Fourier Transform	离散傅里叶反变换
IEEE	Institute of Electrical and Electronics Engineers	电气和电子工程师学会
IFFT	Inverse Fast Fourier Transform	反傅里叶变换
IMEI	International Mobile Equipment Identity	国际移动台设备标志
IMS	IP Multimedia Subsystem	IP 多媒体子系统
IMSI	International Mobile Subscriber Identity	国际移动用户识别码
IMT	International Mobile Telecommunications-Advanced	高级国际移动通信
IP	Internet Protocol	因特网协议
IR	Incremental Redundancy	增量冗余
IRC	Interference Rejection Combining	干扰消除
ISI	Inter Symbol Interference	符号间干扰
ITU	International Telecommunication Union	国际电信联盟
LTE	Long Term Evolution	长期演进
MAC	Medium Access Control	媒质接入控制
MBMS	Multimedia Broadcast Multicast Service	多媒体广播多播业务

MBSFN	Multicast/Broadcast Singal Frequency Network	多播/广播单频网
MCS	Modulation and Coding Scheme	调制编码方式
MGW	Media Gateway	多媒体网关
MIB	Master Information Block	主信息块
MIMO	Multiple Input Multiple Output	多进多出
MM	multimedia message	多媒体消息
MME	Mobility Management Entity	移动性管理实体
MSC	Mobile Switching Centre	移动交换中心
MU-MIMO	Multi User - MIMO	多用户 MIMO
NACK	Negative Acknowledgement	非确认
NAS	Non Access Stratum	非接入层
NDI	New Data Indicator	新数据指示
NGMN	Next Generation Mobile Network	下一代移动网组织
non-GBR	non Guaranteed Bit Rate	非保证比特率
OFDM	Orthogonal Frequency Division Multiplexing	正交频分复用
OFDMA	Orthogonal Frequency Division Multiple Access	正交频分多址
OSS	Operation Support System	运营支撑系统
PAPR	Peak to Average Power Ratio	峰值平均功率比
PBCH	Physical Broadcast Channel	物理广播信道
PCC	Policy and Charging Control	策略与计费控制
PCCH	Paging Control Channel	寻呼控制信道
PCFICH	Physical Control Format Indicator Channel	物理控制格式指示信道
PCH	Paging Channel	寻呼信道
PCRF	Policy Control and Charging Rules Function	策略控制和计费规则功能单元
PCS	Personal Communications Service	个人通信业务
PDCCH	Physical Downlink Control CHannel	物理下行链路控制信道
PDCP	Packet Data Convergence Protocol	分组数据汇聚协议
PDF	Probability Distributed Function	概率分布函数
PDN	Packet Data Network	分组数据网
PDN-GW	Packet Data Network - Gateway	PDN 网关
PDSCH	Physical Downlink Shared CHannel	物理下行链路共享信道
PF	Paging Frame	寻呼帧
PHICH	Physical Hybrid ARQ Indicator Channel	物理 HARQ 指示信道
PHY	Physical Layer	物理层
PLMN	Public Land Mobile Network	公共陆地移动网
PMCH	Physical Multicast Channel	物理多播信道
PMI	Precoding Matrix Indicator	预编码矩阵指示
PMIP	Proxy Mobile IP	移动 IP 代理
PO	Paging Occasion	寻呼时刻
PON	Passive Optical Network	无源光网络

PRACH	Physical Random Access Channel	物理随机接入信道
PRB	Physical Resource Block	物理资源块
PRS	Pseudo-Random Sequence	伪随机序列
PS	Packet Switched	分组交换
P-S	Parallel to Serial	并串转换
PSS	Primary Synchronization Signal	主同步信号
PTM	Point-To-Multipoint	点到多点
PTP	oint-To-Point	点到点
PUCCH	Physical Uplink Control Channel	物理上行控制信道
PUSCH	Physical Uplink Shared Channel	物理上行共享信道
QAM	Quadrature Amplitude Modulation	正交幅度调制
QCI	QoS Class Identifier	业务质量级别标志
QoS	Quality of Service	业务质量
QPP	Quadratic Permutation Polynomial	二次置换多项式
QPSK	Quadrature Phase Shift Keying	四进制相移键控
RA	Random Access	随机接入
RACH	Random Access Channel	随机接入信道
RAN	Radio Access Network	无线接入网络
RAPID	Random Access Preamble Identifier	随机接入前导指示
RA-RNTI	Random Access - RNTI	随机接入 RNTI
RB	Resource Block,Radio Bearer	资源块,无线承载
RBG	Resource Block Group	资源块组
RE	Resource Element	资源粒子
REG	Resource Element Group	资源粒子组
RFU	Radio Frequency Unit	射频单元
RI	Rank Indication	秩指示
RLC	Radio Link Control	无线链路控制
RNC	Radio Network Controller	无线网络控制器
RNTI	Radio Network Temporary Identity	无线网络临时识别符
RRC	Radio Resource Control	无线资源控制
RRU	Remote Radio Unit	远端射频单元
RS	Reference Signal	参考信号
RSRP	Reference Signal Received Power	参考信号接收功率
RSRQ	Reference Signal Received Quality	参考信号接收质量
RSSI	Received Signal Strength Indicator	接收信号强度指示
SAE	System Architecture Evolution	系统结构演进
SC-FDMA	Single Carrier - Frequency Division Multiple Access	单载波频分多址
SCH	Synchronization Signal	同步信号
SCTP	Stream Control Transmission Protocol	流控制传输协议
SFBC	Space Frequency Block Codes	空频分组编码

SFN	System Frame Number	系统帧号
SFR	Soft Frequency Reuse	软频率复用
SGIP	Short Message Gateway Interface Protocol	短消息网关接口协议
S-GW	Serving Gateway	服务网关
SI	System Information	系统信息
SIB	System Information Block	系统消息块
SIMO	Single Input Multiple Output	单进多出
SINR	Signal-to-Interference and Noise Ratio	信干噪比
SI-RNTI	System Information-Radio Network Temporary Identifier	系统消息无线网络临时标志
SM	Space Multiplexing	空间复用
SMS	Short Message Service	短消息业务
SMSC	Short Message Service Center	短消息业务中心
SNR	Signal to Noise Ratio	信噪比
SON	Self Organization Network	自组织网络
SR	Scheduling Request	调度请求
SRB	Signaling Radio Bearer	信令无线承载
SRI	Scheduling Request Indication	调度请求指示
SRS	Sounding Reference Signal	探测参考信号
SRVCC	Single Radio Voice Call Continuity	单射频连续语音呼叫
SSS	Secondary Synchronization Signal	辅同步信号
STC	Space Time Coding	空时编码
SU-MIMO	Single User - MIMO	单用户 MIMO
TA	Tracking Area	跟踪区
TAC	Tracking Area Code	跟踪区码
TACS	Total Access Communications System	全接入通信系统
TAI	Tracking Area Identity	跟踪区标志
TB	Transport Block	传输块
TBS	Transport Block Size	传输块大小
TCP	Transmission Control Protocol	传输控制协议
TD	Transmit Diversity	发射分集
TD-CDMA	Time Division CDMA	时分码分多址
TDD	Time Division Duplex	时分双工
TD-LTE	Time Division Long Term Evolution	时分长期演进
TDMA	Time Division Multiple Access	时分多址
TD-SCDMA	Time Division Synchronous CDMA	时分同步码分多址
TF	Transport Format	传输格式
TM	Transparent Mode	透明模式
TMA	Tower Mounted Amplifier	塔顶放大器
TPC	Transmit Power Control	发射功率控制
TSTD	Time Switched Transmit Diversity	时间切换发射分集

TTI	Transmission Time Interval	发送时间间隔
TX	Transmit	发送
UCI	Uplink Control Information	上行控制信息
UDP	User Datagram Protocol	用户数据报协议
UDPAP	User Datagram Protocol Application Part	用户数据报协议应用部分
UE	User Equipment	用户设备
UL	UpLink	上行链路
UL-SCH	Uplink Shared Channel	上行共享信道
UM	Unacknowledged Mode	非确认模式
UMB	Ultra Mobile Broadband	超移动宽带
UMTS	Universal Mobile Telecommunications System	通用移动通信系统
UpPTS	Uplink Pilot Time Slot	上行导频时隙
USIM	Universal Subscriber Identity Module	用户业务识别模块
VoIP	Voice over IP	IP 语音业务
VRB	Virtual Resource Block	虚拟资源块
WAP	Wireless Application Protocol	无线应用通讯协议
WCDMA	Wideband CDMA	宽带码分多址
WiMAX	Worldwide Interoperability for Microwave Access	全球微波互联接入
X2	X2	X2 接口LTE 网络中 eNodeB 之间的接口
ZC	Zadoff-Chu	一种正交序列

参 考 文 献

[1] 张守国，张建国，李曙海，等. LTE 无线网络优化实践[M]. 北京：人民邮电出版社，2014.

[2] 沈嘉，索士强，全海洋，等. 3GPP 长期演进技术原理与系统设计[M]. 北京：人民邮电出版社，2008.

[3] 张新程，田韬，周晓津，等. LTE 空中接口技术与性能[M]. 北京：人民邮电出版社，2009.

[4] 元泉.LTE 轻松进阶[M]. 北京：电子工业出版社，2012.

[5] 胡宏林，徐景.3GPP LTE 无线链路关键技术[M]. 北京：电子工业出版社，2008.

[6] 佟学俭，罗涛.OFDM 移动通信技术原理和应用[M]. 北京：人民邮电出版社，2003

[7] （意）Stefania Sesia,Issam Toufik.LTE-UMTS 长期演进理论与实践[M]. 马霓，邬钢，张晓博，等译. 北京：人民邮电出版社，2009.

[8] 黄韬，刘韵洁，张智江，等. LTE/SAE 移动通信技术网络技术[M]. 北京：人民邮电出版社，2009.